U0150534

成像仪器图像处理技术
编程技巧与开发实战

张艳超　编著

东北大学出版社

·沈　阳·

ⓒ 张艳超　　2024

图书在版编目（CIP）数据

成像仪器图像处理技术编程技巧与开发实战 / 张艳
超编著． — 沈阳：东北大学出版社，2024.2
　　ISBN 978-7-5517-3505-6

　Ⅰ．①成… Ⅱ．①张… Ⅲ．①图像处理软件—程序设
计 Ⅳ．①TP391.413

中国国家版本馆 CIP 数据核字（2024）第 052617 号

内容简介

　　本书以成像仪器图像处理软件开发为实战目标，系统地介绍了相关图像处理知识与辅助编程技巧，既从理论层面对图像处理技术进行了体系化介绍，又从实战角度为每个技术点提供了典型实例。本书将编程习惯养成、图像知识体系建立、图像处理技术应用实战等整个图像处理软件工程师的技术养成过程贯穿其中，力争使有志从事本领域开发工作的读者实现从理论到实战的快速成长。

出 版 者：东北大学出版社
　　　　　地址：沈阳市和平区文化路三号巷 11 号
　　　　　邮编：110819
　　　　　电话：024-83680176（编辑部）　　83687331（营销部）
　　　　　传真：024-83683655（总编室）　　83680180（营销部）
　　　　　网址：http：// www.neupress.com
　　　　　E-mail: neuph@neupress.com
印 刷 者：辽宁一诺广告印务有限公司
发 行 者：东北大学出版社
幅面尺寸：185 mm×260 mm
印　　张：23.5
字　　数：529千字
出版时间：2024年2月第1版
印刷时间：2024年2月第1次印刷
策划编辑：牛连功
责任编辑：周　朦
责任校对：王　旭
封面设计：潘正一

ISBN　978-7-5517-3505-6　　　　　　　　　　　　　　　定　价：70.00元

前　言

视觉作为人类对外界感知的主要部分，占全部感知的70%～80%，但人类的视觉感知主要集中在可见光部分。应用于不同领域的各类成像仪器，作为人类视觉的补充与延伸终端，进一步拓宽了人类对世界的视觉感知能力，其成像感知范围几乎涵盖了从无线电波到伽马波的全部波段。该类设备的研制已经成为仪器仪表类设备研发的一个重要分支。在人类的生产生活中，成像仪器发挥出越来越重要的作用。

成像仪器的图像处理软件是整个仪器或设备的神经中枢，是其硬件平台各部件功能实现的最终组织者与指挥者。该类软件以实时或事后的图像数据为处理对象，通过图像采集、图像转换、图像增强、图像显示、目标识别、图像分析、图像存储等与图像相关的处理手段，实现对指定类型目标的观察、测量与分析。因此，该类软件的开发是以图像处理为技术核心，以数据通信、交互设计、消息传递、调试技术为辅的综合技术。要成功研发成像仪器的图像处理软件，开发人员既要具备各类图像处理算法的纵向开发技能，又要具备多项辅助编程技术的横向掌控能力。因此，该类软件的开发对于软件工程师的技术门槛要求较高。

时至今日，本人从事图像处理软件的相关开发工作已十五年，先后经历了Windows XP，Windows 7，Windows 10，再到国产化操作系统的需求变化；也经历了从Visual C++ 6.0，Visual Studio 20××，再到QT跨平台IDE的改变；还经历了从C++底层图像处理算法的开发实现，到OpenCV1.0至OpenCV4.0图像处理库应用的技术跨越。

本人一路上的技术成长，既离不开几十项典型工程项目开发历程的技术锤炼，也离不开多位老师、同学、同事的启发帮助，还离不开诸位学者出版的优秀著作的知识传递。下表列出了曾给予本人重要启发的几部经典图书。

表　关于图像处理软件开发的几部经典图书

序号	书名	主要作者	技术侧重
1	VC++深入详解	孙鑫、余安萍	C++编程基础
2	Visual C++数字图像处理	何斌、马天予、王运坚等	数字图像处理技术应用
3	数字图像处理	冈萨雷斯、伍兹	数字图像处理理论基础
4	Visual C++范例大全	孙皓等	VC++编程技巧技术实例
5	OpenCV3编程入门	毛星云、冷雪飞、王碧辉等	OpenCV技术应用

技术的本质经久不变，技术的外壳却日新月异。经过了近二十年的技术更迭，虽然上述图书中所陈列的知识点依然实用，但是其所采用的开发工具或依赖的处理库略

显落后，这点会对初学者的技术学习产生一定的理解障碍。此外，要通读上述图书，所需时间较长，而且有些知识点对于特定领域的软件开发或针对性不强、或实用性不够，短期内难以实现显著的技术进步。为此，本人从与成像仪器相关的图像处理软件的技术特点出发，对相关技术进行了归纳、整合、补充和技术外延，最终形成本书。本书的创作宗旨有两点：一是要努力做到图像处理基本知识体系的整体讲解；二是要将各相关编程技术的知识点落实到代码实例，从而实现一场由理论到实战的快速贯通。

本书共分为4个部分：图像处理准备篇、图像处理基础篇、图像处理进阶篇、图像处理扩展篇。图像处理准备篇，主要介绍了图像处理软件开发的环境搭建方法及相关的辅助编程技术，为后续图像处理功能的实现提供必要的技术储备。图像处理基础篇，主要介绍了与图像处理相关的基础知识，如图像的基本结构、访问方式、显示方式等。图像处理进阶篇，主要介绍了图像处理在成像仪器中的典型应用技术，包括图像增强技术、目标检测技术、图像实时存储技术。图像处理扩展篇，主要介绍了图像处理在成像仪器中的扩展应用，包括图像的自动调焦技术、复原技术、GPU加速技术等。另外，本书所用实例及其源码可通过扫描封底下方的二维码自行下载。

本书共分为14章，其中第13章、第14章的写作素材及相关实例代码由宋聪聪、徐嘉兴、吴杰提供，其余内容由本人编写、整理，并由本人统稿。在本书的创作期间，不仅得到了赵立荣、高策、唐伯浩、李自乐、张馨元等的诸多帮助，也得到了中国科学院长春光学精密机械与物理研究所各级领导的大力支持。在此向为本书的创作提供过帮助、建议、支持的同事，表示衷心的感谢！

由于本人水平有限，本书中难免存在一些错误或疏漏之处，恳请广大读者批评指正。

编著者

2023年9月

目　录

| 第1部分　图像处理准备篇 |

| 第2部分　图像处理基础篇 |

| 第3部分 图像处理进阶篇 |

| 第4部分　　图像处理扩展篇 |

1 绪 论

1.1 图像处理软件开发经验浅谈

图像处理软件是以实时或事后的图像数据为处理对象，通过图像采集、格式转换、图像增强、图像显示、目标识别、图像分析、图像存储等处理手段，实现成像仪器的成像、测量、分析功能。为了满足整个仪器的使用要求，开发人员除了要掌握图像处理的相关技术，还要掌握集成开发环境（IDE）的基本使用、常用控件使用，以及操作界面设计、线程的创建与使用、串口与网口的数据通信、类与类或线程与线程之间的消息传递、代码调试等常用的编程技术。

1.1.1 开发前准备

在进行图像软件开发工作之前，应做好如下技术储备。

1.1.1.1 掌握图像处理基本知识

图像处理软件的核心任务是对采集的图像数据或可视化的测量数据进行处理、分析。那么，在该类软件开发之前，要对图像数据的基本结构、转换方法、访问方法、显示方法、存储方法等基本内容有全面的了解。更进一步，要加强对图像意识的培养，遇到需要处理的问题时，要试着用图像的思维去寻找解决办法，而这一步一般较难，需要长时间的经验养成。

1.1.1.2 选择与搭建开发环境

要根据项目开发需求选择合适的操作系统、集成开发环境、程序的开发语言等基本环境要素，并完成环境搭建。例如，在 Windows 操作系统下可以选择应用较多的 Visual Studio（VS）作为 IDE，选择 C++或 C#作为开发语言；对于 Linux 或最近盛行的国产化麒麟操作系统，可以选择可跨平台的 QT Creator 作为 IDE。

1.1.1.3 熟悉 IDE 的基本操作

IDE 是提供程序开发环境的应用程序，一般包括代码编辑器、编译器、调试器和图形用户界面等工具。一般，一款成熟的 IDE 所包含的功能较为强大。在学习初期，可以首先了解在 IDE 下工程的创建方法，代码的调试方法，常用控件的添加、属性设置、响应函数的创建方法等基本操作。至于其他更多、更为复杂的操作设置，可随着开发的深入不断积累。

1.1.1.4 相关图像处理库的安装与配置

图像处理软件的核心任务是实现与图像相关的处理工作。在工程创建之前，可根据开发需要，进行相关图像处理库的安装与环境配置，如最常用的OpenCV库。具体操作包括库的安装、环境变量的配置、在新建工程中的引用和函数调用方法等。

1.1.1.5 掌握相关编程技术

不同开发环境下，其相关的技术实现方式有时差异较大。例如，VC下线程的创建方式与QT下线程的创建方式就完全不同。二者的消息传递机制也有较大差别，如VC采用SendMessage或PostMessage进行消息传递，而QT采用信号（signal）进行消息传递。在程序开发过程中，可根据已选定的开发环境，有针对性地优先学习上述相关编程技术，以保证程序基本功能的有序开发。

1.1.2 一般开发过程

完成开发前的准备工作后，就可以进行软件开发了。软件的一般开发过程如下。

1.1.2.1 软件功能梳理

根据成像仪器的整体研制要求，将与软件功能开发相关的部分进行梳理，并将其转换为软件语言，进行功能归纳。

1.1.2.2 软件架构设计

软件架构设计是软件开发之初最为重要的一步。一个好的架构，不仅要能满足软件当前的功能实现需要，还要着眼于后续的版本升级需要。因此，在设计软件架构时，首先应从成像仪器的使用需求出发，围绕设备的两大数据流主线（图像数据流与通信数据流）进行数据流图的设计；然后对设备可能的升级需要进行扩展设计和复用性设计，以期软件在后续版本升级过程中仅需修改部分参数或复用某段代码即可完成升级工作。

对于图像数据流，首先确定设备图像数据流的数量。例如，光测设备一般具备彩色可见图像、长波红外图像、中波红外图像、短波红外图像中的一种或几种的组合。然后确定每个图像数据流要实现的处理功能及各功能之间的串并联关系。例如，一台成像仪器要求每路图像具备实时采集、实时增强、实时存储、实时分析、实时显示、实时外送的功能。根据使用需要，将实时采集设定为处理的第一级；将实时增强、实时存储、实时分析设定为处理的第二级，且三个处理之间不存在因果关系，将其设定为并联关系；将实时显示、实时外送设定为处理的第三级，如图1.1所示。最后根据设计好的图像数据流

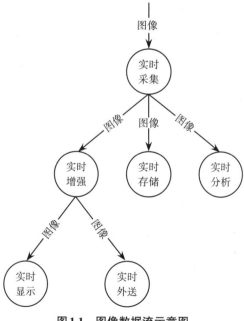

图1.1 图像数据流示意图

图，通过多线程设计与触发关系实现图像数据流的循环驱动。

对于通信数据流，同样首先确定成像仪器内部各模块之间，以及设备与其他外围设备之间的通信通道数、每个通道的通信类型（如网络、串口等）、每个通道的通信格式、触发方式（同步触发、异步触发）等；然后进行通信数据流的设计；最后以代码的形式实现。

此外，还应考虑图像数据流与通信数据流之间的交互方式，以及其他循环处理或消息传递的实现机制。

1.1.2.3　软件界面设计

软件架构确定之后，要按照软件功能要求进行人机交互界面设计。对于嵌入式无界面的后台软件，要对照软件功能要求，进行通信接口设计。

1.1.2.4　图像采集功能的实现

成像仪器中，根据采集硬件的不同，其相应的底层函数和采集机制各不相同。图像采集是实现图像数据由硬件传输到软件处理的重要枢纽。在图像采集功能开发过程中，首先从采集卡自带的软件示例及SDK说明手册入手，了解图像数据读取函数的调用方法、参数设置方法、依赖库的配置方法等；然后对采集代码进行合理移植，并最终将其"嫁接"到设计好的软件框架中。

1.1.2.5　图像数据流处理功能的实现

实现图像数据采集后，可以按照设定好的图像处理流图，进行逐级处理功能的实现。每完成一步，都要进行相应的功能验证。由于图像处理软件一般为一个多线程协同的实时处理软件，因此，在调试过程中可以通过在指定位置打印输出信息或图像输出的方式进行实时验证。

1.1.2.6　通信数据流处理功能的实现

在进行通信数据流处理之前，要根据项目需要编写通信协议，并按照通信协议进行通信结构体定义。然后，根据每路通信协议的格式与要求，进行代码实现。

1.1.2.7　剩余功能的补充与完善

完成上述工作后，图像处理软件的开发工作已基本完成，接下来是剩余功能的补充与完善工作。注意：剩余功能并不等于不重要的工作。软件既是整个仪器的灵魂所在，也是硬件执行机构的"神经中枢"，任何一个细节的忽略，都可能导致严重的错误。因此，要秉持"细节决定成败"的理念，认真完成软件的后阶段开发工作。

1.1.3　养成良好编程习惯

讲完软件开发过程，自然要说一下渗透到每个开发阶段的编程习惯的养成。良好的编程习惯，不仅能提高代码编写效率，而且能降低异常发生率。例如，开发人员在变量定义时，如果按照约定好的命名规则标注变量的使用范围（全局变量用"g_××"、成员变量用"m_××"、静态变量用"s_××"、局部变量用"××"），就会在一定程度上避免因不同使用范围的同名变量赋值错误导致的异常。此外，从团队开发的角度考虑，良好的代码书写习惯可以提高代码的可读性，降低开发成员之间的沟通成本。

结合本人多年积累的开发经验，以下简要总结了程序开发过程中应注意的问题。

1.1.3.1　命名规则的约定

按照约定的命名规则定义变量或函数，可以增强代码的可读性和易维护性。目前，业界共有4种命名规则：驼峰命名法、匈牙利命名法、帕斯卡命名法和下划线命名法。命名规则可视为一种约定，无绝对与强制，但建议遵守。

（1）驼峰命名法。

驼峰命名法即当变量名或函数名由一个或多个单词连接在一起构成唯一标识符时，作为逻辑断点的单词首字母都采用大写。第一个单词首字母小写，其余单词首字母都大写的命名法称为小驼峰命名法，如"imgWidth"。所有单词首字母都大写的命名法称为大驼峰命名法，又称帕斯卡命名法，如"ImgWidth"。

变量的命名一般使用小驼峰命名法，函数、类的命名一般使用大驼峰命名法。

（2）匈牙利命名法。

匈牙利命名法即开头字母采用变量类型缩写，其余部分用变量的英文或英文缩写表示。例如：

① "int iImgWidth"中，"iImgWidth"的首字母"i"为int类型的缩写；

② "unsigned char ucImgBuf"中，"ucImgBuf"的前两个字母"uc"为unsigned char类型的缩写。

（3）帕斯卡命名法。

帕斯卡命名法即大驼峰命名法，具体规则见"（1）驼峰命名法"。

（4）下划线命名法。

变量名或函数名的每个逻辑断点都用一个下划线来标记的命名法称为下划线命名法，如"int img_width"。

此外，为了区分变量的作用范围，可以通过在变量名前加代表作用域的前缀，以从命名上标识变量的作用域。例如，全局变量可以在变量名前加入"g_"；成员变量可以在变量名前加入"m_"；静态变量可以在变量名前加入"s_"；局部变量的变量名前不加前缀。

（5）本书实例采用的命名法。

本书中相关实例中的变量都是以匈牙利命名法为基础进行命名的，同时在其前面加入变量作用域进行标记。例如"int m_iImgWidth"，其中"m_"表示该变量为成员变量，第二个字母"i"表示类型int的缩写。本书所用实例中的类名和函数名一般采用帕斯卡命名法进行命名。

1.1.3.2　变量定义与使用过程中应注意的问题

（1）尽量避免定义全局变量。

全局变量以访问方便、访问速度快的特点，在长期从事C语言开发工作的硬件工程师或初学者所编写的代码中较为常见。但对于程序的安全性、扩展性有一定要求的软件开发，应尽量避免使用全局变量。这是因为，全局变量的使用常常会存在如下安全隐患。

① 软件在设计过程中的一个基本思想是各个功能单元（如类、函数、功能模块）在设计过程中要尽量做到在功能单元内部具备高内聚性、在各功能单元之间具备低耦合性，且功能单元尽量通过各自的输入、输出参数完成数据交换，如图1.2所示。而全局变量的引用，如同一把利剑横穿在各功能单元之间，其取值的任何改变，都会对各功能单元的执行产生意料之外的影响，如图1.3所示。当代码规模较小时，全局变量的影响尚能掌控；随着代码规模的扩大，全局变量潜在的破坏性则难以估量。

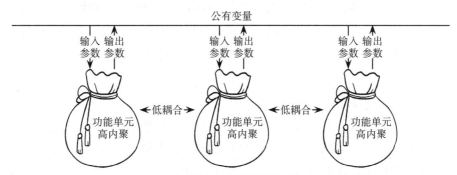

图1.2 高内聚性与低耦合性架构示意图

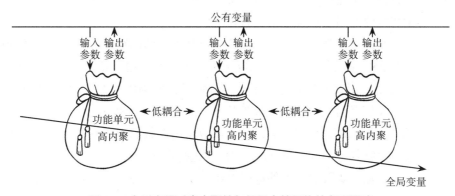

图1.3 全局变量对高内聚性与低耦合性架构的负面影响

② 全局变量的使用会导致软件分层不合理，容易使程序员模糊了"设备层"和"应用层"之间的边界。这在软件构建初期的确会提高开发效率，但到了开发后期，会严重限制软件的扩展性。

③ 全局变量的大量使用，有时会影响多线程之间的协同关系。从单一线程来看，可能逻辑正常；但是在多线程协同作用下，会因全局变量取值的局部改变，影响线程的时序关系，最后可能会导致严重的错误。而这种错误一般隐匿性较强，往往难以发现。

如上所述，全局变量的引用就如同其作用域，对整个软件开发的负面影响和架构的破坏是全局性的。因此，在常规的代码测试中，全局变量作为测试的一个关注点，其使用会受到严格限制。

（2）所有变量在定义后都要及时初始化。

变量在定义后，首先要对变量进行初始化，然后才能使用；否则，可能会因变量初始值的不确定性，产生难以预估的错误。成员变量的定义与初始化一般在类的头文件与源文件中分别实现，这种情况下往往容易忘记对变量进行初始化。因此，在对每个变量进行定义后，都要及时在其相应的位置完成初始化工作。对于成员变量，其初始化实现一般在其所在类的构造函数中完成，涉及界面控件赋值的变量初始化也可以在初始化函数 OnInitDialog 中完成。

对于要循环使用的图像缓存空间，为了避免因大块缓存空间的反复申请而造成申请失败或耗时加大风险，即使是属于某个函数的内部变量，也应该尽量将该缓存空间升级为成员变量。在构造函数中，先完成图像缓存空间的申请与初始化，再以形参的形式实现函数内部对缓存空间的访问。当然，这种使用方法会增加不同函数对同一块缓存空间访问冲突的风险，在使用中要注意区别与避免。

1.1.3.3 函数定义与使用过程中应注意的问题

（1）尽量避免定义全局函数。

基于 C++ 语言或更高级的开发语言都沿用了类的思想。在应用上述语言进行软件开发时，也同样继承了类的编程思想。同上节所述全局变量的破坏性类似，全局函数同样会在一定程度上破坏开发人员所设计的软件架构，造成安全隐患。因此，在程序开发过程中，也要尽量避免全局函数的定义与使用。

（2）尽量将函数返回值定义为函数的调用状态。

一个完善的自定义函数的实现，除了要完成其本身的函数功能，还应对各种可能的异常进行相应的异常处理。而且应该以某种方式，及时通知给该函数的调用对象。因此，建议在自定义函数的实现过程中，尽量将函数的调用状态作为函数的返回值，以保证其调用对象能及时获取函数的处理状态，并及时做出相应的异常应对措施。对于有计算结果返回需求的，可将计算结果以函数输出参数的形式进行输出。函数的输出参数一般可以以指针或关联变量（&）的形式进行定义。

（3）要对函数输入参数边界条件进行判断。

为了提高函数调用的安全性，必须注意加强函数本身的健壮性，而不能简单地依赖于对调用对象输入参数的约束。因此，在函数功能实现之前，首先要对每个输入参数的边界条件进行判断，对于不符合边界条件的输入参数要给出一个合理的修正值，或者直接通过返回值抛出异常。

1.1.3.4 软件开发过程中其他应注意的问题

除了以上所述注意事项，在软件开发过程中还应注意以下 4 点。

（1）代码编写格式。

为了增强代码的可读性，在代码编写过程中应注意代码编写格式。网上可以找到相关代码编写格式的约定，但不必强制遵守。建议做到不同功能段之间要适当空行；任何二目、三目运算符的左右两边都要加一个空格；单行字符数不要过多，如果单行本身过长，那么可分两行或多行编写。

（2）适当添加注释。

为了增强代码的可读性与可维护性，还要在代码适当位置添加注释。添加注释时，要注意如下 4 条原则。

① 准确性：错误的注释比没有注释更糟糕。

② 必要性：多余的注释会降低代码阅读的效率。

③ 清晰性：注释和代码需要从视觉上进行分割，否则会影响代码的可读性。

④ 维护性：注释变更要与代码更新保持同步。

（3）数据缓存的申请与释放。

重复使用的大块数据缓存应避免反复申请，尤其是对于处理实时性要求较高的场合，若在每次处理中都进行大块数据空间的申请，可能会因某次申请不及时或申请失败而导致致命错误。在图像处理软件中，大块图像数据的循环操作必不可少，这种情况可以为可能会用到的图像缓存在程序的初始化阶段就提前分配好空间备用。另外，在进行数据缓存操作后，要注意在相应位置进行释放，以避免不及时释放造成的内存泄漏，以及过早释放造成的访问越界。如果在构造函数内进行数据缓存空间申请，那么一般就要在析构函数处进行缓存空间的释放；如果在函数的开头部分进行数据缓存空间申请，那么就要在函数内部结尾部分进行缓存空间的释放。缓存空间的申请操作符要与释放操作符成对出现，如在程序中引用了几处"new"，就应该在相应位置调用几次"delete"。

（4）程序的闪退。

程序的偶发性闪退是一类比较难以解决的错误，尤其是出现频率越低（有时几天出现一次），越难排查，而这类问题是严重等级比较高的错误。为了减少此类问题的发生频率，在软件的开发阶段就应该通过合理的编程习惯来有效应对。例如，可以在每个功能节点完成之后，为程序保留一个备份版本，并预留一定的连续测试时间对程序的稳定性进行评估。在此操作前提下，一旦发现程序出现闪退等致命错误，可以通过比对不同版本间的代码差异，缩小代码的排查范围。

1.1.3.5 常用快捷键汇总

快捷键的熟练使用，可以减少开发人员思路中断的次数，提高编程效率。表 1.1 和表 1.2 分别列出了 VS 和 QT 开发环境下常用的快捷键。

表 1.1 VS 开发环境下常用的快捷键

快捷键	功能说明
F1	帮助
F4	显示属性窗口
Ctrl+F4	关闭文档
F5	运行调试

表1.1（续）

快捷键	功能说明
Ctrl+F5	运行不调试
F6	生成解决方案
F9	切换断点
F10	跨过程执行
F11	单步逐句执行
F12	转到定义
Ctrl+F12	转到声明
Ctrl + K，Ctrl + C	注释选择的代码
Ctrl + K，Ctrl + U	取消对选择代码的注释
Ctrl + K，Ctrl + F	代码格式化对齐

表1.2　QT开发环境下常用的快捷键

快捷键	功能说明
F1	帮助
F2	声明/定义
F3	查找下一个
F4	头文件/源文件
F5	开始调试/继续执行
Shift + F5	停止调试
F9	切换断点
F10	跨过程执行
F11	单步逐句执行
Ctrl + B	编译工程
Ctrl + R	运行工程
Ctrl + \	注释/取消选择的代码
Ctrl + I	代码格式化对齐

1.2　本书的结构布局

本书以成像仪器图像处理软件开发为实战目标，系统地介绍了相关图像处理知识与编程技巧，既从理论层面对图像处理技术进行了体系化介绍，又从实战角度为每个技术点提供了典型实例。

本书从结构布局上共分为4个部分：图像处理准备篇、图像处理基础篇、图像处理进阶篇、图像处理扩展篇。

1.2.1　图像处理准备篇

图像处理准备篇主要介绍了图像处理软件开发的环境搭建方法及相关的辅助编程技术，为后续图像处理功能的实现提供必要的技术储备。具有一定编程基础的读者可直接跳过本篇，进行后面内容的学习。本篇共分为3章，各章概述如下。

（1）第2章以典型的开发环境为例，分别介绍了Windows操作系统下Visual Studio、结合OpenCV图像处理库的开发环境的搭建方法，以及国产化操作系统下QT、结合OpenCV图像处理库的开发环境的搭建方法。

（2）第3章介绍了图像处理软件开发过程中必不可少的数据通信技术及消息传递机制，包括图像处理循环驱动机制的实现方式、常用的网络通信技术、串口通信技术、父类与子类的数据交换技术，以及鼠标事件的响应技术。

（3）第4章介绍了与软件开发密不可分的代码调试技术，包括常用的断点调试方法、多种断言宏的使用方法、MFC异常类的使用方法等，并将各种调试方法的有效模式进行了总结。

1.2.2　图像处理基础篇

图像处理基础篇主要介绍了与图像处理相关的基础知识。本部分共分为4章，各章概述如下。

（1）第5章介绍了与图像处理密切相关的DIB基本结构、图像的彩色模型及常用彩色模型之间的转换方法。

（2）第6章介绍了图像数据的多种访问方式，包括数组访问方式、指针访问方式，以及基于OpenCV架构的多种访问方式。

（3）第7章介绍了图像数据的多种显示方法，包括典型的StretchDIBits函数的显示方法、DrawDIBDraw函数的显示方法，以及基于OpenCV架构的显示方法。

（4）第8章介绍了多种典型的图形绘制方法及字符的叠加方法。

1.2.3　图像处理进阶篇

图像处理进阶篇主要介绍了图像处理在成像仪器中的典型应用技术。本部分共分为3章，各章概述如下。

（1）第9章介绍了图像增强技术，包括灰度图像的增强技术、彩色图像的增强技术。

（2）第10章介绍了目标检测技术，包括典型的重心检测技术、形心检测技术、相关检测技术，以及深度学习的检测技术。

（3）第11章介绍了图像存储技术，包括图像视频的实时存储、图片序列的实时存储技术。

1.2.4　图像处理扩展篇

图像处理扩展篇主要介绍了图像处理在成像仪器中的高级应用技术，作为技术扩展内容。本部分共分为3章，各章概述如下。

（1）第12章介绍了基于图像的自动调焦技术，包括常用的自动调焦方法，以及几种典型的清晰度评价函数。

（2）第13章介绍了离焦复原技术。

（3）第14章介绍了GPU加速技术。

本书所用实例（除实例2.2、实例14.2）均采用Windows操作系统下基于Visual Studio 2017的C++语言进行开发，对于想采用其他开发环境来开发的读者，可以将本书所述知识点作为参考，大部分实例仍具有一定的通用性。

注意：本书所用实例及其源码可通过扫描封底下方的二维码自行下载。

第 1 部分

图像处理准备篇

2 环境搭建

在进行软件开发之前，首先要完成开发环境的选择与搭建。开发环境的选择与搭建一般包括操作系统的选择与安装（无操作系统的嵌入式除外）、集成开发环境IDE的选择与安装，以及与图像处理相关的图像处理库的选择与安装。根据项目需求的不同，开发环境各有不同，以下仅对两种常用开发环境的搭建配置方法进行介绍。

2.1 Windows操作系统下的典型环境搭建

本节主要介绍如下典型环境的搭建与配置方法：

（1）操作系统：Windows 10；

（2）集成开发环境：Visual Studio 2017（以下简称VS 2017）；

（3）图像处理库：OpenCV4.4.0。

2.1.1 VS 2017的安装

VS 2017的安装过程较为简单，到官网下载安装程序后，按照默认安装步骤基本可以完成安装。需要注意的是，要进行基于MFC的开发，即要将图2.1右下角方框内选项进行勾选（默认为不勾选状态），否则无法完成基于MFC的工程创建。VS 2017的主要安装步骤如图2.1至图2.3所示。

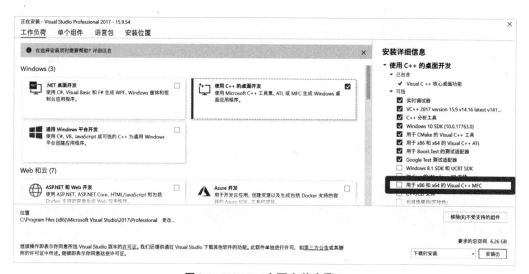

图2.1　VS 2017主要安装步骤1

图 2.2　VS 2017 主要安装步骤 2

图 2.3　VS 2017 主要安装步骤 3

2.1.2　OpenCV 安装与环境配置

2.1.2.1　OpenCV 安装

OpenCV 的安装，实际上是 OpenCV 安装包按照指定路径进行解压的过程。其主要安装步骤如下。

（1）在官网下载 OpenCV 指定版本的安装文件，本书中选择的 OpenCV 版本是 OpenCV4.4.0。其安装文件是一个后缀为"exe"的文件，如图 2.4 所示。

图 2.4　OpenCV 安装步骤 1

（2）双击 OpenCV 的安装文件，弹出安装路径选择界面，根据安装需要进行安装路径设置。本书将 OpenCV 安装在 C 盘根目录下，如图 2.5 所示。

图 2.5　OpenCV 安装步骤 2

（3）点击 "Extract" 按钮，进行解压安装，如图 2.6 所示。此过程需要耗时几分钟。

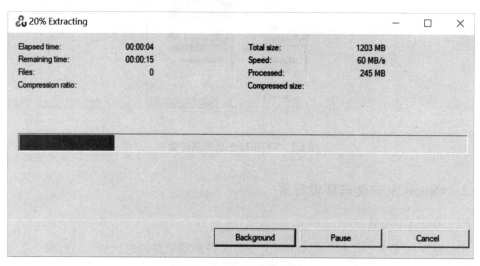

图 2.6　OpenCV 安装步骤 3

（4）安装结束后，会在指定安装路径下出现 "opencv" 文件夹，如图 2.7 所示。此时，可根据需要对该文件夹进行重命名，以区分 OpenCV 的不同安装版本。本书选用 OpenCV 的默认文件夹名称，未进行更改。

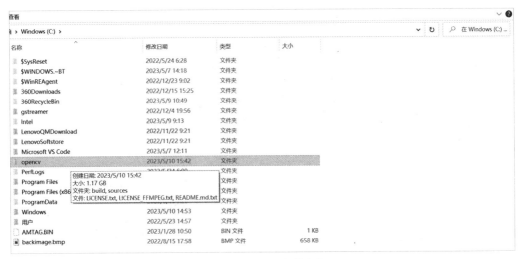

图 2.7　OpenCV 安装步骤 4

对于 OpenCV 的基本函数调用，通过上述步骤即可达成使用需要。若想加入扩展功能（如深度学习模型、GPU 加速等功能），则需要通过 CMake 软件对 OpenCV 库进行重新编译。OpenCV 的相关编译方法，会在本节后续内容中进行介绍。

2.1.2.2　OpenCV 环境配置

安装 OpenCV 后，需要将 OpenCV 加入系统的环境变量。

选中计算机"此电脑"图标，单击鼠标右键弹出下拉菜单，选择"属性"选项，弹出如图 2.8 所示界面。

图 2.8　计算机"设置"界面

选择"设置"界面右侧的"高级系统设置"，弹出如图 2.9 所示的"系统属性"界面。选中该界面上方的"高级"选项页，点击右下角的"环境变量"按钮，弹出如图2.10 所示的"环境变量"界面。

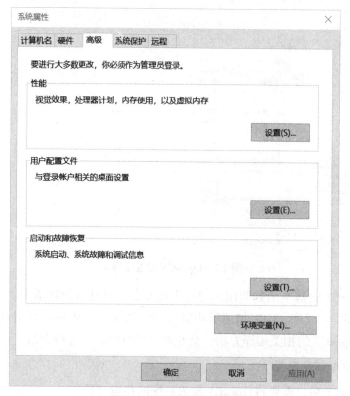

图2.9 "系统属性"界面

图2.10 "环境变量"界面

在图2.10所示界面的系统变量列表里，选中"Path"变量，点击"编辑"按钮，弹出"编辑环境变量"界面，如图2.11所示。

图2.11　"编辑环境变量"界面

　　点击图2.11所示界面右侧的"新建"按钮，则在环境列表中新建环境变量行，既可直接手动输入 OpenCV 的环境变量，也可通过点击右侧的"浏览"按钮，选择 OpenCV 的环境变量，如图2.12所示。

图2.12　环境变量添加

OpenCV4.4.0只支持x64平台，其环境变量存在如下两种选择：

① "OpenCV 安装路径…\opencv\build\x64\vc14\bin"；

② "OpenCV 安装路径…\opencv\build\x64\vc15\bin"。

"vc14"与"vc15"对应不同编译器版本，只要所选的IDE支持，选择哪个版本均可，也可以将两个环境变量同时加入环境列表。本书将"vc14""vc15"对应的环境变量均加入环境列表。

完成上述配置后，重新启动计算机，使新增的环境变量生效。

2.1.2.3　新建项目中的OpenCV配置

本节结合实例2.1，通过简单的图像读取、显示实例的创建过程，介绍OpenCV依赖环境的配置过程。

（1）工程实例创建。

启动VS 2017集成开发环境，点击"文件"菜单，选择"新建"→"项目"，如图2.13所示。

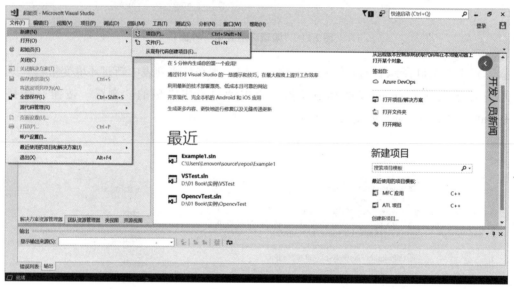

图2.13　新建项目

本实例选择MFC项目类型，如图2.14所示。然后在界面下方选择新建项目创建位置及项目名称，点击"确定"按钮，进入下一步。

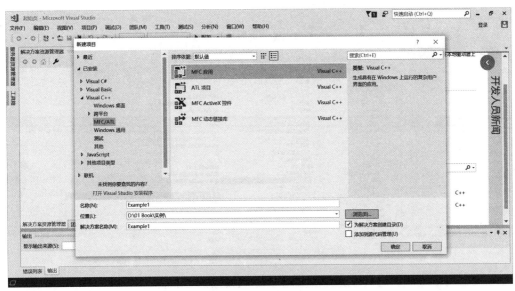

图2.14 选择项目类型

图2.15所示为新建项目的程序类型及相关基本属性设置。本实例选择最简单的"基于对话框"的应用程序创建，其他选用默认选项配置，点击"完成"按钮，完成项目创建。

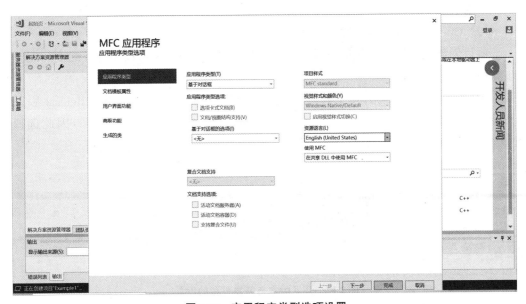

图2.15 应用程序类型选项设置

本书所用实例选用的字符集均为"多字节字符集"。字符集的设置方法如下。

① 选中工程并点击鼠标右键，选择"属性"选项，弹出该项目的属性页，如图2.16所示。

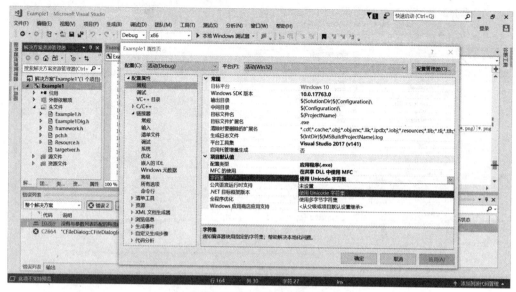

图2.16 应用程序属性设置

② 在"属性页"界面左侧列表中，选择"配置属性"→"常规"选项。

③ 在"属性页"界面右侧"项目默认设置"列表的字符集选项中，选中"使用多字节字符集"（也可根据项目需要进行其他字符集的设置），点击"确定"按钮，完成字符集的设置。

（2）OpenCV依赖库的配置。

项目创建完成后，在代码编写之前，需要对所用OpenCV依赖库进行配置。配置步骤如下。

① 设置开发版本与开发平台。开发版本可以选择"Debug版"或"Release版"；开发平台可以选择"x86"或"x64"，由于OpenCV4.4.0只支持x64平台，因此选择"x64"，如图2.17所示。

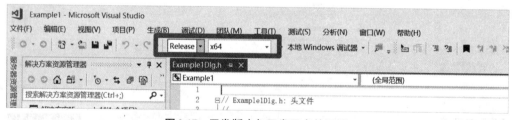

图2.17 开发版本与开发平台的设置

② 设置OpenCV包含目录。选中工程并点击鼠标右键，选择"属性"选项，弹出该项目的属性页。在"属性页"界面左侧的列表中，选择"配置属性"→"VC++目录"选项；在"属性页"界面右侧"包含目录"选项的下拉列表中，选择"编辑"，如图2.18所示。在弹出的"包含目录"界面中，输入OpenCV需要包含的目录位置，本实例的包含目录位置如图2.19所示。

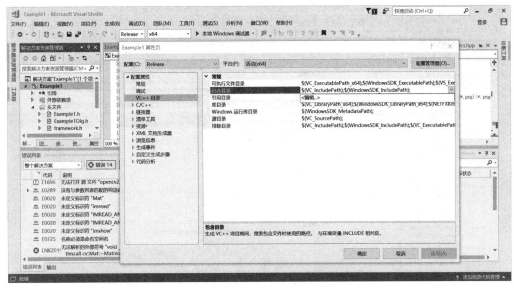

图2.18　包含目录设置

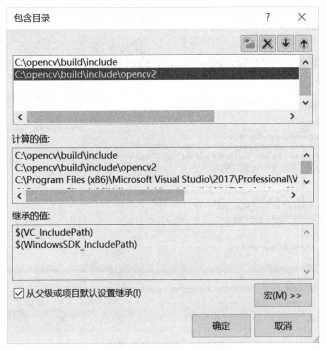

图2.19　"包含目录"界面

③ 设置 OpenCV 库目录。选中工程并点击鼠标右键，选择"属性"选项，弹出该项目的属性页。在"属性页"界面左侧的列表中，选择"配置属性"→"VC++目录"选项；在"属性页"界面右侧"库目录"选项的下拉列表中，选择"编辑"，如图2.20所示。在弹出的"库目录"界面中，输入 OpenCV 需要包含的目录位置，本实例的库目录位置如图2.21所示。

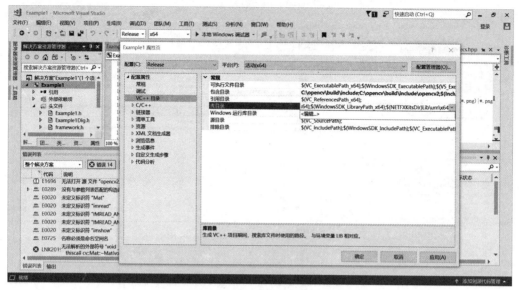

图2.20　库目录设置

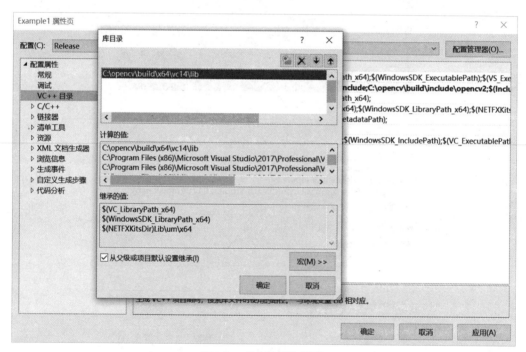

图2.21　"库目录"界面

④ 设置OpenCV附加依赖项。选中工程并点击鼠标右键，选择"属性"选项，弹出该项目的属性页。在"属性页"界面左侧的列表中，选择"链接器"→"输入"选项；在"属性页"界面右侧"附加依赖项"选项的下拉列表中，选择"编辑"，如图2.22所示。在弹出的"附加依赖项"界面中，输入OpenCV需要的附加依赖项名称。本实例选用的是OpenCV4.4.0版本，Release版本下输入的附加依赖项名称为"opencv_world440.lib"，如图2.23所示；Debug版本下输入的附加依赖项名称为

"opencv_world440d.lib"。

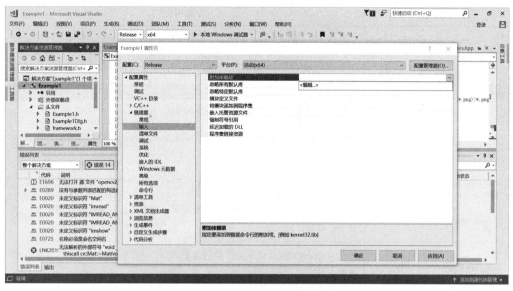

图2.22 附加依赖项设置

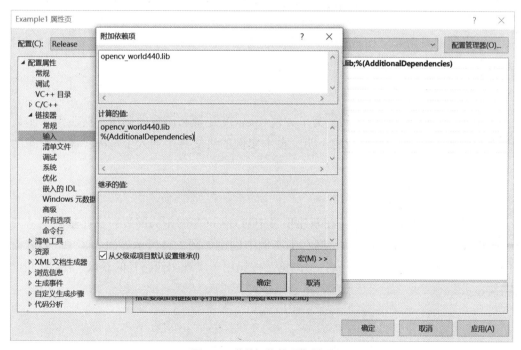

图2.23 "附加依赖项"界面

⑤引用OpenCV头文件。上述配置完成后，需要在调用OpenCV库函数的头文件中引用相应的OpenCV头文件。OpenCV常用的头文件及主要用途如表2.1所列。

表 2.1 OpenCV 常用的头文件及主要用途

头文件名称	主要用途
opencv2/opencv.hpp	包含所有 OpenCV 模块和函数，是包含 OpenCV 全部功能的最基本的头文件
opencv2/core.hpp	包含 OpenCV 核心模块的基础数据结构，如矩阵、向量、数组等。这些数据结构是其他模块和算法的基础
opencv2/improc.hpp	包含 OpenCV 图像处理模块的函数和算法
opencv2/highgui.hpp	包含 OpenCV 图形用户界面模块的函数和类，可以创建 GUI 界面并在其中显示图像
opencv2/video.hpp	包含 OpenCV 视频处理模块的函数和算法
opencv2/ml.hpp	包含 OpenCV 机器学习模块的函数和类，可以进行各种机器学习任务，如分类、聚类、回归等
opencv2/calib3d.hpp	包含 OpenCV 摄像机标定模块的函数和类，从而得到摄像机的内部参数和外部参数
opencv2/features2d.hpp	包含 OpenCV 特征检测和描述符模块的函数和类，可以用于图像中关键点和特征描述符的提取

本实例中只用到了 OpenCV 图像的读取函数（imread）与显示函数（imshow），因此头文件中只添加了如下文件的引用：

```
#include<opencv2/opencv.hpp>
```

⑥ 添加 OpenCV 命名空间。为了方便 OpenCV 变量和函数的调用，避免每次函数调用前都加上"cv::"作用域的声明，在本实例的头文件中加入了 opencv 命名空间的声明。声明语句如下：

```
using namespace cv;
```

经过上述步骤，即完成了在新建项目中对 OpenCV 的相关配置。在此基础上，若要验证 OpenCV 是否配置成功，则在本实例中创建如图 2.24 所示界面。其中，Edit 控件用于显示浏览图像的全路径名；"浏览"按钮用于实现图像路径的获取、图像读取、图像显示。

图 2.24 实例界面

通过调用 CFileDialog 文件对话框获取图像路径，图像读取采用 OpenCV 的 imread 函数，图像的显示采用 OpenCV 的 imshow 函数。"浏览"按钮的响应函数的示例代码如下：

```
void CExample1Dlg::OnBnClickedBtnBrowser()
{
    // TODO: 在此添加控件通知处理程序代码
    //1.浏览图像
    CFileDialog dlgFile(true, "bmp", "*.bmp", OFN_FILEMUSTEXIST|OFN_ALLOWMULTISELECT,
                "jpg Files(*.jpg)|*.jpg|PNG Files(*.png)|*.png|bmp Files(*.bmp)|*.bmp||", this);
    if(dlgFile.DoModal() == IDOK)
    {
        m_strFilePath = dlgFile.GetPathName();
        UpdateData(false);
    }
    //2.读取图像
    Mat imgSrc;
    imgSrc = imread(m_strFilePath.GetBuffer(0), IMREAD_ANYDEPTH | IMREAD_ANYCOLOR);
    //3.显示图像
    imshow("原始图像", imgSrc);
}
```

运行本实例，得到如图2.25所示运行结果。

图2.25　本实例运行结果

通过运行本实例，实现了图片的读取与显示，表明OpenCV库已配置成功。

本节所用实例详见实例2.1。

2.1.2.4　需要注意的问题

（1）OpenCV在项目属性页中的相关配置，需要在Release版本与Debug版本下分别配置。若只在其中一种版本下配置，则切换到另一种版本后配置无效。

（2）两个版本下OpenCV附加依赖项名称不同。Debug版本下的附加依赖项名称应在Release版本下的附加依赖项名称后添加字母"d"。例如，本实例中Release版本下附加依赖项名称为"opencv_world440.lib"，Debug版本下相应的名称为"opencv_world440d.lib"。

（3）imread函数的第二个参数相关的宏定义在OpenCV3与OpenCV4中有所不同。

① OpenCV3中调用形式如下：

imgSrc = imread(m_strFilePath.GetBuffer(0), CV_LOAD_IMAGE_ ANYDEPTH | CV_LOAD_IMAGE_ ANYCOLOR);

② OpenCV4中调用形式如下：

imgSrc = imread(m_strFilePath.GetBuffer(0), IMREAD_ANYDEPTH | IMREAD_ANYCOLOR);

2.2 国产化操作系统下的环境搭建

本节主要介绍如下典型环境的搭建与配置方法：

（1）操作系统：银河麒麟桌面操作系统V10（SP1）；

（2）内核：linux 5.4.18-15-generic；

（3）集成开发环境：QT5.14.2；

（4）图像处理库：OpenCV4.5.1。

2.2.1 更换系统源

2.2.1.1 备份源

新安装的麒麟系统需要更换国内的镜像源，从而更方便相关依赖项的下载。

首先进行系统自带源的备份，在"/etc/apt/"路径下打开终端，使用如下命令：

sudo cp -r sources.list /etc/apt/sources1.list

2.2.1.2 修改"sources.list"配置文件

在文件最前面添加"sudo vim sources.list"条目，这里示例更换为如图2.26所示的阿里源。

deb http://mirrors.aliyun.com/ubuntu/ bionic main restricted universe multiverse
deb http://mirrors.aliyun.com/ubuntu/ bionic-security main restricted universe multiverse
deb http://mirrors.aliyun.com/ubuntu/ bionic-updates main restricted universe multiverse
deb http://mirrors.aliyun.com/ubuntu/ bionic-proposed main restricted universe multiverse
deb http://mirrors.aliyun.com/ubuntu/ bionic-backports main restricted universe multiverse
deb-src http://mirrors.aliyun.com/ubuntu/ bionic main restricted universe multiverse
deb-src http://mirrors.aliyun.com/ubuntu/ bionic-security main restricted universe multiverse
deb-src http://mirrors.aliyun.com/ubuntu/ bionic-updates main restricted universe multiverse
deb-src http://mirrors.aliyun.com/ubuntu/ bionic-proposed main restricted universe multiverse
deb-src http://mirrors.aliyun.com/ubuntu/ bionic-backports main restricted universe multiverse

图2.26 阿里镜像源

注意：添加条目时，最好将条目直接复制过去，因为手动输入容易出现错误，如输入空格错误等。

2.2.1.3　更新升级软件

打开终端，输入以下命令，进行软件更新升级：

sudo apt-get update

sudo apt-get upgrade

2.2.2　OpenCV 安装及环境配置

2.2.2.1　下载、安装依赖项

（1）打开终端，输入如下命令：

sudo apt-get install build-essential

sudo apt-get install cmake git libgtk2.0-dev pkg-config libavcodec-dev libavformat-dev libswscale-dev

sudo apt-get install python-dev python-numpy libtbb2 libtbb-dev libjpeg-dev libpng-dev libtiff-dev libjasper-dev libdc1394-22-dev

（2）如果当前配置源无法安装依赖包"libjasper-dev"，可以通过以下方法解决。

① 尝试在终端输入如下命令：

sudo vim /etc/apt/ sourcrs.list

② 添加：

deb http://archive.ubuntu.com/ubuntu/ trusty main universe restricted multiverse

③ 更新：

sudo apt-get update

sudo apt install libjasper1 libjasper-dev

其中，libjasper1 是 libjasper-dev 的依赖包，这里添加了 ubuntu 的相关源，需要更新一下 apt 的库。

2.2.2.2　下载"opencv"和"opencv_contrib"安装包

（1）首先下载"opencv"的源文件，选择 Sources 版本。（下载网址为"https://opencv.org/releases/"。）

（2）下载"opencv_contrib"的对应版本。（下载网址为"https://github.com/opencv/opencv_contrib/releases"。）

2.2.2.3　CMake-gui 安装

输入如下命令，得到如图 2.27 所示运行结果：

sudo apt-get install cmake-qt-gui

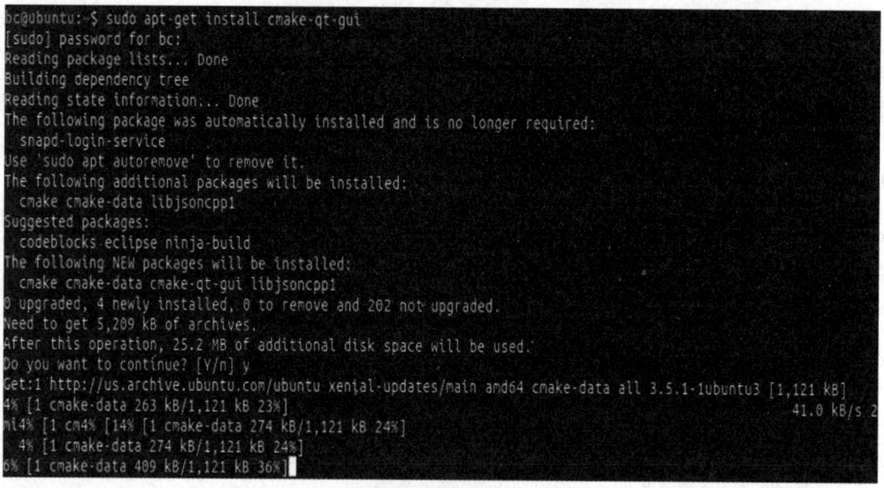

图 2.27　CMake-gui 运行结果

2.2.2.4　OpenCV 安装

（1）解压文件。

解压"opencv"（见图 2.28）和"opencv_contrib"安装包，将"opencv_contrib"安装包放在"opencv"里，并新建"build"文件夹。

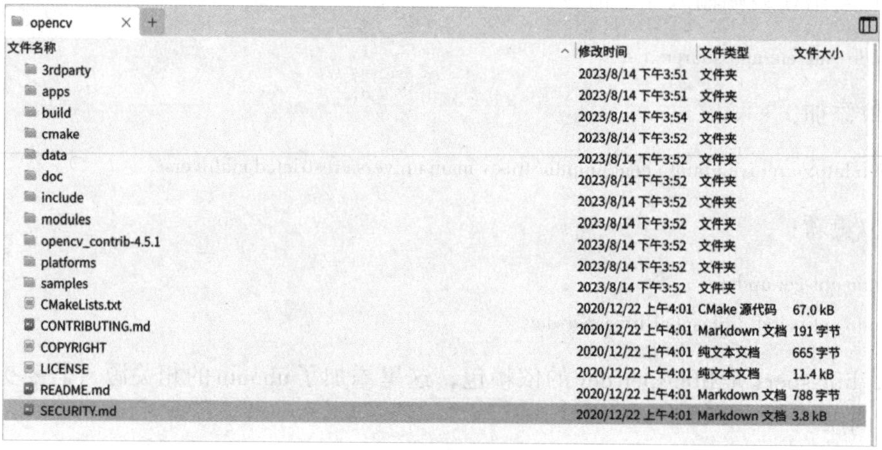

图 2.28　opencv 解压文件

（2）编译前的准备工作。

① 为了避免编译时出错，建议首先从 github 网站或是其他网站上把"opencv_contrib"的 module 模块缺失文件（module 模块缺失文件列表如图 2.29 所示）下载下来，然后放到"opencv_contrib/modules/xfeatures2d/src"的目录下。（下载网址为"https://github.com/opencv/opencv_contrib/issues/1301"。）

名称	修改日期	类型	大小
boostdesc_bgm.i	2020-12-21 23:46	Preprocessed C/...	15 KB
boostdesc_bgm_bi.i	2020-12-21 23:46	Preprocessed C/...	15 KB
boostdesc_bgm_hd.i	2020-12-21 23:46	Preprocessed C/...	8 KB
boostdesc_binboost_064.i	2020-12-21 23:46	Preprocessed C/...	135 KB
boostdesc_binboost_128.i	2020-12-21 23:46	Preprocessed C/...	269 KB
boostdesc_binboost_256.i	2020-12-21 23:46	Preprocessed C/...	537 KB
boostdesc_lbgm.i	2020-12-21 23:46	Preprocessed C/...	417 KB
vgg_generated_48.i	2020-12-21 23:46	Preprocessed C/...	756 KB
vgg_generated_64.i	2020-12-21 23:46	Preprocessed C/...	894 KB
vgg_generated_80.i	2020-12-21 23:46	Preprocessed C/...	990 KB
vgg_generated_120.i	2020-12-21 23:46	Preprocessed C/...	990 KB

图 2.29　module模块缺失文件列表

② 将"opencv/modules/features2d"复制并粘贴到"build"文件夹，如图2.30所示。

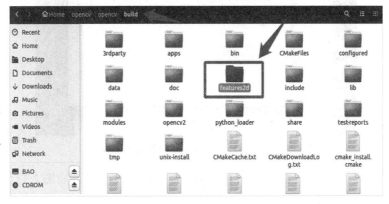

图 2.30　"build"文件夹

2.2.2.5　编译OpenCV

（1）进入CMake的图形化界面，通过cd命令进入"build"文件夹，在终端输入如下命令后，弹出如图2.31所示的CMake图形化界面：

cmake-gui..

图 2.31　CMake配置界面1

（2）点击左下方的"Configure"按钮，弹出如图2.32所示界面，选择"Unix Makefiles"，再选择"Use default native compilers"（默认），然后点击"Finish"按钮。

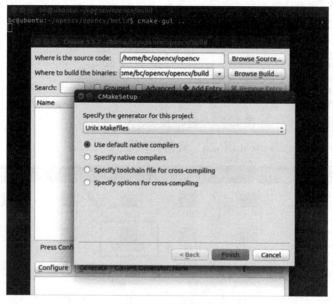

图2.32　CMake配置界面2

（3）此时因为需要下载一些文件，所以会等待一段时间，如图2.33所示，然后CMake即载入默认配置。

图2.33　CMake配置界面3

（4）根据开发需求进行修改，为了用上SIFT，SURF等算法与编译CUDA模块，"CMAKE_BUILD_TYPE"值处输入"Release"，其他设置保持不变（如果已经存在就不必修改），如图2.34所示。

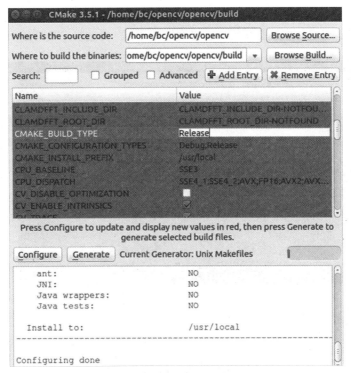

图 2.34　CMake 配置界面 4

（5）在"OPENCV_EXTRA_MODULES_PATH"处，选择输入目录，再选择解压的"opencv_contrib/modules"文件夹，如图2.35所示。

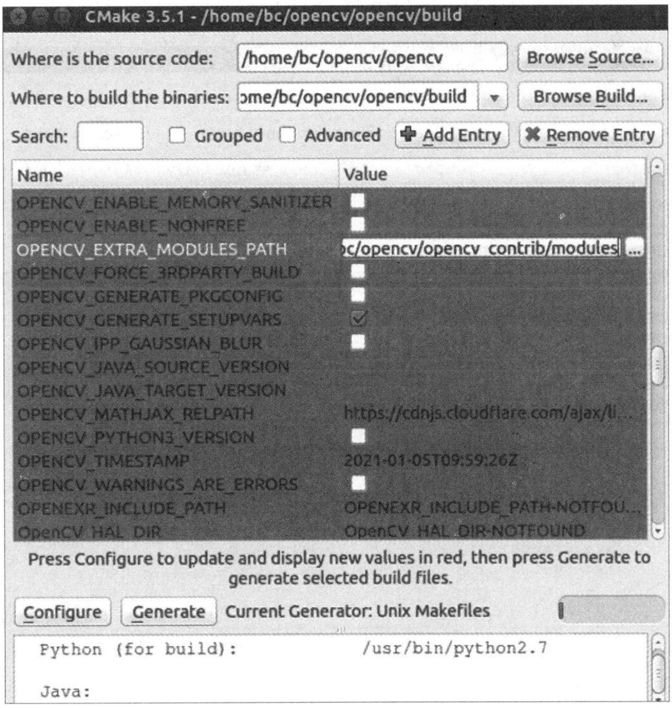

图 2.35　CMake 配置界面 5

（6）在"OPENCV_ENABLE_NONFREE"后面的方框中打钩（如图2.36所示），才能使用SIFT，SURF等算法。如果需要编译CUDA，要选择"WITH_CUDA"。

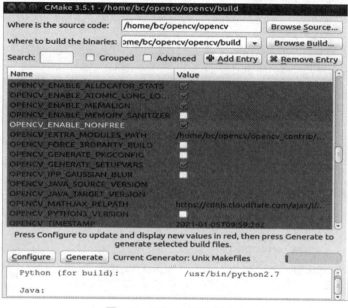

图2.36　CMake配置界面6

OpenCV4以上不会自动生成环境变量配置项，因此编译时需要选上"OPENCV_GENERATE_PKGCONFIG=ON"。

（7）点击"Generate"按钮，生成配置文件，如图2.37所示。

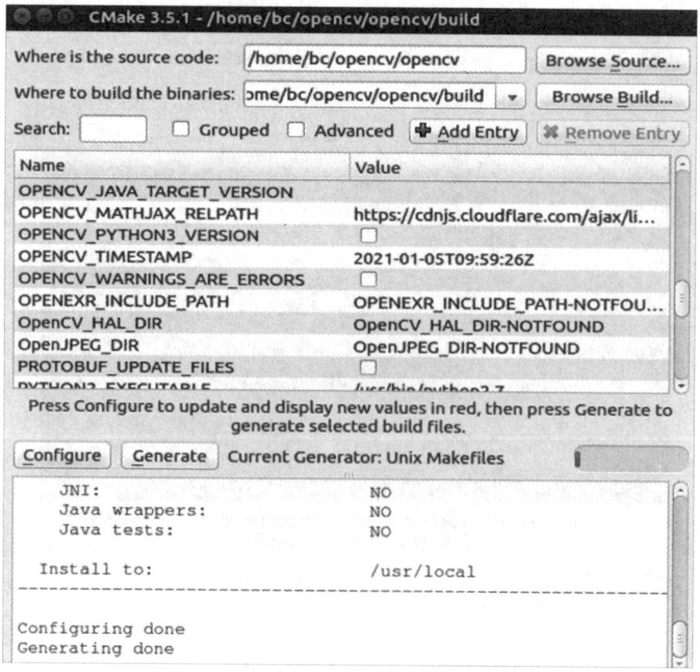

图2.37　生成配置文件

（8）在"build"目录下打开终端，输入"make"，开始编译，直到make成功，如图2.38所示。

图2.38　make过程

（9）输入如下命令，完成编译：

sudo make install

注意：如果出现"xfeatures2d/vgg: Download: vgg_generated_48.i"，那么安装失败。此时，应在github网站将对应依赖项下载下来，并将CMake下载路径文件的地址修改为如下地址，替换成已下载好的文件所在目录，如图2.39所示：

file:///home/ciomp/opencv/opencv_contrib/modules/xfeatures2d/cmake
EG:"file:///home/ciomp/OpencvRequire/"

图2.39　"OpencvRequire"文件

注释掉如下地址语句：

#"https://raw.githubusercontent.com/opencv/opencv_3rdparty/${OPENCV_3RDPARTY_ COMMIT}/"

注意：目前，测试Face和ippicv模块用以上方法可行，如果以上方法不可行，那么尝试更改Cmake下载地址，将"raw.githubusercontent.com"替换为"raw.staticdn.net"。

2.2.2.6　OpenCV 环境变量

（1）安装成功后需要设置 OpenCV 的环境变量。输入如下指令以打开文件：

sudo gedit /etc/ld.so.conf.d/opencv.conf

（2）如图 2.40 所示，将以下内容添加到最后：

/usr/local/lib

图 2.40　添加库

（3）配置库，输入如下指令：

sudo ldconfig

（4）更改环境变量。

sudo gedit /etc/bash.bashrc

（5）如图 2.41 所示，在文件后添加如下语句：

PKG_CONFIG_PATH=$PKG_CONFIG_PATH:/usr/local/lib/pkgconfig
export PKG_CONFIG_PATH

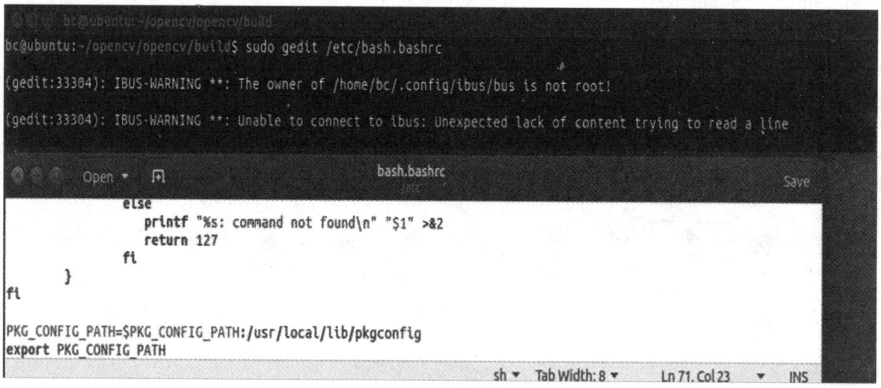

图 2.41　环境变量

（6）保存退出，执行如下指令（或者重启计算机）：

source /etc/bash.bashrc

至此，安装和配置 OpenCV 的整个过程都已完成。

（7）测试 OpenCV 是否配置成功。

查看 OpenCV 版本信息，若出现如图 2.42 所示的类似版本信息，则说明 OpenCV 配置成功。

```
ciomp@ciomp-Lenovo-ECI-430:~$ pkg-config --modversion opencv4
4.5.1
```

图2.42 OpenCV版本信息

2.2.3 Qt 5.12.8安装及环境配置

2.2.3.1 在线安装（默认安装Qt 5.12.8）

安装Qt之前，需要先安装CMake，再执行如下命令，进行在线安装：

sudo apt-get install cmake qt5-default qtcreator

（sudo apt-get install cmake qt5-default qtcreator --fix-missing）

sudo apt-get install libqt5designer5

sudo apt-get install qttools5-dev qttools5-dev-tools

2.2.3.2 离线安装（推荐）

（1）首先在Qt官网下载安装文件（文件格式为".run"）。

（2）赋予安装文件权限，输入以下命令：

sudo chmod a+x qt-opensource-linux-x64-5.12.8.run

（3）执行以下命令，进行Qt的安装：

./qt-opensource-linux-x64-5.12.8.run

（4）弹出安装指引窗口（如图2.43所示），首先按照指引提示选择安装路径；然后点击"next"按钮进入下一步，选择需要安装的组件；接着点击"next"按钮，勾选同意安装协议；最后点击"finish"按钮，完成安装。

图2.43 Qt安装指引窗口

（5）配置环境变量。

输入如下命令：

sudo vim /etc/profile

在末尾添加如下语句（注意：这里的路径对应安装路径）：

export PATH="/opt/Qt5.12.8/Tools/QtCreator/bin:$PATH"

export PATH="/opt/Qt5.12.8/5.12.8/gcc_64:$PATH"

（6）修改后重启，或者使用"source /etc/profile"命名。

需要注意的是，安装完后可能报告如下错误：

Variable has incomplete type "QApplication"

针对上述错误的解决方案如下：

打开 Qt Creator，点击"帮助"菜单项，选择"关于插件"，把 C++下的 Clang-CodeModel 的勾选项去掉。

2.2.4　Qt实例调用OpenCV

（1）添加"include"文件和"lib"文件（"lib"文件是重新编译好的）：

INCLUDEPATH += /usr/local/include\

　　　　　　/usr/local/include/opencv4\

　　　　　　/usr/local/include/opencv4/opencv2

LIBS+=/home/ciomp/opencv/build/lib/libopencv_world.so

这两步需要根据自己的路径配置，如图2.44所示。

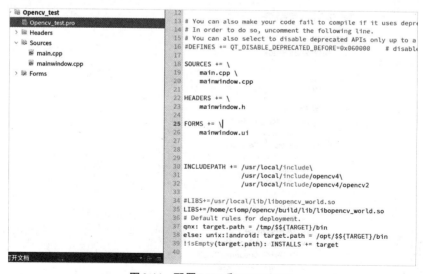

图2.44　配置LIBS和INCLUDE

（2）运行example。

新建Qt项目，在ui界面添加一个按钮响应事件，点击按钮，则对"/opencv/

samples/data"路径下的测试图片进行读取和现实,运行效果如图2.45所示。

```cpp
#include"opencv2/opencv.hpp"
#include <opencv2/core/core.hpp>
#include"opencv2/highgui.hpp"
using namespace cv;
Mat img;
img = imread("/home/ciomp/opencv/samples/data/flower.png");
cv::cvtColor(img, img, COLOR_BGR2GRAY);
imshow("src", img);
waitKey();
```

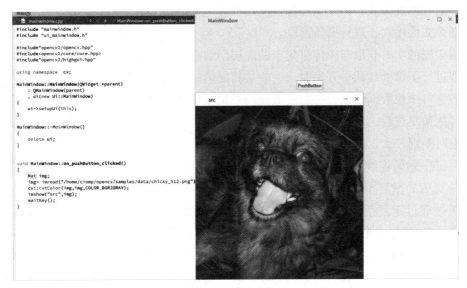

图2.45　打开一张图片

本节所用实例详见实例2.2。

3 数据通信与消息传递

3.1 图像处理的循环驱动机制

成像仪器的图像处理软件的一项核心任务是连续处理并显示图像序列。获得图像序列一般有两种方式：一是从图像探测器视频流中进行实时获取；二是连续回放已存储的图像文件序列，进行循环读取。

视频流的实时获取与图像采集卡的底层函数有关，不同采集卡的采集方式各不相同。在进行图像处理软件开发时，一般从其提供的SDK函数入手，通过调用相应的采集函数进行图像数据获取，并将获取到的单帧图像数据以回调或其他方式传入图像处理软件的采集线程，以进行后续的处理与显示。由于采集卡的型号较多，相应的采集方式有时差别较大，因此本章就不对此部分进行展开介绍了。

图像序列的连续回放一般可通过两种方式实现：一是定时器，二是线程。定时器是最简单的循环驱动方式，但其响应函数是在主线程里实现的，在定时器的响应函数里处理过于复杂或者过于耗时的算法，会造成主线程的阻塞，最终会影响软件的其他处理功能。因此，采用定时器方式对图像序列进行连续驱动处理的应用较少，定时器一般多用于界面刷新等简单的循环响应。鉴于定时器的问题，在图像的事后连续处理中，多采用线程方式进行循环处理。根据常用操作系统的多任务机制，将图像回放处理过程置于从线程中实现，一般不会影响程序的其他功能执行，且当一个线程无法满足图像处理的性能需求时，还可通过多线程协同的方式提高算法的实时处理能力。

本章首先对定时器的创建与使用进行介绍，然后重点介绍线程的创建与使用。

3.1.1 定时器的创建与使用

虽然定时器在图像序列循环处理中应用不多，但是它是一个有用且简单的定时触发工具，它的主要用法是按照程序员设定的时间间隔发送"WM_TIMER"消息，程序通过处理"WM_TIMER"消息完成定时任务。

基于对话框程序的定时器创建方法如下。

（1）将需要添加定时器的对话框切换到资源视图。

（2）在该对话框没有控件的地方点击鼠标右键，在弹出的菜单中选择"属性"选项，显示出该对话框对应的属性页，如图3.1所示。

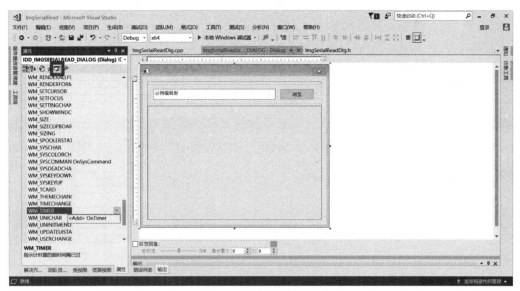

图3.1 对话框属性页面

（3）点击属性页上方的"消息"按钮图标，出现如图3.1中标识出的矩形区域。

（4）找到"WM_TIMER"消息，点击其右侧的下拉按钮，选择"<Add>OnTimer"选项，MFC会在该对话框对应的类里自动创建OnTimer定时器响应函数的声明和定义。然后可以在OnTimer响应函数中通过switch等判断语句，实现不同ID定时器的响应处理。

（5）在需要开启定时器的位置，调用SetTimer函数。MFC封装的SetTimer函数原型如下：

```
UINT SetTimer(UINT nIDEvent, UINT nElapse,
void(CALLBACK EXPORT *lpfnTimer)(HWND, UINT, YINT, DWORD));
```

其中，nIDEvent为定时器ID；nElapse为定时器触发间隔，单位为ms；第三个参数为定时器响应函数，一般可以将其设定为缺省值NULL，系统会自动将其响应函数设定为OnTimer。

（6）在需要关闭定时器的位置，调用KillTimer函数。MFC封装的KillTimer函数原型如下：

```
BOOL KillTimer(UINT nIDEvent);
```

其中，nIDEvent为定时器ID。

下面结合实例3.1介绍基于MFC的定时器使用方法。实例3.1通过定时器循环读取、显示指定路径下的图像序列，其界面布局如图3.2所示。

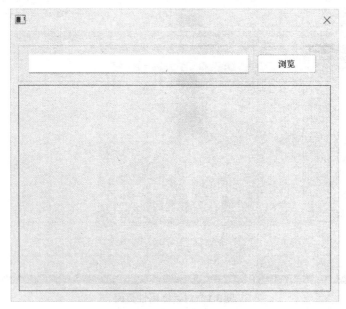

图3.2　实例3.1界面布局

在"浏览"按钮响应函数中获取图像定时显示的图像序列路径，调用SetTimer函数，开启定时器1，时间间隔为1000 ms，相应代码如下：

```
//开启定时器，设定时器时间间隔为1000 ms
SetTimer(1, 1000, NULL);
```

在OnTimer定时器响应函数中，通过switch判断语句对定时器1的触发事件进行图像序列的逐帧读取、显示处理，相应代码如下：

```
void CImgSerialReadDlg::OnTimer(UINT_PTR nIDEvent)
{
    // TODO: 在此添加消息处理程序代码和/或调用默认值
    switch (nIDEvent)
    {
    case 1: //刷新图像显示
    {
        //1.格式化当前图像路径
        CString strTemp;
        strTemp.Format("%04d.bmp", ++m_iCurImgNo);
        m_strFilePath.Replace(m_strFilePath.Right(8), strTemp);
        //2.读取图像
        Mat imgSrc = imread(m_strFilePath.GetBuffer(0), IMREAD_ANYDEPTH | IMREAD_
                            ANYCOLOR);
        //3.显示图像
        if (imgSrc.cols != 0) //图像读取成功
        {
```

```
                imshow(m_strWinName.GetBuffer(0), imgSrc);
            }
        else                        //图像序列读取完毕
            {
            KillTimer(1);
            AfxMessageBox("图像读取完毕！");
            }
        }
        break;
    default:
        break;
    }
    CDialogEx::OnTimer(nIDEvent);
}
```

运行实例3.1，点击"浏览"按钮，选择实例3.1路径下的"图像序列"路径下的文件，程序将自动开启定时器，对图像序列进行逐帧读取、显示。实例3.1运行效果如图3.3所示。

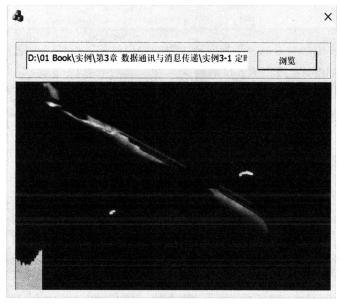

图3.3　实例3.1运行效果

3.1.2　线程的创建与使用

线程既是应用程序的可执行单元，也是计算机分配CPU时间片的基本单元。同一个应用程序的多个线程共享该应用程序的资源和操作系统分配的内存空间。每个应用程序都有一个主线程，其他线程都是由主线程创建的。

VC创建线程有3种方式：_beginthread方式，CreateThread方式，AfxBeginThread

方式。其中，_beginthread 是 C 语言的运行库函数；CreateThread 是 Windows32 位操作系统 API 函数；AfxBeginThread 是 MFC 的全局函数，是对 CreateThread 的进一步封装，因此 AfxBeginThread 函数的调用最终是通过 CreateThread 实现的。

基于 VC++开发的图像处理软件，大多是基于 MFC 来开发的，因此，本节重点介绍基于 AfxBeginThread 创建线程的实现方式。

采用 AfxBeginThread 方式创建线程，首先需要定义一个线程入口函数，然后通过调用 AfxBeginThread 函数实现线程入口函数的关联及线程的创建。在线程的入口函数中，可调用 WaitForSingleObject 函数进行线程的暂时挂起，在需要触发线程的位置调用 SetEvent 函数可实现挂起线程的释放。一般将这两个函数配合使用，以实现应用程序时间片与资源的短期调用与释放，提高整个应用程序的运行效率。

（1）线程创建函数 AfxBeginThread。

线程创建函数 AfxBeginThread 的函数原型如下：

```
CWinThread* AfxBeginThread(AFX_THREADPROC pfnThreadProc,
                LPVOID lParam,
                int nPriority = THREAD_PRIORITY_NORMAL,
                UINT nStackSize = 0,
                DWORD dwCreateFlags = 0,
                LPSECURITY_ATTRIBUTES lpSecurityAttrs = NULL);
```

① 返回值：成功时返回一个指向新线程的线程对象的指针，否则为 NULL。

② pfnThreadProc：线程的入口函数。

③ lParam：传递给线程入口函数的参数，一般将创建该线程的类的 this 指针作为参数传入，以便于入口函数访问该类的成员变量与函数。

④ nPriority：线程的优先级，缺省值为 THREAD_PRIORITY_NORMAL。常用优先级宏定义及等级说明如表 3.1 所列。

表 3.1　常用优先级宏定义及等级排序

优先级宏定义	代表等级
THREAD_PRIORITY_TIME_CRITICAL	最高等级
THREAD_PRIORITY_HIGHEST	次高等级，高于正常优先级上两级运行
THREAD_PRIORITY_ABOVE_NORMAL	高于正常，高于正常优先级上一级运行
THREAD_PRIORITY_NORMAL	正常，与主线程同一级运行
THREAD_PRIORITY_BELOW_NORMAL	低于正常，低于正常优先级下一级运行
THREAD_PRIORITY_LOWEST	次低等级，低于正常优先级下两级运行
THREAD_PRIORITY_IDLE	空闲等级

⑤ nStackSize：指定新创建的线程的栈的大小，缺省值为 0。当采用缺省值时，表

明新建的线程具有和主线程相同的栈尺寸。

⑥ dwCreateFlags：指定创建线程以后，线程的运行状态设置。当其取值为CREATE_SUSPENDED 时，线程创建后，会处于挂起状态，直到调用 ResumeThread；当其取值为0时，线程创建后就开始运行。

⑦ lpSecurityAttrs：指向一个 SECURITY_ATTRIBUTES 的结构体，用它来标示新创建线程的安全性。如果其为 NULL，那么新创建的线程就具有和主线程一样的安全性。

在调用 AfxBeginThread 函数进行线程创建时，无特殊要求情况下，一般对其前三个参数进行赋值，其他参数采用缺省值。

（2）入口函数。

线程入口函数的一般格式如下：

UINT 入口函数名（LPVOID pParam）；

其参数为 AfxBeginThread 函数的第二个参数，一般为 this 指针，以便于入口函数内部对 this 指针对象 public 成员的访问。

① 入口函数的声明。一般有两种方式：全局函数形式、静态成员函数形式。

C++中的全局函数形式沿用了 C 语言程序中线程入口函数的定义方式，即在类外部实现入口函数的声明。

C++中的静态成员函数形式是在类内部实现入口函数的声明，但是要在函数的声明语句前加上"static"标识符。此种声明方式的优点是不破坏类的封装性，因此推荐大家在程序开发过程中尽量采用此种声明方式。需要注意的是，尽管在此种方式下入口函数以成员函数形式存在，但它并非真正意义上的成员函数，它只能访问类的静态成员，对于其他类成员仍需要通过传入的 this 指针进行访问。

② 入口函数的实现。入口函数的一般实现形式（以静态成员函数声明形式为例，假设类名为 CMyClass，入口函数名为 myThreadFunc）如下：

```
UINT CMyClass::myThreadFunc(LPVOID pParam)
{
    CMyClass *pApp = (CMyClass*) pParam; //将形参转换为类对象指针，便于对类成员访问
    while(线程循环运行条件语句)
    {
        WaitForSingleObject(pApp->m_Event.m_hObject, 等待时间);
        ResetEvent(pApp->m_Event.m_hObject);

        //线程处理语句
        ……
    }
    return 0;
}
```

其中，WaitForSingleObject 函数是用来检测 hHandle 标记的对象是否被触发的，在入口函数中调用该函数时，线程被暂时挂起。其函数原型如下：

DWORD WaitForSingleObject(HANDLE hHandle, DWORD dwMillseconds);

如果在挂起的 dwMillseconds（单位为 ms）时间内，线程所等待的对象被触发，那么该函数立即返回；如果时间已达到 dwMillseconds，但是 hHandle 所指向的对象还没有被触发，那么函数同样返回。当希望 WaitForSingleObject 未检测到信号就永远等待时，可以将 dwMillseconds 设为 INFINITE 宏定义。一般，hHandle 由 SetEvent 函数触发，由 ResetEvent 函数进行信号复位。

实例 3.2 展示了利用线程的方式实现对图像序列的逐一读取与显示，通过按键控件响应函数实现线程的触发，其界面布局如图 3.4 所示。

图 3.4 实例 3.2 界面布局

"浏览"按钮响应函数用于图片序列文件的路径选择，其响应函数代码如下：

```
void CImgSerialReadDlg::OnBnClickedBtnBrowser()
{
    // TODO: 在此添加控件通知处理程序代码
    CFileDialog dlgFile(true, "bmp", "*.bmp", OFN_FILEMUSTEXIST | OFN_ALLOWMULTISELECT,
        "bmp Files(*.bmp)|*.bmp||", this);
    if (dlgFile.DoModal() == IDOK)
    {
        m_strFilePath = dlgFile.GetPathName();
        UpdateData(false);
        //将当前选中图像为回放的起始帧，提取当前图像序号
```

```
        CString strTemp = m_strFilePath.Right(8);
        m_iCurImgNo = atoi(strTemp.Left(4));
        m_bReadImgSuccess = TRUE;
    }
}
```

在初始化函数OnInitDialog中创建图片序列读取、显示线程。相应代码如下：

```
//创建线程
HANDLE handleSend = ::AfxBeginThread(FunThread, this, THREAD_PRIORITY_HIGHEST);
    DWORD dwMaskThread = 0x00000F00;
    ::SetThreadAffinityMask(handleSend, dwMaskThread); //设置指定线程的处理器相关性掩码
```

定义并创建线程入口函数FunThread。将WaitForSingleObject函数的线程等待时间设置为INFINITE，即检测不到触发信号时，线程将一直处于挂起状态。相应代码如下：

```
UINT CImgSerialReadDlg::FunThread(LPVOID pParam)//线程入口函数
{
    CImgSerialReadDlg* pApp = (CImgSerialReadDlg*)pParam;
    CString strTemp;
    while (true)
    {
        WaitForSingleObject(pApp->m_EventRun.m_hObject, INFINITE);
        ResetEvent(pApp->m_EventRun.m_hObject);
        if (pApp->m_bReadImgSuccess)
        {
            //1.格式化当前图像路径
            CString strTemp;
            strTemp.Format("%04d.bmp", ++pApp->m_iCurImgNo);
            pApp->m_strFilePath.Replace(pApp->m_strFilePath.Right(8), strTemp);
            //2.读取图像
            Mat imgSrc = imread(pApp->m_strFilePath.GetBuffer(0), IMREAD_ANYDEPTH |
                        IMREAD_ANYCOLOR);
            //3.显示图像
            if (imgSrc.cols != 0)        //图像读取成功
            {
                imshow(pApp->m_strWinName.GetBuffer(0), imgSrc);
            }
            else                    //图像序列读取完毕
            {
                pApp->m_bReadImgSuccess = FALSE;
                AfxMessageBox("图像读取完毕！");
```

```
                }
            }
        }
        return 0;
    }
```

为"触发线程读下一帧图像"按钮响应函数添加线程触发语句，以实现通过点击该按钮实现线程FunThread的处理响应。相应代码如下：

```
void CImgSerialReadDlg::OnBnClickedBtnSetevent()
{
    // TODO: 在此添加控件通知处理程序代码
    SetEvent(m_EventRun.m_hObject);        //设置事件信号
}
```

运行实例3.2，点击"浏览"按钮，选择实例3.2路径下的"图像序列"路径下的文件，实现图像序列路径的获取。每点击一次"触发线程读下一帧图像"按钮，将自动触发一次FunThread函数，按照顺序完成一次图片序列内一帧图片的读取与显示。实例3.2运行效果如图3.5所示。

图3.5　实例3.2运行效果

3.2　网络通信

在Windows操作系统下，网络通信的基础是套接字（socket）。套接字本质上是应用程序之间数据通信的一个网络对象。使用套接字进行通信，主要分为两种方式：面向连接的流方式（TCP）和面向无连接的数据报文方式（UDP）。

（1）TCP通信方式。

利用TCP进行通信时，需要通过三步握手，以建立通信双方的连接。TCP提供了数据确认与数据重传机制，以确保发送的数据一定能被接收方接收。该方式常用于对数据可靠性要求较高的通信。

（2）UDP通信方式。

UDP通信方式是无连接的、不可靠的传输协议。采用UDP进行通信时，不需要建立连接，发送方和接收方处于相同的地位，没有主次之分。该方式常用于对数据可靠性要求不高的通信。

相应地，套接字也有两种常用类型：流式套接字（SOCK_STREAM）和数据报式套接字（SOCK_DGRAM）。

（1）流式套接字。

流式套接字提供面向连接、可靠的数据传输服务，使数据无差错、无重复地发送，且按照发送顺序接收。流式套接字是基于TCP协议实现的。

（2）数据报式套接字。

数据报式套接字提供无连接服务，数据包以独立包形式发送，不提供无错保证，数据可能丢失或重复，且不严格按照顺序接收。数据报式套接字是基于UDP协议实现的。

3.2.1 基于TCP的网络通信

3.2.1.1 技术原理

基于TCP的网络通信有服务器与客户端之分。服务器端需要监听客户端的连接请求。因此，基于TCP的网络通信在代码实现过程中要对服务器与客户端的实现方式进行区分。

（1）服务器端的实现。

服务器端的实现流程如下：

① 创建套接字；

② 将套接字绑定到一个本地地址和端口上（bind）；

③ 将套接字设为监听模式，等待客户端连接请求（listen）；

④ 接收到客户端的连接请求后，返回一个对应于此连接的新的套接字（accept）；

⑤ 用返回的套接字与客户端进行数据的收、发通信（send/recv）；

⑥ 关闭套接字。

（2）客户端的实现。

客户端的实现流程如下：

① 创建套接字；

② 向服务器发送连接请求（connect）；

③ 与服务器进行数据的收、发通信（send/recv）；

④ 关闭套接字。

3.2.1.2 编程实现

本节将结合实例3.3的TCP网络通信部分对基于TCP的网络通信编程实现进行介绍。本实例分为服务器与客户端两个部分。

（1）服务器端的编程实现。

按照图3.6所示创建实例界面。该界面的顶部控件用于网络参数设置与启动监听服务，界面的中部和底部控件分别用于网络数据的发送与接收。

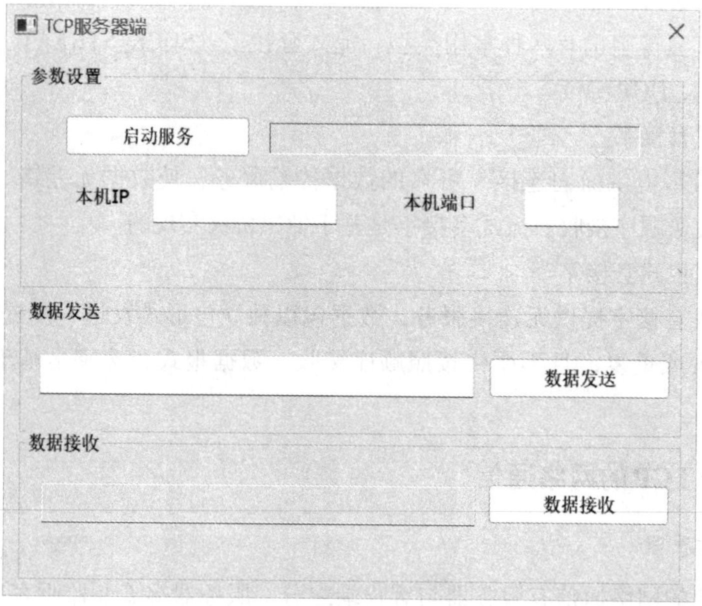

图3.6　实例3.3 TCP服务器端界面布局

以下代码展示了TCP服务器端的编程实现过程。

① 在头文件添加网络通信所需要的网络通信库。

```
#include <WinSock2.h>
#pragma comment(lib,"Ws2_32")
```

② 加载套接字库。

```
WSADATA wsaData;
    WORD version = MAKEWORD(2, 0);
    int iRet = WSAStartup(version,&wsaData);
    if (iRet != 0)
    {
        AfxMessageBox("套接字库加载错误");
        return FALSE;
    }
```

③ 创建套接字。

```
if (m_hSocket)//如果已经创建，先关闭
    {
        closesocket(m_hSocket);
        m_hSocket = NULL;
    }
    else
    {
        //创建用于监听的套接字
        m_hSocket = socket(AF_INET, SOCK_STREAM, 0);
    }
```

④ 将套接字绑定到本地地址及端口。

```
sockaddr_in stLocalAddr;
    stLocalAddr.sin_family = AF_INET;        //地址族
    stLocalAddr.sin_addr.S_un.S_addr = inet_addr(m_strLocalIP);
    stLocalAddr.sin_port = htons(m_iPort);    //本机监听端口
    int iRet = bind(m_hSocket, (LPSOCKADDR)&stLocalAddr, sizeof(stLocalAddr)); //绑定套接字
```

⑤ 将套接字设置为监听模式，等待客户端连接请求。

```
iRet = listen(m_hSocket, 5);
```

⑥ 为了防止等待客户端连接而造成的主线程阻塞，应将等待过程放入监听线程 ListenThread 中；在线程 ListenThread 中等到客户端请求后，通过调用 accept 函数返回一个新的客户端套接字。

```
UINT CWinSocketUDPServerDlg::ListenThread(LPVOID lParam)
{
    //准备接受请求
    CWinSocketUDPServerDlg *pApp = (CWinSocketUDPServerDlg*)lParam;
    sockaddr_in stClientAddr;
    while (1)
    {
        int iLenth = sizeof(stClientAddr);
        pApp->m_hClientSocket = accept(pApp->m_hSocket,(LPSOCKADDR)&stClientAddr,
                                &iLenth);
        if (pApp->m_hClientSocket == SOCKET_ERROR)
        {
            AfxMessageBox("套接字监听失败");
        }
        else
        {
```

```
            AfxMessageBox("监听到客户端请求");
        }
        pApp->m_bListenState = true;
        break;
    }
    return 0;
}
```

⑦ 与客户端建立连接后，通过调用send函数实现向客户端发送数据。

```
send(m_hClientSocket, m_strSendData.GetBuffer(0), m_strSendData.GetLength(), 0);
```

⑧ 通过调用recv函数实现从客户端接收数据。

```
char recvBuf [100];
int iLen = recv(m_hClientSocket, recvBuf, 100, 0);
```

注意：与客户端进行数据收发所用的套接字均为服务器与客户端建立连接后返回的新的套接字。

（2）客户端的编程实现。

按照图3.7所示创建实例界面。该界面的顶部控件用于网络参数设置与发送连接请求，界面的中部和底部控件分别用于网络数据的发送与接收。

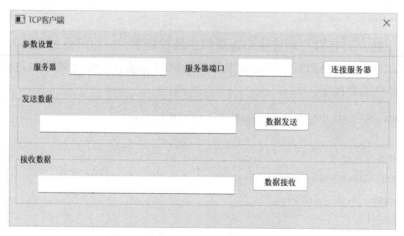

图3.7　实例3.3 TCP客户端界面布局

以下代码展示了TCP客户端的编程实现过程。

① 在头文件添加网络通信所需要的网络通信库。

```
#include <WinSock2.h>
#pragma comment(lib,"Ws2_32")
```

② 加载套接字库。

```
WSADATA wsaData;
    WORD version = MAKEWORD(2, 0);
```

```
    int iRet = WSAStartup(version, &wsaData);
    if (iRet != 0)
    {
        AfxMessageBox("套接字库加载错误");
        return FALSE;
    }
```

③ 创建套接字。

```
if (m_hClientSocket)//如果已经创建，先关闭
{
    closesocket(m_hClientSocket);
    m_hClientSocket = NULL;
}
else
{

    //创建套接字
    m_hClientSocket = socket(AF_INET, SOCK_STREAM, 0);
}
```

④ 向服务器发送连接请求。

```
sockaddr_in stServerAddr;
    stServerAddr.sin_family = AF_INET;            //地址族
    stServerAddr.sin_addr.S_un.S_addr = inet_addr(m_strServerIP);
    stServerAddr.sin_port = htons(m_iServerPort); //服务器监听端口
    //向服务器发送连接请求
    int iRet = connect(m_hClientSocket, (LPSOCKADDR)&stServerAddr, sizeof(stServerAddr));
    if (iRet !=0)
    {
        MessageBox("连接请求失败");
    }
}
```

⑤ 与服务器建立连接后，通过调用send函数实现向服务器的数据发送。

```
send(m_hClientSocket, m_strSendData.GetBuffer(0), m_strSendData.GetLength(), 0);
```

⑥ 通过调用recv函数实现从服务器的数据接收。

```
char recvBuf[100];
int iLen = recv(m_hClientSocket, recvBuf, 100, 0);
```

（3）实例运行效果展示。

分别运行"实例3.3　网络通信\WinSocket\TCP\WinSocket_TCPServer"与"实例
3.3　网络通信\WinSocket\TCP\WinSocket_TCPClient"路径下的TCP服务器端、TCP客
户端实例程序，弹出如图3.8和图3.9所示运行界面。

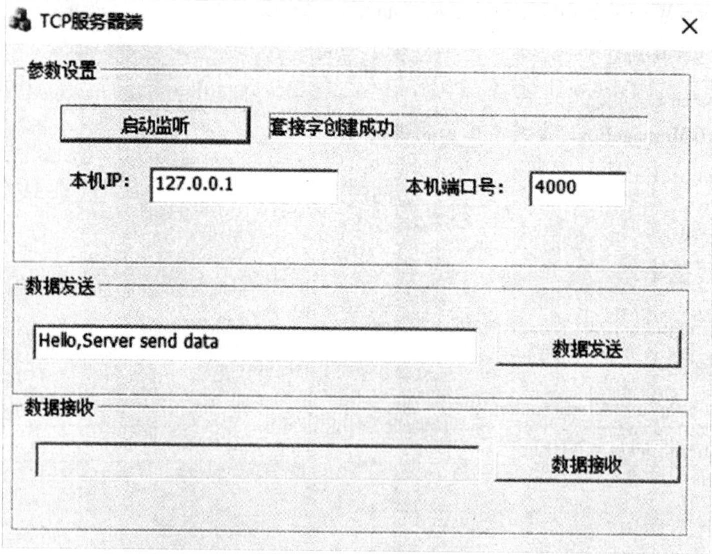

图3.8　TCP服务器端运行界面

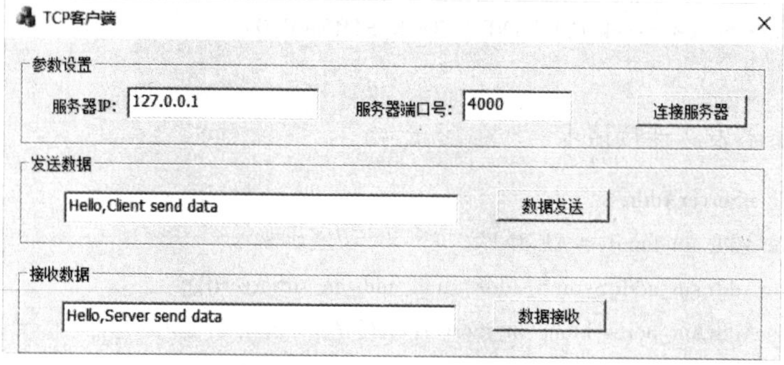

图3.9　TCP客户端运行界面

为了实现本机网络通信演示，将服务器的本机IP设为"127.0.0.1"，在实际工程开发中，可根据实际情况进行IP设置。将服务器的本机端口号设为4000，然后点击"启动监听"按钮。

客户端要实现与服务器端的连接，首先要将服务器IP、服务器端口号设置为与服务器相同值，然后点击"连接服务器"按钮，向服务器发送连接请求。服务器端与客户端连接成功后，会弹出建立连接成功提示。此时，服务器与客户端就可以通过点击相应的数据收发按钮，实现各自的数据收发功能。

在实例3.3中，采用按钮响应函数实现数据的收发。在实际工程开发过程中，常常要面临连续收发数据的情况。

通信数据的发送可通过定时器或外部触发信号（如图像帧同步信号等）进行同步触发。

通信数据的接收模式要根据实际情况而定。在图像接收频率已知的情况下，可通过定时器或者线程的WaitForSingleObject函数进行定时接收。但是用该方法接收时，为了防止数据阻塞情况的发生，一般要保证接收频率高于图像的发送频率。在图像接收频率未知的情况下，建议采用异步模式进行数据接收，可提高数据接收的可靠性与实时性。所谓异步接收，就是调用WSAAsyncSelect函数将套接字设置为异步状态，并将套接字注册到消息机制，当套接字检测到新数据到来时，会发送一个数据接收消息，这样就可以在其消息响应函数中实现数据的接收。

下面简要介绍网络异步接收的实现方法（相关实例详见"实例3.3 网络通信\WinSocket\TCP\WinSocket_TCPClient异步接收"）。

① 定义一个套接字数据接收消息（实例3.3中定义为WM_SOCKTRECV）与一个消息接收响应函数（实例3.3中定义为OnMsgRecv），并在BEGIN_MESSAGE_MAP中将二者进行关联。

② 套接字创建完毕后，调用WSAAsyncSelect函数将套接字设置为异步模式。

WSAAsyncSelect(m_hClientSocket, m_hWnd, WM_SOCKTRECV, FD_READ);

③ 在消息接收响应函数OnMsgRecv中进行数据接收处理。

3.2.2 基于UDP的网络通信

3.2.2.1 技术原理

与TCP网络通信相比，基于UDP的网络通信，无服务器端与客户端之分，只有发送端与接收端之别。当一个应用程序既具备发送功能又具备接收功能时，发送端与接收端的概念进一步被弱化，可以将UDP的通信进一步看成IP地址与端口号不同的同一款应用程序之间的端到端的通信。

（1）发送端的代码实现。

发送端的实现流程如下：

① 创建套接字；

② 向接收端发送数据（sendto）；

③ 关闭套接字。

（2）接收端的代码实现。

接收端的实现流程如下：

① 创建套接字；

② 将套接字绑定到一个本地IP和端口上；

③ 等待数据接收（recvfrom）；

④ 关闭套接字。

3.2.2.2 编程实现

本节将结合实例3.3的UDP网络通信部分对基于UDP的网络通信编程实现进行介绍。由于本实例兼具网络发送端与接收端的功能，因此本实例既涉及发送端也涉及接收端。利用本实例进行UDP通信，两端应用程序相同，只需将收发参数进行不同设置即可。因此，以下结合同一个应用程序，进行UDP通信的发送与接收过程的代码实现介绍。本实例的界面布局如图3.10所示。

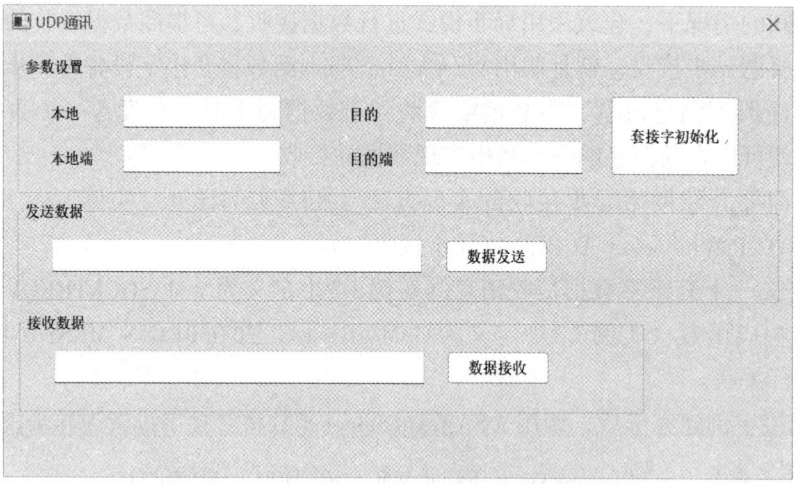

图 3.10　实例 3.3 UDP 网络通信界面布局

（1）发送端的编程实现。

基于 UDP 的发送端的代码实现过程如下。

① 在头文件添加网络通信所需要的网络通信库。

```
#include <WinSock2.h>
#pragma comment(lib,"Ws2_32")
```

② 加载套接字库。

```
WSADATA wsaData;
    WORD version = MAKEWORD(2, 0);
    int iRet = WSAStartup(version, &wsaData);
    if (iRet != 0)
    {
        AfxMessageBox("套接字库加载错误");
        return;
    }
```

③ 创建套接字。

```
if (m_hLocalSocket)//如果已经创建，先关闭
{
    closesocket(m_hLocalSocket);
    m_hLocalSocket = NULL;
}
else
{
    //创建套接字
    m_hLocalSocket = socket(AF_INET, SOCK_DGRAM, 0);
}
```

④ 向接收端发送数据。

```
UpdateData(true);
    int iAddrLen = sizeof(m_stDstAddr);
    int iLen = sendto(m_hLocalSocket, m_strSendData.GetBuffer(0),
                m_strSendData.GetLength( ), 0, (LPSOCKADDR)&m_stDstAddr, iAddrLen);
```

其中，m_stDstAddr指向接收端IP与端口。

⑤ 通信结束后，关闭套接字。

```
closesocket(m_hLocalSocket);
```

（2）接收端的编程实现。

基于UDP的接收端的代码实现过程如下。

① 在头文件添加网络通信所需要的网络通信库。

```
#include <WinSock2.h>
#pragma comment(lib,"Ws2_32")
```

② 加载套接字库。

```
WSADATA wsaData;
    WORD version = MAKEWORD(2, 0);
    int iRet = WSAStartup(version, &wsaData);
    if (iRet != 0)
    {
        AfxMessageBox("套接字库加载错误");
        return;
    }
```

③ 创建套接字。

```
if (m_hLocalSocket)//如果已经创建，先关闭
{
    closesocket(m_hLocalSocket);
    m_hLocalSocket = NULL;
}
else
{
    //创建套接字
    m_hLocalSocket = socket(AF_INET, SOCK_DGRAM, 0);
}
```

④ 将套接字绑定到本地IP与端口上。

```
m_stLocalAddr.sin_family = AF_INET;                        //地址族
m_stLocalAddr.sin_addr.S_un.S_addr = inet_addr(m_strLocalIP);
```

```
m_stLocalAddr.sin_port = htons(m_iLocalPort);                //监听端口
bind(m_hLocalSocket, (LPSOCKADDR)&m_stLocalAddr, sizeof(m_stLocalAddr));
```

⑤ 调用 recvfrom 函数，进行数据接收。

```
char recvBuf[100];
int iAddrLen = sizeof(m_stDstAddr);
int iLen = recvfrom(m_hLocalSocket, recvBuf, 100, 0, (LPSOCKADDR)&m_stDstAddr,&iAddrLen);
CString strTemp = recvBuf;
m_strRecvData = strTemp.Left(iLen);                //根据接收数据长度进行显示
UpdateData(false);
```

⑥ 通信结束后，关闭套接字。

```
closesocket(m_hLocalSocket);
```

运行 UDP 网络的两个实例，依次设置好本地 IP、本地端口、目的 IP、目的端口后，点击"套接字初始化"按钮，即可进行相应的数据收发，运行效果如图 3.11 所示。同样地，为了实现在同一台计算机上的网络通信演示，这里将本地 IP 设为"127.0.0.1"。要实现通信数据的异步接收，也可以参照 3.2.1 节所述的相关方法。

图3.11 UDP数据收发运行效果

注意：基于 UDP 的套接字编程时，采用的是 sendto 和 recvfrom 这两个函数实现数据的收发；而基于 TCP 的套接字编程时，采用的是 send 和 recv 这两个函数实现数据的收发。

此外，MFC 还对 Windows Sockets 网络通信函数进行了进一步封装，可分别利用 CAsyncSocket 类和 CAsyncSocket 类的派生类 CSocket 类的成员函数实现网络通信。此处不再展开介绍，感兴趣的读者可自行验证。

3.2.3 网络通信的异常调试

将编写好的网络通信程序部署到不同的硬件平台进行数据通信时，经常会遇到通信异常的问题。最典型的异常就是通信双方无法接收到对方发送的网络数据，或者其中一方无法接收到另一方发送的网络数据。出现上述异常时，可通过如下方法进行问题排查。

（1）需要确认通信双方的IP地址与端口号设置是否正确。

当通信端具备两个及以上网口时，应确认其绑定的网卡IP是否与软件设置的IP一致。

（2）需要确认通信双方的网络链路是否正确。

可通过在命令行中执行ping命令以进行物理连接来检查通信双方的网络链路是否正确。其格式为

ping [目的端IP]

假设本机A的IP为"192.13.10.11"，目的端B的IP为"192.13.10.10"，当进行网络链路检查时，可先从本机的命令行中输入"ping 192.13.10.10"。若连接正常，则返回如图3.12所示提示信息；若连接异常，则返回如图3.13所示提示信息。单侧检查完毕后，再在计算机B上用ping命令进行反向网络连接测试，此时应在命令行中输入"ping 192.13.10.11"。

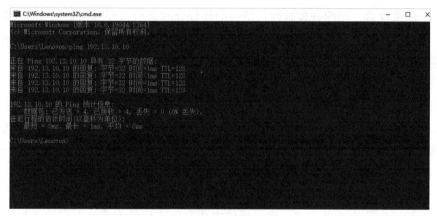

图3.12 ping命令检测连接正常

图3.13 ping命令检测连接异常

根据双向ping命令结果进行网络异常判断：

① 若双向连接均正常，则可初步排除网络连接故障，需对应用程序进行代码排查，或者对IP、端口设置进行排查；

② 若仅一个方向连接异常，则可初步排除物理连接故障，应检查通信双方的防火墙、杀毒软件等相关设置；

③ 若两个方向均连接异常，则需要同时排查物理连接故障与通信双方的防火墙、杀毒软件等相关设置。

ping 命令是一款非常有用的因特网包探测器，可用于测试网络连接。除了上述用法，还有其他多种扩展用法，感兴趣的读者可自行查阅资料。

（3）用于网络异常分析的另一款重要辅助工具——wireshark 软件。

wireshark 软件是一款网络包分析工具，主要用来捕获网络数据包，并自动解析数据包，从而为用户显示数据包的详细信息（包括指定 IP 的数据包的收发情况，以及每个数据包的内容信息等）。

3.3 串口通信

对于成像仪器，图像处理软件所依赖的硬件处理平台，经常需要与其他控制模块或子系统进行串口通信。串口通信及 3.2 节介绍的网络通信，是成像仪器最常用的两种数据通信方式。本节将介绍串口通信的编程实现过程。

3.3.1 技术原理

在 Windows 操作系统下，可以使用两种编程方式实现串口通信：一种是基于 ActiveX 控件的，这种方式的灵活性受限，故应用不多；另一种是基于 Windows 操作系统的 API 函数调用方式，这种方式较为灵活，故应用较多。以下仅介绍基于后一种方式的串口通信的编程实现过程。

串口的操作分为两种方式：同步操作方式和异步操作方式。在同步操作方式中，API 函数会处于阻塞状态直至操作完成后才能返回；在异步操作方式中，API 函数会立即返回，其余操作在后台进行，避免线程阻塞。

串口通信的编程，一般包括四个基本步骤：打开串口、配置串口、读写串口、关闭串口。

3.3.1.1 打开串口

Windows32 位操作系统把文件的概念进行了扩展，将串口看作文件，通过调用 CreateFile 函数来实现串口的打开。CreateFile 的函数原型如下：

```
HANDLE CreateFile(LPCTSTR lpFileName,
                  DWORD dwDesiredAccess,
                  DWORD dwShareMode,
                  LPSECURITY_ATTRIBUTES lpSecurityAttributes,
                  DWORD dwCreationDistribution,
                  DWORD dwFlagsAndAttributes,
                  HANDLE hTemplateFile);
```

其中，lpFileName 为要打开的串口名；dwDesiredAccess 为串口的访问类型，可以是读（GENERIC_READ）、写（GENERIC_WRITE），或是二者的组合（GENERIC_READ| GENERIC_WRITE）；dwShareMode 为共享属性，对于串口该值必须为 0；lpSecurityAttributes 为安全性属性结构，可设置为缺省值 NULL；dwCreationDistribution 为创建标志，对于串口该值必须为 OPEN_EXISTING；dwFlagsAndAttributes 为串口操作方式，取值为 0 时表示同步操作，取值为 FILE_FLAG_OVERLAPPED 时表示异步操作；hTemplateFile 为模板创建句柄，对于串口该值必须为 NULL。

3.3.1.2 配置串口

当串口打开后，在进行通信前，需要对串口参数进行配置。

（1）常用串口参数设置。

常用串口参数一般存放在 DCB 结构体中，可通过读取该结构体实现串口参数变量的访问。DCB 结构常用的变量如下。

① DWORD BaudRate：通信波特率。

② DWORD fParity：奇偶校验使能。其取值为 1 时，能进行奇偶校验。

③ BYTE ByteSize：通信字节位数。其取值范围为 4～8。

④ BYTE Parity：奇偶校验方法。EVENPARITY 为偶校验，ODDPARITY 为奇校验，MARKPARITY 为标记校验，NOPARITY 为无校验。

⑤ BYTE StopBits：停止位的位数。ONESTOPBIT 为 1 位停止位，TWOSTOPBITS 为 2 位停止位，ON 5STOPBITS 为 1.5 位停止位。

DCB 参数可通过 GetCommState 函数进行读取，通过 SetCommState 函数进行设置。

GetCommState 函数原型如下：

```
BOOL GetCommState(HANDLE hFile,        //串口句柄
                  LPDCB lpDCB);        //指向 DCB 结构体的指针
```

SetCommState 函数原型如下：

```
BOOL SetCommState(HANDLE hFile,        //串口句柄
                  LPDCB lpDCB );       //指向 DCB 结构体的指针
```

（2）缓冲区参数设置。

串口的输入、输出数据暂存在操作系统的缓冲区中，为了提高数据的输入、输出效率，应对缓冲区的尺寸进行合理设置。该功能可通过调用 SetupComm 函数实现。

SetupComm 函数原型如下：

```
BOOL SetupComm(HANDLE hFile,          // 串口句柄
               DWORD dwInQueue,       // 输入缓冲区的尺寸（单位：字节）
               DWORD dwOutQueue);     // 输出缓冲区的尺寸（单位：字节）
```

（3）超时参数设置。

超时参数的作用是当 ReadFile 和 WriteFile 函数进行串口读写时，在设定时间内没

有读入或发送指定数量的字节，仍然强制 ReadFile 和 WriteFile 操作结束，以防止操作无限等待而造成的线程阻塞。超时参数存放在 COMMTIMEOUTS 结构体中，其成员变量如下。

① DWORD ReadIntervalTimeout：读间隔超时，单位为 ms。
② DWORD ReadTotalTimeoutMultiplier：读时间系数，单位为 ms。
③ DWORD ReadTotalTimeoutConstant：读时间常量，单位为 ms。
④ DWORD WriteTotalTimeoutMultiplier：写时间系数，单位为 ms。
⑤ DWORD WriteTotalTimeoutConstant：写时间常量，单位为 ms。

读总超时时间 *RT* 的计算公式为

$$RT = 读时间系数 \times 读字节数 + 时间常量 \tag{3.1}$$

写总超时时间 *WT* 的计算公式为

$$WT = 写时间系数 \times 写字节数 + 时间常量 \tag{3.2}$$

COMMTIMEOUTS 参数可以通过 GetCommTimeouts 函数进行读取，并通过 SetCommTimeouts 函数进行设置。

在读写操作之前，还需要调用 PurgeComm 函数进行缓冲区清空操作。PurgeComm 函数原型如下：

```
BOOL PurgeComm(HANDLE hFile,        //串口句柄
               DWORD dwFlags );      //操作标志
```

其中，dwFlags 的取值定义如下：PURGE_TXABORT 为中断所有写操作并立即返回；PURGE_RXABORT 为中断所有读操作并立即返回；PURGE_TXCLEAR 为清除输出缓冲区；PURGE_RXCLEAR 为清除输入缓冲区。

dwFlags 取值可以是上述一种或几种宏定义的数值组合。

3.3.1.3 读写串口

（1）读串口。

调用文件读取函数（ReadFile）进行串口数据读取，其函数原型如下：

```
BOOL ReadFile(
    HANDLE hFile,                    //串口句柄
    LPVOID lpBuffer,                 //读入数据缓存的首地址
    DWORD nNumberOfBytesToRead,      //要读入数据的字节数
    LPDWORD lpNumberOfBytesRead,     //输出参数，实际读入的字节数
    LPOVERLAPPED lpOverlapped);      //当前操作状态，异步操作时，指向LPOVERLAPPED
                                     //结构；同步操作时，该值为NULL
```

若 ReadFile 函数调用成功，则返回 TRUE。当返回 FALSE 时，并不一定代表调用失败，也可能是在异步操作下函数返回时操作未完成，此时可通过 GetLastError 函数来判断错误类型。若返回值为 ERROR_IO_PENDING，则进行操作等待。

（2）写串口。

调用文件读取函数（WriteFile）进行串口数据写入，其函数原型如下：

```
BOOL WriteFile(
        HANDLE hFile,                       //串口句柄
        LPVOID lpBuffer,                    //写入数据缓存的首地址
        DWORD nNumberOfBytesToWrite,        //要写入数据的字节数
        LPDWORD lpNumberOfBytesWritten,     //输出参数，实际写入的字节数
        LPOVERLAPPED lpOverlapped);         //异步操作时，指向 LPOVERLAPPED 结构；
                                            //同步操作时，该值为 NULL
```

若 WriteFile 函数调用成功，则返回 TRUE。当返回 FALSE 时，并不一定代表调用失败，也可能是在异步操作下函数返回时操作未完成，此时可通过 GetLastError 函数来判断错误类型。若返回值为 ERROR_IO_PENDING，则进行操作等待。

3.3.1.4　关闭串口

通信结束后，调用 CloseHandle 函数，即可实现串口的关闭。该函数原型如下：

```
BOOL CloseHandle(HANDLE hObject);       //串口句柄
```

3.3.2　编程实现

本节将结合实例 3.4 对串口通信的编程实现进行介绍。

按照图 3.14 所示创建实例界面。界面顶部的组合框用于串口参数的设置，界面中间和底部的控件分别用于串口数据的发送与接收。为了实现本机串口收发效果验证，将本机 RS232 串口的数据接收脚与发送脚（即管脚 2 与管脚 3）相连。

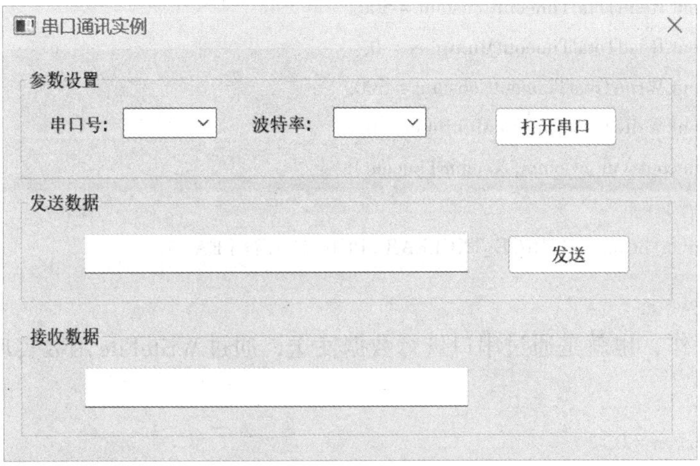

图 3.14　实例 3.4 界面布局

相关示例代码如下。

（1）打开串口。

调用 CreateFile 函数实现串口的打开操作。

```
m_hComm = CreateFile(strCOMname.GetBuffer(0), GENERIC_READ | GENERIC_WRITE, 0, NULL,
                     OPEN_EXISTING, 0, NULL);
```

将 CreateFile 函数的 dwFlagsAndAttributes 参数设为 0, 则表示串口操作为同步模式。串口打开操作成功后, 返回一个有效的串口句柄 m_hComm。后续的串口操作, 都是通过该句柄实现的。

(2) 配置串口。

串口的常用参数存放在 DCB 结构体中, 可先通过调用 GetCommState 函数获取当前的 DCB 结构体中的参数, 对关键参数进行修改后, 再调用 SetCommState 函数实现关键参数的配置。此外, 还要对缓冲区参数、超时参数进行配置。

```
//2.串口参数配置
DCB dCB;
GetCommState(m_hComm, &dCB);
dCB.BaudRate = atoi(strBaudRate);
dCB.fParity = 0;
dCB.ByteSize = 8;
dCB.StopBits = 1;
SetCommState(m_hComm, &dCB);
//3.缓冲区参数配置
SetupComm(m_hComm, 1024, 1024);
//4.超时参数配置
COMMTIMEOUTS commTimeout;
GetCommTimeouts(m_hComm, &commTimeout);
commTimeout.ReadIntervalTimeout = 100;
commTimeout.ReadTotalTimeoutConstant = 500;
commTimeout.ReadTotalTimeoutMultiplier = 0;
commTimeout.WriteTotalTimeoutConstant = 500;
commTimeout.WriteTotalTimeoutMultiplier = 0;
SetCommTimeouts(m_hComm, &commTimeout);
//5.清空缓冲区
PurgeComm(m_hComm, PURGE_TXCLEAR | PURGE_RXCLEAR);
```

(3) 写串口。

写串口操作, 也就是通过串口进行数据发送, 通过 WriteFile 函数实现。

```
UpdateData();
DWORD dwLen = 0;
bool bRet = WriteFile(m_hComm, m_strSendData.GetBuffer(0), 100, &dwLen, NULL);
if (!bRet)
{
    AfxMessageBox("发送失败");
}
```

其中，UpdateData函数用于将发送区输入的值更新至发送变量m_strSendData中。

（4）读串口。

读串口操作，也就是通过串口进行数据接收，通过ReadFile函数实现。为了及时接收到串口数据，本实例创建了一个接收线程，以500 ms的时间间隔对串口进行循环读取，并将接收到的数据在接收区控件中进行刷新显示。

将变量更新的数值在控件中刷新显示，一般需要通过调用UpdateData（false）语句实现。但是由于在从线程中无法通过直接调用UpdateData（false）语句的方式对主线程界面进行刷新显示，因此本实例中添加了一个刷新显示消息WM_MSGREFRESH及刷新显示响应函数RefreshGUI（WPARAM wParam，LPARAM lParam）来实现接收线程对主线程的界面刷新控制。

串口读取与刷新消息投递：

```
UINT CSerialPortCommDlg::RecvThread(LPVOID lParam)
{
    //准备接受请求
    CSerialPortCommDlg *pApp = (CSerialPortCommDlg*)lParam;
    sockaddr_in stClientAddr;
    while(true)
    {
        WaitForSingleObject(pApp->m_EventRun.m_hObject, 500);//不进行事件触发，仅进行
                                                             //100 ms周期查询
        ResetEvent(pApp->m_EventRun.m_hObject);

        if(pApp->m_bCommState) //串口打开成功，再进行接收处理
        {
            DWORD dwLen = 0;
            char chRecvBuf[100];
            bool bRet = ReadFile(pApp->m_hComm, chRecvBuf, 100, &dwLen, NULL);
            if((bRet==true)&&(dwLen>0))
            {
                CString strTemp(chRecvBuf);
                pApp->m_strRecvData = strTemp.Left(dwLen);
                pApp->PostMessage(WM_MSGREFRESH, 0, 0); //线程响应函数中无法通过
                                                        //UpdateData通知主线程进
                                                        //行界面刷新，需要通过消
                                                        //息进行通知
            }
        }
    }
    return 0;
}
```

消息映射绑定：

BEGIN_MESSAGE_MAP(CSerialPortCommDlg, CDialogEx)

  ……

ON_MESSAGE(WM_MSGREFRESH, RefreshGUI)

END_MESSAGE_MAP()

消息响应实现：

LRESULT CSerialPortCommDlg::RefreshGUI(WPARAM wParam, LPARAM lParam)

{

  UpdateData(false);

  return 0;

}

（5）关闭串口。

通过调用CloseHandle函数实现串口关闭操作。

CloseHandle(m_hComm);

运行实例3.4，对串口号及波特率进行设置后，点击"打开串口"按钮。在数据发送区输入要发送的数据，点击"发送"按钮，即可实现串口数据的收发操作。实例3.4运行效果如图3.15所示。

图3.15　实例3.4运行效果

3.4　父类与子类间的数据交换

一款功能完善的应用软件，父类与子类之间的关系创建一般不可或缺。而这种关系一旦确定，父类与子类之间的数据交换就必不可少。所谓数据交换，是指父类与子类之间的变量访问与赋值。在父类中对子类的数据访问方式与在子类中对父类的数据访问方式有所不同，本节将分别从在父类中访问子类数据、在子类中访问父类数据两个角度，相应地阐述常用的数据访问方法。

3.4.1 在父类中访问子类数据

3.4.1.1 技术原理

在父类中实现对子类数据的访问，一般包括两个方面：一是父类对子类成员变量的赋值；二是父类对子类成员变量的读取。

父类对子类成员变量的读取按照变量值回传方式的不同又可分为三种：一是变量值的直接读取；二是以消息方式通知父类进行子类变量的读取；三是以回调函数方式通知父类进行子类变量的读取。

下面将在父类中对子类数据访问的方式进行详细介绍。

（1）父类对子类成员变量的赋值。

父类对子类成员变量的赋值方法比较简单，对于子类的公有变量可直接通过变量赋值实现，对于子类的非公有变量可通过调用子类与变量相关的公有函数在其内部完成变量赋值。

设子类 CDlgChild 包含如下成员变量：

```
class CDlgChild
{
    public：
        int  m_iImgWid;    //图像宽度
        int  m_iImgHei;    //图像高度
    private:
        int  m_iPixel;     //单个像素所占字节数
}
```

设父类 CParentClass 包含如下成员变量：

```
class CParentClass
{
    public：
        CDlgChild  *m_pDlgChild;
        int  m_iImgWid;    //图像宽度
        int  m_iImgHei;    //图像高度
    private:
        int  m_iPixel;     //单个像素所占字节数
}
```

在父类中，父类对子类公有变量的赋值，可采用如下方式：

```
m_pDlgChild ->m_iImgWid = m_iImgWid;
m_pDlgChild ->m_iImgHei = m_iImgHei;
```

在父类中，父类对子类私有变量的赋值，可预先在子类中定义公有参数设置函数，其形参作为参数输入接口，在函数内部完成对子类私有变量的赋值。在上述例子中，要在父类 CParentClass 中实现对子类 CDlgChild 私有变量 m_iPixel 的赋值，可在子类中添加 m_iPixel 赋值的公有参数设置函数，如：

```
bool CDlgChild ::SetParam(int iPixel)
{
    if((iPixel<1)||( iPixel>3))          //根据实际情况进行边界条件判断
    {
        return false;
    }
    m_iPixel = iPixel;
    return true;
}
```

在父类中调用如下赋值语句，即可实现父类对子类私有变量的赋值：

```
m_pDlgChild->SetParam(m_iPixel);
```

（2）父类对子类成员变量的直接读取。

父类对子类成员变量的直接读取也比较简单，同样以 3.4.1.1 节"（1）父类对子类成员变量的赋值"中定义的类及变量为例，在父类中，父类对子类公有变量的读取可采用如下方式：

```
m_iImgWid = m_pDlgChild ->m_iImgWid;
m_iImgHei = m_pDlgChild ->m_iImgHei;
```

在父类中，父类对子类私有变量的读取，可预先在子类中定义公有参数读取函数，其形参作为参数输出接口，在函数内部完成对子类私有变量的读取。在上述例子中，要在父类 CParentClass 中实现对子类 CDlgChild 私有变量 m_iPixel 的读取，可在子类中添加 m_iPixel 读取的公有参数设置函数，如：

```
bool CDlgChild ::GetParam(int &iPixel)
{
    if((m_iPixel<1)||( m_iPixel>3))   //根据实际情况进行边界条件判断
    {
    return false;
    }
    iPixel = m_iPixel;
    return true;
}
```

在父类中调用如下赋值语句，即可实现父类对子类私有变量的读取：

```
m_pDlgChild->GetParam(m_iPixel);
```

注意：在对函数进行定义时，输出参数应定义为指针型变量或带有关联符"&"的关联变量。

（3）以消息方式通知父类进行子类变量的读取。

通过父类对子类成员变量直接进行读取的方式虽然简单，但是父类难以及时监控到子类变量值的改变。对于数量较少的变量监控，可通过子类向父类发送消息的方式通知父类进行变量的读取。

① 在消息发送之前，首先要定义需要的消息宏定义，如：

#define WM_PARAMCHANGED（WM_USER + 101）

其中，WM_USER为用户自定义消息的起始值，自定义消息应大于该值，以防止与系统消息冲突；WM_PARAMCHANGED消息的可见范围应包含父类与子类。

② 当父类需要监控的子类变量发生变化时，在子类中相应位置调用 PostMessage 函数，向父类发出变量值变化消息。PostMessage 函数原型如下：

```
BOOL PostMessage(HWND hWnd,        //接收消息的窗口句柄
UINT Msg,                          //被寄送的消息
WPARAM wParam,                     //需要被传送的参数1
LPARAM lParam);                    //需要被传送的参数2
```

③ 在父类中添加与该消息相关联的响应函数。父类接收到子类发出的消息后，立即执行此响应函数，对相应变量值进行读取及处理。

（4）以回调函数方式通知父类进行子类变量的读取。

不同于消息传递方式，以回调函数方式向父类传递变量值，可以根据实际需要设定需要传递的参数数量和变量类型，形式上更为灵活。回调函数的创建过程相对复杂，以下给出回调函数的创建及使用方法。

① 在子类头文件中定义回调函数指针，定义形式如下：

typedef void（*回调函数名）（形参1变量类型, 形参2变量类型, ...）;

设子类中的回调函数名为ChildCallBack，要返回两个类型为unsigned int类型的参数，那么该回调函数的定义如下：

typedef void（*ChildCallBack）(unsigned int, unsigned int);

② 在子类中定义回调函数指针成员变量，形式如下：

回调函数名 回调函数对象;

以 ChildCallBack 回调函数为例，相应的成员变量 m_ChildCallBack 定义如下：

ChildCallBack m_ChildCallBack;

③ 在子类中定义回调函数注册函数，在父类中通过调用此函数，实现将父类的回调响应函数注册到子类回调响应列表。设注册函数为SetCallBack，其参数为回调函数类型，定义形式如下：

```
void CDlgChild ::SetCallBack(ChildCallBack myChildCallBack)
{
m_ChildCallBack = myChildCallBack;
}
```

④ 在子类中通过调用回调函数进行参数传递：

```
……
// uiParam1, uiParam2 为要传递的变量值
m_ChildCallBack(uiParam1, uiParam2);
……
```

⑤ 在父类中，首先需要定义一个回调函数的响应函数（设函数名为CallbackFor-Child），以便于接收子类回调函数传递的参数值，其形参数量与类型要与子类定义的回调函数形式一致，定义形式如下：

```
static void 回调响应函数名(形参1变量类型,形参2变量类型, ...); //函数声明
```

以 ChildCallBack 的回调响应函数为例，其响应函数 CallbackForChild 的声明及函数体实例如下：

```
static void CallbackForChild(unsigned int uiParam1, unsigned int uiParam2);
void CParentClass::CallbackForChild(unsigned int uiParam1,
unsigned int uiParam2)
{
    //参数 uiParam1 与 uiParam2 的相应处理
    ……
}
```

⑥ 在响应函数使用之前，在父类中调用子类的回调函数注册函数，完成响应函数的注册，调用形式如下：

```
m_pDlgChild ->SetCallBack(CallbackForChild);
```

通过以上6个步骤，实现回调函数的创建与使用。在图像处理软件中，经常涉及在类与类、线程与线程之间大量图像数据的传递，该传递多以回调函数的方式实现。

3.4.1.2 编程实现

本节将结合实例3.5对在父类中访问子类数据的编程实现进行介绍。本实例展示了在父类对话框中对子类对话框进行数据访问的编程实现，主要步骤如下。

（1）父类对话框的创建。

父类对话框的创建相对简单，只需要在创建工程实例时，在MFC框架下的应用程序类型中选择"基于对话框"，即可生成相应的对话框界面及关联类。

按照图3.16所示进行父类对话框的创建。父类对话框主要包含对子类对话框图像

宽度、图像高度成员变量值设置的相关控件和对子类对话框图像宽度、图像高度成员变量值读取的相关控件，以及子类对话框创建显示控件。

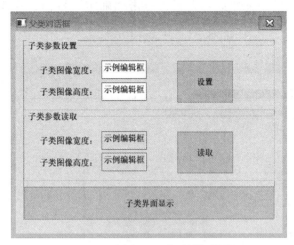

图3.16 实例3.5父类对话框界面

（2）子类对话框的创建。

子类对话框的创建相比于父类对话框的创建稍微复杂一些。首先需要通过资源视图窗口，插入新的对话框作为子类对话框，如图3.17所示。创建好后，选中该新建对话框，在其属性页中对其ID号及对话框标题进行设置。为了便于标识、增强程序的可读性，建议将其ID设为有意义的标识，而且应该在关联类创建之前进行设定。因为关联类一旦创建，该ID更改起来会较为复杂。本实例将子类对话框ID更改为"IDD_DLGCHILD"，并将其标题属性改为"子类对话框"。

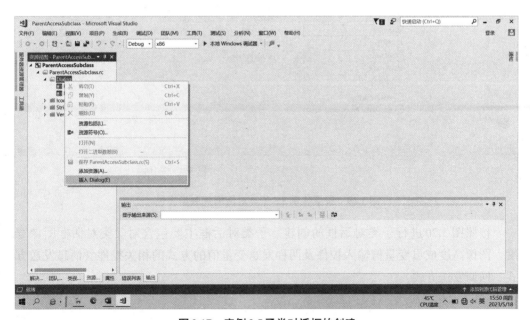

图3.17 实例3.5子类对话框的创建

子类对话框创建完毕后，为该对话框添加关联类。选中新创建的子类对话框，点击鼠标右键并选择"添加类"（如图3.18所示），弹出如图3.19所示对话框。在该对话框内对类的命名及相关属性进行设置，点击"确定"按钮，完成对子类关联类的设置。

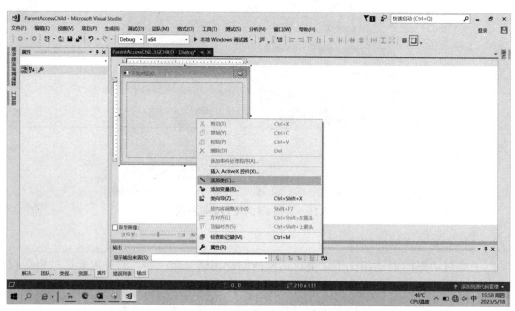

图3.18　为实例3.5子类对话框添加关联类

图3.19　设置实例3.5子类对话框关联类属性

按照图3.20进行子类对话框的创建。子类对话框主要包含对父类对话框图像宽度、图像高度成员变量值输入控件及两种发送变量值的方式的相关控件（消息发送方式、回调发送方式）。

图3.20　实例3.5子类对话框界面

（3）父类对子类对话框的调用。

为了实现父类对话框与子类对话框数据访问过程的显示，需要在父类对话框中实现对子类对话框的创建与调用。

父类对话框对子类对话框的调用一般有两种方式：一是模态对话框的调用，二是非模态对话框的调用。

模态对话框是指在用户想要对该模态对话框以外的应用程序进行操作时，必须首先对该对话框进行关闭。也就是说，在该模态对话框处于显示状态时，不允许用户对该应用程序的其他窗口进行任何操作。而非模态对话框处于显示状态时，允许用户对该应用程序的其他窗口进行操作。因此，可以根据具体使用需要，进行子类对话框调用模式的选择。

模态对话框的创建比较简单，首先为该对话框定义对象或对象指针。若定义对话框对象（如"CDlgChild m_dlgChild"），则在需要对话框显示的位置直接调用DoModa函数即可（如"m_dlgChild.DoModal"）。若定义对象指针（如"CDlgChild *m_pDl-gChild"），则在进行模态对话框显示前为其分配内存空间后［如"m_pDlgChild = new CDlgChild（this）"］，在需要对话框显示的位置直接调用DoModa函数即可（如"m_pDlgChild->DoModal"）。m_pDlgChild使用完毕或程序退出前，记得调用delete函数进行内存空间释放。

非模态对话框的创建，首先为该对话框定义对象或对象指针。若定义对话框对象（如"CDlgChild m_dlgChild"），则直接通过调用Create函数进行非模态对话框的创建［如"m_dlgChild.Create（IDD_DLGCHILD,this）"］，然后在需要对话框显示的位置调用ShowWindow函数进行非模态对话框的显示与隐藏［如非模态对话框的显示"m_dlgChild.ShowWindow（SW_SHOW）"、非模态对话框的隐藏"m_dlgChild.ShowWindow（SW_HIDE）"］。若定义对象指针（如"CDlgChild *m_pDlgChild"），则在进行非模态对话框创建前为其分配内存空间后［如"m_pDlgChild = new CDlgChild（this）"］，再调用Create函数进行非模态对话框的创建［如"m_pDlgChild->Create（IDD_DLGCHILD,this）"］，然后在需要对话框显示的位置调用ShowWindow函数进行非模态对话框的显示与隐藏［如非模态对话框的显示"m_pDlgChild->ShowWindow（SW_SHOW）"、非模态对话框的隐藏"m_pDlgChild->ShowWindow（SW_HIDE）"］。

　　由于实例3.5要显示父类对话框对子类对话框的数据访问方法，需要对两个对话框同时进行显示与操作，因此父类对话框对子类对话框的调用方式选用非模态对话框的调用方式。相关代码如下：

　　在父类对话框中定义子类对话框指针变量：

```
CDlgChild *m_pDlgChild;              //创建子类对话框指针
```

　　在父类对话框初始化函数中进行子类非模态对话框的创建：

```
m_pDlgChild = new CDlgChild(this);   //创建子对话框对象
if (m_pDlgChild != NULL)
{
    m_bDlgChildCreate = m_pDlgChild->Create(IDD_DLGCHILD, this); //创建非模态子类对话框
}
```

　　在父类对话框的"子类界面显示"按钮响应函数中添加子类非模态对话框的显示/隐藏语句：

```
static bool s_bDlgChildShow = false;
s_bDlgChildShow = !s_bDlgChildShow;

if (s_bDlgChildShow)              //显示子类对话框
{
    m_pDlgChild->ShowWindow(SW_SHOW);
}
else                             //隐藏子类对话框
{
    m_pDlgChild->ShowWindow(SW_HIDE);
}
```

　　运行实例3.5，弹出父类对话框，点击"子类界面显示"按钮，弹出子类对话框，如图3.21所示。

图3.21　实例3.5父类与子类对话框运行界面

（4）父类对子类成员变量的赋值。

为父类对话框中"设置"按钮响应函数添加如下代码，实现对子类图像宽度成员
变量m_uiImgWid、图像高度成员变量m_uiImgHei的赋值操作，并通过调用子类对话
框的UpdateData（false）函数对子类变量显示控件进行显示刷新：

```
void CParentAccessChildDlg::OnBnClickedBtnSetting()
{
    // TODO: 在此添加控件通知处理程序代码
    UpdateData(true);                    //更新父类输入变量值
    m_pDlgChild->m_uiImgWid = m_uiImgWid_wr;
    m_pDlgChild->m_uiImgHei = m_uiImgHei_wr;
    m_pDlgChild->UpdateData(false);      //刷新子类变量显示
}
```

运行实例3.5，在父类对话框中输入相应的变量值后，点击"设置"按钮，子类
对话框图像宽度、图像高度的显示值更新为与父类对话框中设置值相同的值，如图
3.22所示。

图3.22　父类对子类成员变量的赋值

（5）父类对子类变量的直接读取。

为父类对话框中"读取"按钮响应函数添加如下代码，实现对子类图像宽度成员
变量m_uiImgWid、图像高度成员变量m_uiImgHei的读取操作，并通过调用父类的
UpdateData（false）函数对父类变量显示控件进行显示刷新：

```
void CParentAccessChildDlg::OnBnClickedBtnRead()
{
    // TODO: 在此添加控件通知处理程序代码
    m_uiImgWid_rd = m_pDlgChild->m_uiImgWid;
    m_uiImgHei_rd = m_pDlgChild->m_uiImgHei;
    UpdateData(false);                   //刷新父类变量显示
}
```

运行实例3.5，在子类对话框中输入相应的变量值后，点击"设置"按钮。然后，在父类对话框中点击"读取"按钮，父类对话框中的"子类参数读取"组合框内的"子类图像宽度""子类图像高度"显示控件内的值显示为与子类对话框中设置值相同的值，如图3.23所示。

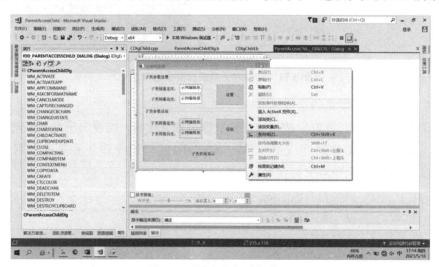

图3.23　父类对子类成员变量的直接读取

（6）以消息方式通知父类进行子类变量的读取。

首先定义子类变量值更新消息：

#define WM_PARMCHANGED（WM_USER + 101）

在父类中添加子类变量更新消息的消息响应函数。该响应函数既可以自行创建，并与该消息进行关联，也可以重写PreTranslateMessage虚函数进行消息响应。本实例选择重写PreTranslateMessage虚函数的方式进行消息响应实现。其实现过程具体如下。

选中父类对话框界面，点击鼠标右键并选择"类向导"选项，如图3.24所示。

图3.24　"类向导"选择菜单

在"类向导"界面中的左侧"虚函数"分页选项中选中PreTranslateMessage虚函数，点击右侧的"添加函数"按钮，如图3.25所示。

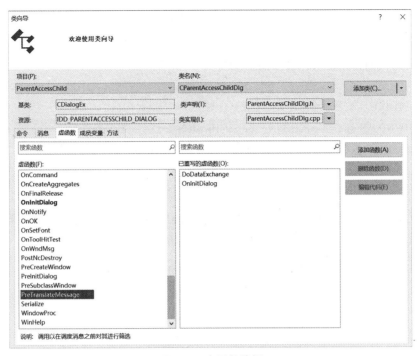

图 3.25 虚函数选择

PreTranslateMessage 虚函数被添加到右侧的 "已重写的虚函数" 列表框中, 如图 3.26 所示。点击右侧的 "编辑代码" 按钮, 即可转入 PreTranslateMessage 函数的代码编辑界面。

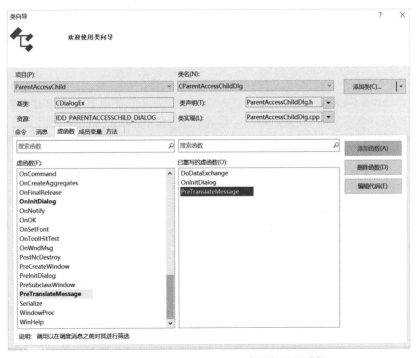

图 3.26　PreTranslateMessage 虚函数重写选择

在子类"消息发送方式"按钮响应函数中调用PostMessage函数，实现子类向父类的变量值发生变化的消息发送，相应代码如下：

```
void CDlgChild::OnBnClickedBtnSendmsg( )
{
    // TODO: 在此添加控件通知处理程序代码
    HWND m_hwnd = GetParent( )->GetSafeHwnd( );
    ::PostMessage(GetParent( )->GetSafeHwnd( ), WM_PARMCHANGED, m_uiImgWid,
            m_uiImgHei);          //向父窗口发送参数消息
}
```

在父类重写的消息响应函数（PreTranslateMessage）中添加如下代码，实现WM_PARAMCHANGED消息的响应及子类参数变量的读取。

```
BOOL CParentAccessChildDlg::PreTranslateMessage(MSG* pMsg) //消息响应函数
{
    // TODO: 在此添加专用代码和/或调用基类
    switch (pMsg->message)
    {
    case WM_PARMCHANGED:          //子类参数值变化消息
    {
        //变量赋值，刷新界面显示
        m_uiImgWid_rd = m_pDlgChild->m_uiImgWid;
        m_uiImgHei_rd = m_pDlgChild->m_uiImgHei;
        UpdateData(false);

        //弹出提示消息
        CString strInfo;
        strInfo.Format("消息响应方式：子类参数值发生变化! 图像宽度%d, 图像高度%d",
                m_pDlgChild->m_uiImgWid, m_pDlgChild->m_uiImgHei);
        MessageBox(strInfo);
    }
    break;
    default:
        break;
    }
    return CDialogEx::PreTranslateMessage(pMsg);
}
```

运行实例3.5，在子类对话框中输入相应的变量值后，点击"设置"按钮。然后，在子类对话框中点击"消息发送方式"按钮，父类对话框中会自动弹出消息响应提示界面，同时父类对话框的"子类参数读取"组合框内的"子类图像宽度""子类图像高度"显示控件内的值显示为与子类对话框中设置值相同的值，如图3.27所示。

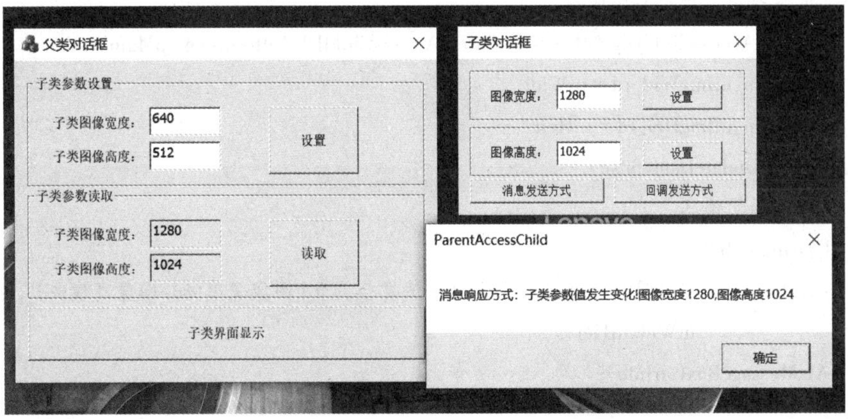

图3.27 以消息方式通知父类进行子类变量的读取

（7）以回调函数方式通知父类进行子类变量的读取。

子类头文件定义回调函数指针类型：

typedef void(*ChildCallBack)(unsigned int, unsigned int);　　//定义回调函数为一个类型，函数
　　　　　　　　　　　　　　　　　　　　　　　　　　　　//指针类型

在子类中定义回调函数指针对象：

ChildCallBack m_ChildCallBack;

在子类中声明及定义回调函数注册函数：

void SetCallBack(ChildCallBack ChildCallBack);//注册回调函数
void CDlgChild::SetCallBack(ChildCallBack ChildCallBack)
{
　　m_ChildCallBack = ChildCallBack;
}

在子类的"回调发送方式"按钮响应函数中，通过回调函数方式进行参数传递：

void CDlgChild::OnBnClickedBtnCallback()
{
　　// TODO: 在此添加控件通知处理程序代码
　　m_ChildCallBack(m_uiImgWid, m_uiImgHei);
}

在父类中，首先定义一个回调函数的响应函数，以便于接收子类回调函数传递的参数值：

static void CallbackForChild(unsigned int uiWid, unsigned int uiHei); //子类回调函数响应函数

在 CallbackForChild 响应函数实体中，进行参数接收与读取处理：

void CParentAccessChildDlg::CallbackForChild(unsigned int uiWid, unsigned int uiHei)

```
{
    //变量赋值，刷新界面显示
    CParentAccessChildDlg *pDlg = (CParentAccessChildDlg*)theApp.m_pMainWnd;
    pDlg->m_uiImgWid_rd = uiWid;
    pDlg->m_uiImgHei_rd = uiHei;
    pDlg->UpdateData(false);
    //弹出提示消息
    CString strInfo;
    strInfo.Format("回调响应方式：子类参数值发生变化! 图像宽度%d, 图像高度%d",
                uiWid, uiHei);
    AfxMessageBox(strInfo);
}
```

在父类的初始化函数中，通过调用子类的注册函数SetCallBack实现回调响应函数的关联：

`m_pDlgChild->SetCallBack(CallbackForChild); //关联回调响应函数`

运行实例3.5，在子类对话框中输入相应的变量值后，点击"设置"按钮。然后，在子类对话框中点击"回调发送方式"按钮，父类对话框中会自动弹出消息响应提示界面，同时父类对话框的"子类参数读取"组合框内的"子类图像宽度""子类图像高度"显示控件内的值显示为与子类对话框中设置值相同的值，如图3.28所示。

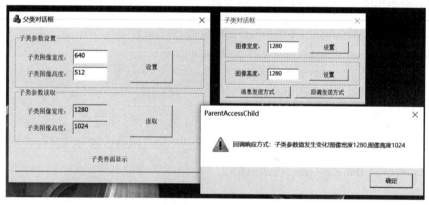

图3.28　以回调函数方式通知父类进行子类变量的读取

3.4.2　在子类中访问父类数据

3.4.2.1　技术原理

（1）在子类中对父类指针的获取。

在子类中，要实现对父类数据的访问，关键是获得父类的指针，并通过该指针实现对父类变量数值的读取与访问。在子类中直接通过调用GetParent函数，虽然可以获得父类指针，但是无法实现对父类成员变量的直接访问。

为解决上述问题，首先需要在子类声明前加入对父类的声明。设父类类名为 CParentDlg、子类类名为 CDlgChild，在子类头文件 CChildDlg.h 中、CChildDlg 类声明前，加入如下语句：

Class CParentDlg; //在子类头文件中添加父类声明

然后在子类 CDlgChild 声明中添加父类对象指针的定义（设父类对象指针为 m_pDlgParent）：

CParentDlg *m_pDlgParent;

最后在子类中，在需要对父类变量访问的位置，可通过如下语句即可实现对父类指针的获取，以及后续的变量读写操作。

m_pDlgParent = (CParentDlg)this->GetParent();

（2）子类对父类变量的赋值。

在子类中获取父类指针后，对于父类的公有变量可直接通过变量赋值实现。

设子类 CDlgChild 包含如下成员变量：

```
class CDlgChild
{
    public:
        int  m_iImgWid;    //图像宽度
        int  m_iImgHei;    //图像高度
    private:
        int  m_iPixel;     //单个像素所占字节数
}
```

设父类 CParentClass 包含如下成员变量：

```
class CParentClass
{
    public:
        CDlgChild  *m_pDlgChild;
int  m_iImgWid;              //图像宽度
        int  m_iImgHei;    //图像高度
    private:
        int  m_iPixel;     //单个像素所占字节数
}
```

在子类中，子类对父类公有变量的赋值，可采用如下方式：

m_pDlgParent = (CParentDlg)this->GetParent();

m_pDlgParent ->m_iImgWid = m_iImgWid;

m_pDlgParent ->m_iImgHei = m_iImgHei;

在子类中，对于父类非公有变量赋值，同样可通过父类调用与变量相关的公有函数实现在其内部的变量赋值，此处不再详述。

（3）子类对父类变量的主动读取。

子类对父类成员变量的主动读取也比较简单，同样以3.4.2.1节"（2）子类对父类变量的赋值"中定义的类及变量为例，在子类中，子类对父类公有变量的主动读取，可采用如下方式：

m_pDlgParent =（CParentDlg）this->GetParent（）;

m_iImgWid = m_pDlgParent ->m_iImgWid;

m_iImgHei = m_pDlgParent ->m_iImgHei;

在子类中，对于父类非公有变量的读取，同样可通过父类调用与变量相关的公有函数实现在其内部的变量读取，此处不再详述。

（4）子类对父类变量的被动读取。

子类对父类数据的被动读取，可通过在父类中直接对子类变量的赋值或调用子类相关的赋值函数，完成对子类数据读取的通知。

3.4.2.2 编程实现

本节将结合实例3.6对在子类中访问父类数据的编程实现进行介绍。本实例展示了在子类对话框对父类对话框进行数据访问的编程实现，主要步骤如下。

（1）父类与子类对话框的创建。

按照3.4.1.2节的方式，完成父类对话框与子类对话框的创建。父类对话框的界面如图3.29所示，子类对话框的界面如图3.30所示。

图3.29　父类对话框界面

图3.30　子类对话框界面

（2）父类对子类对话框的调用。

在本实例中，以非模态对话框的方式在父类中实现对子类对话框的调用，相关代码如下。

在父类中定义子类对话框指针变量：

CDlgChild *m_pDlgChild;

在父类初始化函数中进行子类非模态对话框的创建：

```
//创建非模态对话框
    m_pDlgChild = new CDlgChild(this);      //创建子对话框对象
    if (m_pDlgChild != NULL)
    {
        m_bDlgChildCreate = m_pDlgChild->Create(IDD_DLGCHILD, this);//创建非模态子对话框
    }
```

在父类"显示子类窗口"按钮响应函数中添加子类非模态对话框的显示/隐藏语句：

```
    static bool s_bDlgChildShow = false;
    s_bDlgChildShow = !s_bDlgChildShow;
    if (s_bDlgChildShow)                    //显示子对话框
    {
        m_pDlgChild->ShowWindow(SW_SHOW);
    }
    else                                    //隐藏子对话框
    {
        m_pDlgChild->ShowWindow(SW_HIDE);
    }
```

运行实例3.6，弹出父类对话框，点击"显示子类窗口"按钮，弹出子类对话框，如图3.31所示。

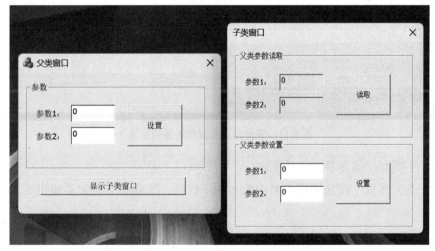

图3.31　实例3.6父类与子类对话框运行界面

（3）子类对父类变量的赋值。

在子类头文件中添加父类声明：

```
class CChildAccessParentDlg;                //在子类头文件中添加父类声明
```

在子类中定义指向父类的指针变量：

CChildAccessParentDlg *m_pDlgParent; //定义父类指针

在子类"设置"按钮响应函数中添加如下代码，实现对父类成员变量的赋值：

```
void CDlgChild::OnBnClickedBtnSet()
{
    // TODO: 在此添加控件通知处理程序代码
    UpdateData(true);
    m_pDlgParent = (CChildAccessParentDlg*)this->GetParent();
    m_pDlgParent->m_uiParam1 = m_uiParentParam1_SET;
    m_pDlgParent->m_uiParam2 = m_uiParentParam2_SET;
    m_pDlgParent->UpdateData(false);
}
```

运行实例3.6，在子类对话框中输入相应的变量值后，点击"设置"按钮，父类对话框"参数1""参数2"的显示值更新为与子类对话框中设置值相同的值，如图3.32所示。

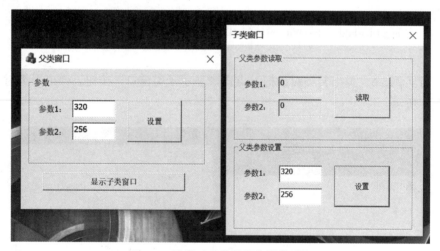

图3.32　子类对父类成员变量的赋值

（4）子类对父类变量的主动读取。

在子类"读取"按钮响应函数中添加如下代码，实现子类对父类成员变量的主动读取：

```
void CDlgChild::OnBnClickedBtnRead()
{
    // TODO: 在此添加控件通知处理程序代码
    m_pDlgParent = (CChildAccessParentDlg*)this->GetParent();
    m_uiParentParam1_RD = m_pDlgParent->m_uiParam1;
    m_uiParentParam2_RD = m_pDlgParent->m_uiParam2;
```

```
        UpdateData(false);
    }
```

运行实例3.6，在父类对话框中输入相应的变量值后，点击"设置"按钮。在子类对话框中点击"读取"按钮，子类对话框中"父类参数读取"组件中的"参数1""参数2"的显示值更新为与父类对话框中设置值相同的值，如图3.33所示。

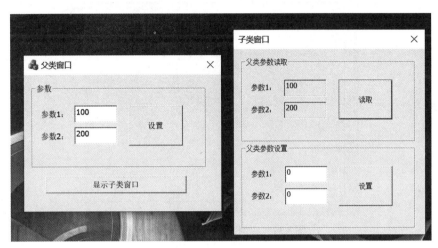

图3.33　子类对父类成员变量的主动读取

3.5　鼠标事件响应及鼠标点击位置映射

在图像处理软件中，鼠标在图像显示区域的点击响应（包括鼠标左键响应、鼠标右键响应、鼠标移动响应）是较为常用的人机交互手段。可以通过添加相应的鼠标点击事件响应处理语句，实现图像显示区域内目标位置、灰度值等信息的获取与设定操作。

此外，要实现鼠标点选位置与图像像素之间的一一对应关系，需要采取相应的坐标变换处理，以实现鼠标点击位置坐标到图像像素位置坐标的转换。

3.5.1　MFC实现方法

3.5.1.1　鼠标事件响应函数的添加

鼠标事件响应的MFC实现方式是为MFC框架程序的预定义鼠标事件消息添加响应函数。在代码实现过程中，无须手动添加鼠标事件消息与其响应函数的映射关系。当应用程序接收到鼠标事件消息后，会对其预先添加的响应函数进行自动调用。

以下结合实例3.7，介绍鼠标事件响应的MFC实现方法。

首先创建基于对话框类型的应用程序，并按照图3.34布局创建对话框界面。该界面顶部"图片浏览"组合框内控件用于待显示图片的路径获取及显示。界面中间的静态文本框用于显示鼠标在图像区域内滑动过程中鼠标光标对应的图像像素位置。界面底部的图像显示控件用于选定图像的显示。

图3.34 实例3.7主界面控件布局

点击主界面对话框空白处，再点击鼠标右键并选中"属性"选项，会在VS开发界面左侧显示对话框的属性视图。在其属性视图中点击"消息"分页符图标（如图3.35中矩形框内图标），会显示该对话框预定义的消息列表。

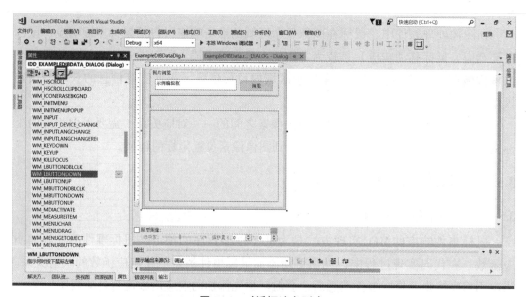

图3.35 对话框消息列表

在列表中选中"WM_LBUTTONDOWN"消息（即鼠标左键按下该消息），其右侧会自动出现下拉箭头，点击该下拉箭头并选中"<Add>OnLButtonDown"，MFC会自动完成鼠标左键响应函数的添加。在同一个下拉箭头列表中，也可以实现对已添加响应函数的编辑与删除。

用上述方法，分别实现"WM_RBUTTONDOWN"消息（即鼠标右键按下消息）、"WM_MOUSEMOVE"消息（即鼠标移动消息）响应函数的添加。

表3.2列出了常用鼠标消息及说明。

表3.2 常用鼠标消息及说明

序号	常用的鼠标消息	说明
1	WM_LBUTTONDBLCLK	鼠标左键双击消息
2	WM_LBUTTONDOWN	鼠标左键单击按下消息
3	WM_LBUTTONUP	鼠标左键单击抬起消息
4	WM_RBUTTONDBLCLK	鼠标右键双击消息
5	WM_RBUTTONDOWN	鼠标右键单击按下消息
6	WM_RBUTTONUP	鼠标右键单击抬起消息
7	WM_MOUSEMOVE	鼠标移动消息

3.5.1.2 鼠标点击位置到图像坐标的转换

实例3.7的鼠标响应函数添加完毕后，在各鼠标响应函数中分别进行处理语句的添加。

在本实例的鼠标左键按下消息响应函数中，实现鼠标点击位置对应的图像位置的弹出显示，相应代码如下：

```
void CExampleDIBDataDlg::OnLButtonDown(UINT nFlags, CPoint point)
{
    // TODO: 在此添加消息处理程序代码和/或调用默认值
    if(m_iImgReadSuccess == 1)          //图像读取成功
    {
        CRect rc;
        GetDlgItem(IDC_STATIC_IMGSHOW)->GetWindowRect(&rc);
        ScreenToClient(&rc);            //屏幕坐标转为逻辑坐标
        if(rc.PtInRect(point))
        {
            //坐标转换
            int x = (int)((float)((point.x - rc.left)*m_pBmpInfo->bmiHeader.biWidth) /
                        (float)rc.Width() + 0.5);   //逻辑坐标转为像素坐标
            int y = (int)((float)((point.y - rc.top)*m_pBmpInfo->bmiHeader.biHeight) /
                        (float)rc.Height() + 0.5);  //逻辑坐标转为像素坐标
            CString str;
```

```
            str.Format("左键按下:(%d,%d)", x, y);
            AfxMessageBox(str);
        }
    }
    CDialogEx::OnLButtonDown(nFlags, point);
}
```

（1）图像显示窗口屏幕坐标位置的获取。

在 OnLButtonDown 函数中，首先通过以下语句获取图像显示控件 IDC_STATIC_IMGSHOW 窗口的屏幕坐标位置（即相对于整个显示屏幕左上角的坐标位置）：

```
CRect rc; //用于存放图像显示控件窗口位置
GetDlgItem(IDC_STATIC_IMGSHOW)->GetWindowRect(&rc);
```

（2）图像显示窗口客户区坐标位置的转换。

由于鼠标响应函数的鼠标位置参数（CPoint point）为客户区坐标，因此应将显示窗口坐标位置 rc 由屏幕坐标转换为与鼠标点击位置相同的坐标客户区坐标系，以实现鼠标位置与图像显示窗口位置的比较。可通过调用 ScreenToClient 函数，实现图像显示窗口 rc 由屏幕坐标到客户区坐标的转换。

（3）鼠标左键点击位置响应区域的筛选。

本实例希望通过鼠标点击实现图像对应像素位置的获取。可以通过调用如下语句，实现应用程序仅对图像显示窗口区域进行鼠标响应，而对该显示窗口以外的区域不进行处理：

```
rc.PtInRect(point);
```

其中，PtInRect 为 CRect 类的成员函数，当参数点处于 rc 的矩形范围内时，该函数返回 TRUE，反之返回 FALSE。

（4）鼠标左键点击位置由客户区坐标到像素坐标的转换。

完成上述坐标转换与位置筛选后，通过式（3.3）实现鼠标点击位置 point 到图像像素位置（以图像的左上角为图像坐标原点）的映射。

$$\begin{cases} \dfrac{Point.x - rc.left}{rc.Width} = \dfrac{x}{ImgW} \\ \dfrac{Point.y - rc.top}{rc.Height} = \dfrac{y}{ImgH} \end{cases} \tag{3.3}$$

式中，x，y 分别为鼠标点击位置对应的像素位置的 x 坐标与 y 坐标；$ImgW$ 与 $ImgH$ 分别为图像宽度（单位为像素，对应上述代码中 m_pBmpInfo->bmiHeader.biWidth 变量值）、图像高度（单位为像素，对应上述代码中 m_pBmpInfo->bmiHeader.biHeight 变量值）。

相应代码如下：

```
int x = (int)((float)((point.x - rc.left)*m_pBmpInfo->bmiHeader.biWidth) /
```

(float)rc.Width( ) + 0.5)； //逻辑坐标转为像素坐标

int y = (int)((float)((point.y − rc.top)*m_pBmpInfo->bmiHeader.biHeight) /

(float)rc.Height( ) + 0.5)； //逻辑坐标转为像素坐标

在 x 与 y 的求解语句中加入0.5，是用于实现在由浮点数到整数转换过程中四舍五入的补偿。

用类似的方法，分别实现鼠标右键按下消息、鼠标移动消息响应函数中鼠标点击位置到图像像素坐标的映射处理。

运行实例3.7，点击"浏览"按钮进行图片的加载及显示（图像读取、显示相关的代码会在后续章节中进行详细介绍），其运行效果如图3.36所示。

图3.36　实例3.7运行效果

鼠标在图像显示区内滑动，在界面的中间会实时显示鼠标滑动位置像素坐标。在图像显示区依次点击鼠标左键、鼠标右键会分别弹出相应提示框。

3.5.2　OpenCV方式

3.5.2.1　鼠标事件响应函数的添加

鼠标响应的OpenCV实现方式比较简单，只需要定义一个指定参数形式的回调函数（也可以将该回调函数理解为鼠标事件的响应函数），再通过调用OpenCV自带的setMouseCallback函数，完成鼠标响应的回调函数的注册。使用此种鼠标响应方式过程中应注意如下几点。

（1）鼠标响应函数虽然可自行定义，但是由于其本质上是一个回调函数，因此其参数、返回值形式有固定的格式。设鼠标响应函数名称为MyMouseCallback，需要按照如下格式进行定义：

void MyMouseCallback(int Event, int *x*, int *y*, int flags, void *param);

各参数含义如下。

① Event 表示触发的鼠标事件。

② *x* 与 *y* 为事件发生时鼠标的坐标，坐标系为图像坐标，即坐标系的原点为显示图像的左上角，单位为像素。常用鼠标事件及说明如表3.3所列。

表3.3 常用鼠标事件及说明

序号	常用的鼠标事件	说明
1	EVENT_LBUTTONDBLCLK	鼠标左键双击消息
2	EVENT _LBUTTONDOWN	鼠标左键单击按下消息
3	EVENT _LBUTTONUP	鼠标左键单击抬起消息
4	EVENT _RBUTTONDBLCLK	鼠标右键双击消息
5	EVENT _RBUTTONDOWN	鼠标右键单击按下消息
6	EVENT _RBUTTONUP	鼠标右键单击抬起消息
7	EVENT _MOUSEMOVE	鼠标移动消息

③ flags 表示鼠标状态。flags 参数说明如表3.4所列。

表3.4 flags参数说明

序号	常用的鼠标状态	说明
1	EVENT_FLAG_ALTKEY	"Alt" 键按下不放
2	EVENT_FLAG_CTRLKEY	"Ctrl" 键按下不放
3	EVENT_FLAG_SHIFTKEY	"Shift" 键按下不放
4	EVENT_FLAG_LBUTTON	左键拖拽
5	EVENT_FLAG_MBUTTON	中键拖拽
6	EVENT_FLAG_RBUTTON	右键拖拽

④ param 表示用户定义的传递到 setMouseCallback 函数调用的参数。

（2）鼠标事件仅在图像显示区内得到响应，在图像显示区外不响应。

（3）与 MFC 方式不同，OpenCV 方式的鼠标事件响应都指向同一个自定义的鼠标响应函数，只是在响应函数内部根据鼠标事件的类型进行相应的处理。

以下结合实例3.8，介绍一下鼠标事件响应的 OpenCV 实现方法。

首先创建基于对话框类型的应用程序，并按照图3.37所示布局创建对话框界面。该界面顶部"图片浏览"组合框内的控件用于待显示图片的路径获取及显示。界面中间的静态文本框用于显示鼠标在图像区域内滑动过程中鼠标光标对应的图像像素位置。界面底部的图像显示控件用于选定图像的显示。

图3.37　实例3.8主界面控件布局

在该对话框类中添加鼠标响应函数 MyMouseCallback。其声明及函数实体如下：

```
static void MyMouseCallback(int event, int x, int y, int flags, LPVOID pParam);
//鼠标点击事件响应函数
void CExampleDIBDataDlg::MyMouseCallback(int event, int x, int y, int flags, LPVOID pParam)
{
    CExampleDIBDataDlg* pDlg = (CExampleDIBDataDlg*)pParam;
    switch(event)
    {
    case CV_EVENT_LBUTTONDOWN:
    {
        CString str;
        str.Format("左键按下：(%d,%d)", x, y);
        AfxMessageBox(str);
    }
    break;
    case CV_EVENT_RBUTTONDOWN:
    {
```

```
            CString str;
            str.Format("右键按下：（%d,%d)", x, y);
            AfxMessageBox(str);
        }
        break;
        case CV_EVENT_MOUSEMOVE:
        {
            pDlg->m_strInfo.Format("鼠标移动位置坐标:(%d,%d)", x, y);
            pDlg->UpdateData(false);
        }
        break;
        default:
            break;
        }
    }
```

MyMouseCallback 函数用于实现对鼠标左键按下消息、鼠标右键按下消息、鼠标移动消息进行鼠标位置输出。

在初始化函数中调用setMouseCallback函数，对鼠标响应函数MyMouseCallback进行注册：

```
setMouseCallback(m_strWinName.GetBuffer(0), MyMouseCallback, this); //设置鼠标响应函数
```

setMouseCallback 函数原型如下：

```
void setMouseCallback(const string& winname,
                      MouseCallback onMouse,
                      void* userdata=0);
```

各参数说明如下。

① winname：图像显示窗口的名称。该参数应和namedWindow，imshow等与显示相关的窗口名参数一致。

② onMouse：鼠标响应函数，回调函数。

③ userdata：传给回调函数的参数。

3.5.2.2 鼠标点击位置到图像坐标的转换

由前面对鼠标响应函数的参数说明可知，基于OpenCV方式的鼠标响应，在回调函数中捕获的鼠标位置本身就是基于图像的坐标系（即坐标系的原点为图像的左上角，坐标点的单位为图像像素）。因此，此种实现方式的鼠标位置无须坐标转换。

运行实例3.8，点击"浏览"按钮，进行图片的加载及显示（图像读取、显示相关的代码会在后续章节中进行详细介绍），其运行效果如图3.38所示。

图3.38　实例3.8运行效果

　　鼠标在图像显示区内滑动，在界面的中间会实时显示鼠标滑动位置像素坐标。在图像显示区依次点击鼠标左键、鼠标右键，会分别弹出相应提示框。

　　本实例中关于图像读取、显示的部分会在后面章节进行详细讲解，此处不再进行说明。

4 代码调试与异常处理

"工欲善其事，必先利其器。"软件调试作为一项重要的编程辅助技术，既是软件开发人员在代码实现过程中预防、诊断和消除错误的不可或缺的手段，也是软件开发过程中必不可少的步骤。熟练掌握多种代码的调试方法，是软件开发人员需要掌握的一项重要技能。

软件的调试环境一般分为 Debug 模式与 Release 模式。Debug 模式为调试模式，Release 模式为发行模式。软件在开发初期，多采用 Debug 模式，因为在该模式下可借助的调试手段更多。在软件开发后期、测试阶段及维护阶段，采用 Release 模式较多，因为在该模式下代码执行效率更高，但是大部分调试手段将失效。

成像仪器的图像处理软件（尤其是实时处理软件）的开发，一般对算法的实时性要求较高，通常要求单帧图像的处理耗时要低于图像采集周期。以 25 帧/秒的图像为例，单帧图像处理时间应在 40 ms 以内，除去图像读入、读出耗时，单帧处理时间应控制在 30 ms 以内。帧频更高的图像探测器对算法的实时性要求会更高。相同的处理算法，Debug 模式下算法耗时可能是 Release 模式下算法耗时的几倍或几十倍。因此，对于成像仪器实时性要求较高的图像处理软件的开发，大多是在 Release 模式下进行的。

本章将对常用的软件调试方法进行介绍，并对其适用范围（Debug 模式、Release 模式）进行说明。软件开发人员在软件开发过程中，可根据实际情况对调试方法进行合理选择。

4.1 断点调试

断点（breakpoints）是调试器的功能之一，可以让程序中断在需要的地方，从而方便问题的分析与查找。

4.1.1 简单断点调试

最简单的断点跟踪功能的设置方法：将光标移动到需要设置断点的位置，按下"F9"键，此时会在文本编辑窗口的左侧边缘空白处出现一个红色实心圆点，则断点设置成功（在该位置再次按下"F9"键，或者左键点击红色圆点，此断点会被删除）。点击"开始调试"按钮（或按下"F5"键），程序开始运行。操作程序已执行断点所在代码段，程序会停止在断点所在代码行，如图 4.1 所示。

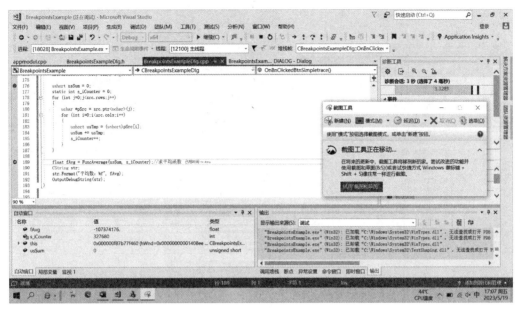

图 4.1 简单断点设置

按下"F10"键或"F11"键，进行单步调试。

"F10"键为逐过程单步调试，即在当前代码段中逐行单步运行。以图 4.1 所示代码为例，当光标跳转到 189 行的求平均的 FuncAverage 函数后，按下"F10"键，光标不会跳转到 FuncAverage 函数内部语句，而是直接跳转到 190 行。

"F11"键为逐语句单步调试，即在整个程序中逐语句单步运行。若该语句为调用子函数，按下"F11"键，则会按照语句执行顺序跳转到该子函数内部。同样以图 4.1 所示代码为例，当光标跳转到 189 行的求平均的 FuncAverage 函数后，按下"F11"键，光标不会跳转到 190 行，而是跳转到 FuncAverage 函数内部的第一条语句。

在调试过程中，可以在窗口下方查看相关变量值。这种设置断点的方法简单，应用较多，但完成的功能有限。

本节所述代码详见实例 4.1。

4.1.2 条件断点调试

在实际程序调试过程中，有时不希望每次运行到某个断点处便停下来。例如，一幅图像在遍历过程中，我们只想在指定像素点位置停下来，以查看其值，这时可以用 if 等判断语句进行位置区分，但更为简单的办法是采用条件断点。

条件断点的设置方法：选中需要设置断点的语句并点击鼠标右键，在弹出的菜单里选择"断点"→"插入跟踪点"，如图 4.2 所示；然后弹出如图 4.3 所示的条件设置界面，可根据实际情况进行断点条件设置及到达指定条件断点后的相应操作设置。

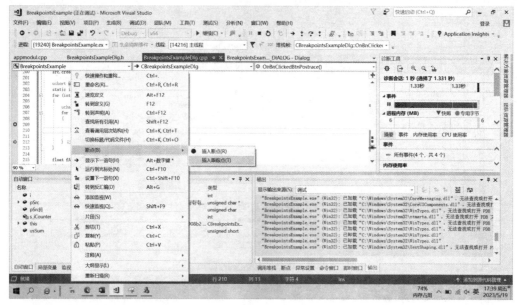

图4.2 条件断点设置

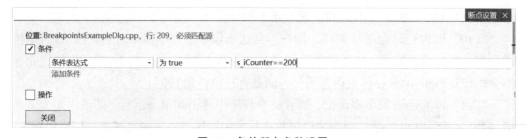

图4.3 条件断点参数设置

4.2 断言宏的使用

断言宏是指一组用于检测程序运行状态的宏。当程序运行时，若某个条件成立，程序才能继续向下执行；若某个条件不成立，则程序停止向下继续运行。此种情况下可以使用断言宏。当限定的条件不成立时，程序执行到断言宏时将弹出断言消息框。

MFC提供了如下断言宏：ASSERT，ASSERT_VALID，ASSERT_KINDOF，VERIFY。

4.2.1 ASSERT宏用法

ASSERT宏有一个表达式参数。如果表达式结果为TRUE，那么ASSERT宏不进行任何处理；如果表达式结果为FALSE，那么会有对话框弹出并报告发生ASSERT宏失败的位置，并允许继续运行（点击"忽略"按钮）或终止程序，点击"重试"按钮会启动调试软件对程序进行调试。

以下代码为ASSERT宏的使用示例，相关代码详见实例4.2。当要打开的文件不存在时，会弹出如图4.4所示的错误诊断消息。

```
void CAssertMacroDlg::OnBnClickedBtnAssert()
{
    // TODO: 在此添加控件通知处理程序代码
    CString strFilePath = "D:\\1.bmp";
    FILE *fpw = fopen(strFilePath.GetBuffer(0), "rb");
    ASSERT(fpw != NULL); //如果此路径文件不存在，那么程序终止
    MessageBox("ASSERT 后，程序继续运行");
}
```

图4.4 ASSERT宏诊断消息对话框

注意：ASSERT宏只在Debug版本下有效，在Release版本下无效。

4.2.2 ASSERT_VALID宏用法

ASSERT_VALID宏的参数为CObject派生类对象的指针，用于判定指向CObject派生类对象指针的有效性。ASSERT_VALID宏通过调用重载的AssertValid函数来确定指向CObject派生类对象的指针是否有效。在对CObject派生类对象进行任何操作之前，都应该调用ASSERT_VALID宏。

以下面的代码为例，当只定义子对话框指针pDlgChild，而不对其创建实例对象时，调用ASSERT_VALID宏，会弹出CObject操作警告消息，如图4.5所示。点击"忽略"按钮，让程序继续执行，为pDlgChild创建实例对象后，再次调用ASSERT_VALID宏，则不会弹出CObject操作警告消息，程序可以正常向下执行。相关代码详见实例4.2。

```
void CAssertMacroDlg::OnBnClickedBtnAssertValid()
{
    // TODO: 在此添加控件通知处理程序代码
    CDlgChild *pDlgChild = NULL;        //定义子对话框变量指针
    ASSERT_VALID(pDlgChild);            //第一次调用 ASSERT_VALID，因未创建实例对象，
```

```
                                        //ASSERT_VALID 宏弹出操作警告消息
    pDlgChild = new CDlgChild( );       //为 pDlgChild 创建实例对象
    ASSERT_VALID(pDlgChild);            //第二次调用 ASSERT_VALID,
                                        //因已创建实例对象，ASSERT_VALID 宏不再
                                        //弹出操作警告消息
    pDlgChild->DoModal( );              //子对话框以模态对话框形式进行调用显示
}
```

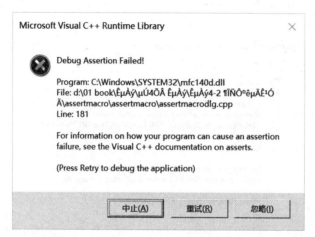

图4.5 ASSERT_VALID宏诊断消息对话框

注意：ASSERT_VALID宏只在Debug版本下有效，在Release版本下无效。

4.2.3 ASSERT_KINDOF宏用法

ASSERT_KINDOF宏有两个参数：第一个参数为CObject派生类的类名，第二个参数为CObject派生类对象的指针。ASSERT_KINDOF宏用于验证指针指向的CObject派生类对象是否派生于某个特定类：如果是，那么程序正常执行；如果不是，那么弹出警告消息。一般在调用该宏之前，先调用ASSERT_VALID宏。

相关代码如下，相关实例详见实例4.2。

```
void CAssertMacroDlg::OnBnClickedBtnAssertKindof( )
{
    // TODO: 在此添加控件通知处理程序代码
    CDlgChild *pDlgChild = NULL;       //定义子对话框变量指针
    pDlgChild = new CDlgChild( );      //为 pDlgChild 创建实例对象
    ASSERT_VALID(pDlgChild);           //调用 ASSERT_VALID
    ASSERT_KINDOF(CMenu, pDlgChild);   //验证 pDlgChild 是否派生于 CMenu 类
    pDlgChild->DoModal( );             //子对话框以模态对话框形式进行调用显示
}
```

注意：ASSERT_KINDOF宏只在Debug版本下有效，在Release版本下无效。

4.2.4　VERIFY宏用法

VERIFY宏一般用于检查Windows API函数的返回值，其用法与ASSERT宏基本相似。在Debug模式下，二者响应基本一致。而在Release模式下，ASSERT宏不计算表达式的值，也不会输出诊断信息；VERIFY宏仍然计算表达式的值，但不管值为真还是假都不会输出诊断信息。因此，在Release模式下，VERIFY宏仍起不到提示错误操作的作用。

相关代码详见实例4.2。

4.3　try-throw-catch结构的使用

一款合格软件的开发，除了要实现其本身应具备的功能，还应从其健壮性考虑，对所有可能存在的异常进行相应的处理。对于小规模软件开发，其异常处理较容易实现。而对于中大型规模软件，更多的是采用异常捕获语句进行异常处理。C++语言使用try-throw-catch结构捕获并处理异常。

4.3.1　try语句

try语句块的作用是启动异常处理机制，检测try语句块中执行语句可能出现的异常。try语句必须与至少一个catch同时使用，一个try语句也可以对应多个catch。

4.3.2　throw语句

throw语句用来强行抛出异常，其格式如下：

throw[异常类型表达式]

其中，异常类型表达式可以是类对象、常量或变量表达式。

4.3.3　catch语句

catch语句块捕获try语句块产生的或throw语句抛出的异常，然后进行相应处理。其格式如下：

```
catch(形参类型[形参名])  //形参类型可以是C++的基本类型
{
    //异常处理
……
}
```

4.3.4　try语句、throw语句、catch语句之间的关系

throw语句和catch语句的关系类似函数调用关系：catch语句指定形参，throw语句

给出实参。编译器按照catch语句出现的顺序及catch语句指定的参数类型确定throw语句抛出的异常应该由哪个catch语句来处理。

throw语句不一定出现在try语句块中，实际上，它可以出现在任何需要的地方，即使在catch语句块中，仍然可以继续使用throw语句，只要最终有catch语句可以捕获它即可。

以下代码展示了对图像处理格式的异常检查，相关代码详见实例4.3。

```cpp
void COtherDebugMethodsDlg::OnBnClickedBtnTrythrowcatch()
{
    // TODO: 在此添加控件通知处理程序代码
    //1.变量初始化
    BITMAPINFO    *pBmpInfo;        //图像信息头结构体
    pBmpInfo = (BITMAPINFO*)new BYTE[sizeof(BITMAPINFOHEADER) +
                                    sizeof(RGBQUAD) * 256];
    memset(pBmpInfo, 0, sizeof(BITMAPINFOHEADER) + sizeof(RGBQUAD) * 256);
    unsigned char  *pImgBuf;        //图像数据缓存指针
    pImgBuf = new BYTE[2048 * 2048 * 3];
    memset(pImgBuf, 0, 2048 * 2048 * 3);
    //2.图像读取
    int iImgReadSuccess = FuncImgRead(m_strFilePath, pBmpInfo, pImgBuf);
    //3.图像格式判断
    if (iImgReadSuccess == 1)        //图像读取成功后进行图像格式判断
    {
        try
        {
            if (pBmpInfo->bmiHeader.biBitCount>=24)
            {
                throw "本算法输入图像不能为彩色图像";
            }
            AfxMessageBox("图片格式正常，可以进行后续处理");
        }
        catch (const char* s)        //定制形参类型名
        {
            AfxMessageBox(s);
        }
    }
}
```

上面代码用于检查待处理的图像是否是灰度图像。其中，pBmpInfo为存放图像信息头的结构体，该结构体的具体定义会在后面章节进行介绍；pImgBuf为存储图像数据的指针；FuncImgRead函数为图像读取函数，该函数的具体实现方法也会在后面章节进行详细讲解，此处可以简单地将其理解为图像读取函数。

注意：try-throw-catch结构在Debug模式、Release模式下均有效。

4.4 MFC异常类的使用

MFC异常类的使用方法可以理解为try-throw-catch结构的简化版，即try-catch。MFC提供了典型的错误异常类，try语句块中出现相关异常，catch语句会自动捕捉，并在catch语句块内进行相应异常处理语句的执行。

表4.1列出了图像处理软件开发过程中常用的MFC异常类，这些类都是CException类的派生类。

表4.1　图像处理软件开发中常用的MFC异常类及其功能介绍

MFC异常类	功能说明
CFileException	文件异常。该类包含m_cause成员变量，通过AfxThrowFileException函数发出CFileException异常
CMemoryException	内存异常。内存溢出时，会引发CMemoryException异常，尤其当new操作符分配内存失败时，也会发出该异常。该类包含m_cause成员变量，通过CMemoryException函数发出CMemoryException异常
CResourceException	Windows资源分配异常。当Windows操作系统不能找到或定位所需要的资源时，通过AfxThrowResourceException发出CResourceException异常
CDBException	数据库异常。该类包含n_nRetCode，m_strError，m_strStateNativeOrigin成员变量，通过AfxThrowDBException函数发出CDBException异常

以下代码展示了对图像文件打开读取状态的异常检查，相关代码详见实例4.3。与变量m_cause对应的错误类型可查阅CFileException对应的头文件。

```
void COtherDebugMethodsDlg::OnBnClickedBtnMfcException()
{
    // TODO: 在此添加控件通知处理程序代码
    try
    {
        CString strFilePath = "D:\\1.bmp";   //要读取的图像文件路径
        CFile myFile(strFilePath.GetBuffer(0), CFile::modeRead);
        AfxMessageBox("图像读取成功");
    }
    catch (CFileException *e)
    {
        switch (e->m_cause)
        {
        case CFileException::fileNotFound:  //未找到指定文件
```

```
        {
            AfxMessageBox("未找到指定文件");
            e->Delete( );
        }
        break;
        default:
            break;
        }
    }
}
```

注意：MFC异常类在Debug模式、Release模式下均有效。

4.5 TRACE跟踪宏的使用

TRACE跟踪宏类似C语言中的printf函数，用于在程序运行过程中输出想要的调试信息，输出位置在VS界面的输出窗口。其调用非常简单，可直接输出指定格式的字符串，格式如下：

格式1：

TRACE("要输出的字符串内容");

格式2：

TRACE("……%[格式符]",变量名);

以下代码展示了对读取图像信息的打印输出，相关代码详见实例4.3。

```
void COtherDebugMethodsDlg::OnBnClickedBtnTrace( )
{
    // TODO: 在此添加控件通知处理程序代码
    //1.变量初始化
    BITMAPINFO    *pBmpInfo;        //图像信息头结构体
    pBmpInfo = (BITMAPINFO*)new BYTE[sizeof(BITMAPINFOHEADER) +
                                        sizeof(RGBQUAD) * 256];
    memset(pBmpInfo, 0, sizeof(BITMAPINFOHEADER) + sizeof(RGBQUAD) * 256);
    unsigned char  *pImgBuf;        //图像数据缓存指针
    pImgBuf = new BYTE[2048 * 2048 * 3];
    memset(pImgBuf, 0, 2048 * 2048 * 3);
    //2.图像读取
    int iImgReadSuccess = FuncImgRead(m_strFilePath, pBmpInfo, pImgBuf);
    //3.图像格式判断
    if (iImgReadSuccess == 1)          //图像读取成功后进行图像格式判断
    {
```

```
        CString strFilePath = m_strFilePath;
        int iImgWid = pBmpInfo->bmiHeader.biWidth;
        int iImgHei = pBmpInfo->bmiHeader.biHeight;
        TRACE("当前选中文件的路径未: %s, 图像尺寸(%d,%d)\n", strFilePath.GetBuffer(0),
            iImgWid, iImgHei);
    }
}
```

注意: TRACE 跟踪宏只在 Debug 模式下有效, 在 Release 模式下无效。

4.6 打印信息函数的使用

在编写控制台程序时, 经常会用到 C 语言中的 printf 函数进行调试信息的输出, 便于开发人员了解程序状态。但是对于编写非控制台程序的情况, 利用该函数无法进行信息的输出。上节讲的 TRACE 函数由于只在 Debug 模式下有效, 因此限制了其应用范围。本节向大家介绍一个在非控制台程序中 Debug 模式、Release 模式均有效的信息输出函数——OutputDebugString 函数。

OutputDebugString 函数属于 Windows API 函数。它既可以把调试信息输出到编译器的输出窗口; 也可以通过 DebugView 第三方信息查看软件(该软件的使用在后面章节进行介绍)查看调试信息, 以脱离编译器的限制。

OutputDebugString 的函数原型如下:

void WINAPI OutputDebugString(_in_opt LPCTSTR lpOutputString);

可配合 Format 格式化函数, 进行调试信息输出。

以下代码展示了对读取图像信息的打印输出, 相关代码详见实例 4.3。

```
void COtherDebugMethodsDlg::OnBnClickedBtnPrintinfo()
{
    // TODO: 在此添加控件通知处理程序代码
    //1. 变量初始化
    BITMAPINFO    *pBmpInfo;        //图像信息头结构体
    pBmpInfo = (BITMAPINFO*)new BYTE[sizeof(BITMAPINFOHEADER) +
                                    sizeof(RGBQUAD) * 256];
    memset(pBmpInfo, 0, sizeof(BITMAPINFOHEADER) + sizeof(RGBQUAD) * 256);
    unsigned char *pImgBuf;         //图像数据缓存指针
    pImgBuf = new BYTE[2048 * 2048 * 3];
    memset(pImgBuf, 0, 2048 * 2048 * 3);
    //2. 图像读取
    int iImgReadSuccess = FuncImgRead(m_strFilePath, pBmpInfo, pImgBuf);
    //3. 图像格式判断
    if (iImgReadSuccess == 1)        //图像读取成功后进行图像格式判断
```

```
    {
        CString strFilePath = m_strFilePath;
        int iImgWid = pBmpInfo->bmiHeader.biWidth;
        int iImgHei = pBmpInfo->bmiHeader.biHeight;
        CString strInfo;
        strInfo.Format("当前选中文件的路径未：%s，图像尺寸(%d,%d)\n",
                    strFilePath.GetBuffer(0), iImgWid, iImgHei);
        OutputDebugString(strInfo);
    }
}
```

在 Debug 模式下，OutputDebugString 函数与 TRACE 跟踪宏的相关示例的输出结果一致；在 Release 模式下，TRACE 跟踪宏无法进行信息输出，OutputDebugString 函数仍可正常输出。

对于实时性要求较高的多线程图像处理函数的开发，为了保证算法的实时性且不破坏多线程时序关系，常采用 OutputDebugString 函数进行调试信息打印、错误排查。同时，搭配 DebugView 等软件的使用，可以轻松得到相关语句执行时对应的时间戳，对算法实时性的验证也较为方便。

注意：OutputDebugString 函数在 Debug 模式、Release 模式下均有效。

4.7 各调试方法的有效模式总结

表 4.2 对本章提到的各种调试方法的有效范围进行了总结。在进行程序开发过程中，可结合项目的特性及开发阶段的不同，合理选择调试方法。

表4.2 各调试方法的有效范围汇总

调试方法	Debug 模式	Release 模式
断点调试	有效	有效
ASSERT 宏	有效	无效
ASSERT_VALID 宏	有效	无效
ASSERT_KINDOF 宏	有效	无效
VERIFY 宏	有效	无效
try-throw-catch 结构	有效	有效
MFC 异常类	有效	有效
TRACE 跟踪宏	有效	无效
OutputDebugString 函数	有效	有效

4.8 第三方辅助调试软件

DebugView 软件是一个系统调试信息输出的捕获工具，该软件是 Sysinternals 公司的系列调试工具，可以捕获程序中由 TRACE 跟踪宏（Debug 模式）和 OutputDebug-String 函数输出的信息，可以打印每条输出信息对应的时间戳，并保存为日志文件；可以比较方便地为开发人员在系统发布前或发布后监控一些系统流程和异常。图 4.6 为 DebugView 软件的主界面及一些主要功能按钮的说明。

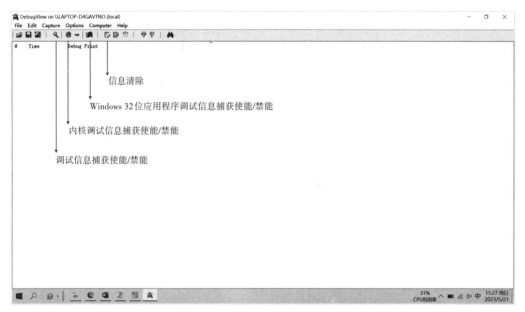

图4.6 DebugView 软件的主界面

DebugView 软件在使用时，首先运行该软件，开启调试信息捕获功能；为了避免内核调试信息对程序调试的干扰，可以选择关闭内核调试信息捕获功能；要开启 Windows32 位应用程序调试信息捕获功能，才能接收到应用程序输出的调试信息。完成上述设置后，运行实例4.3，执行打印信息函数使用函数，点击"开始执行（不调试）"按钮，或按下"Ctrl+F5"组合键，DebugView 软件就可以接收到 OutputDebug-String 函数或 TRACE 跟踪宏（Debug 模式）输出的调试信息了，如图4.7所示。需要注意的是，点击"开始调试"按钮，或按下"F5"键，OutputDebugString 函数或 TRACE 跟踪宏（Debug 模式）输出的调试信息会输出到 VS IDE 下方的输出窗口，而无法通过 DebugView 软件进行信息捕获。

图4.7　DebugView输出信息界面

第2部分

图像处理基础篇

5 图像处理基础知识

5.1 设备无关位图的基本结构

设备无关位图（device-independent bitmap，DIB）是标准的位图格式，是图像处理的基本数据格式。DIB自带颜色信息，因此对调色板的管理非常容易。DIB通常以BMP文件形式被保存在磁盘中，或者作为资源保存在工程文件中。

每个BMP文件都包含一个DIB，因此，BMP文件是图像数据存储、访问、处理的基础文件，其他格式的图片文件（如JPG，PNG，JPE等）都是在BMP文件的基础上进行压缩编码的。

下面重点介绍一下BMP文件的文件结构。

一个BMP文件一般分为4个部分：位图文件头、位图信息头、调色板、图像数据。BMP文件结构变量信息如表5.1所列。

表5.1　BMP文件结构变量信息

序号	所属部分	变量名称	变量类型	所占字节数
1	位图文件头	bfType	WORD	2
		bfSize	DWORD	3
		bfReserved1	WORD	2
		bfReserved2	WORD	2
		bfOffBits	DWORD	4
2	位图信息头	biSize	DWORD	4
		biWidth	LONG	4
		biHeight	LONG	4
		biPlanes	WORD	2
		biBitCount	WORD	2
		biCompression	DWORD	4
		biSizeImage	DWORD	4
		biXPelsPerMeter	LONG	4
		biYPelsPerMeter	LONG	4

表5.1（续）

序号	所属部分	变量名称	变量类型	所占字节数
2	位图信息头	biClrUsed	DWORD	4
		biClrImportant	DWORD	4
3	调色板	—	—	—
4	图像数据	—	—	—

5.1.1　位图文件头

位图文件头为一个14字节的结构体，其结构定义如下：

```
typedef struct tagBITMAPFILEHEADER {
    WORD       bfType;
    DWORD      bfSize;
    WORD       bfReserved1;
    WORD       bfReserved2;
    DWORD      bfOffBits;
} BITMAPFILEHEADER;
```

各变量的说明如下。

① bfType：文件类型，其赋值只能为0X4D42。

② bfSize：整个BMP文件大小，单位为字节（Byte）。

③ bfReserved1：保留字节，默认为0。

④ bfReserved2：为保留字节，默认为0。

⑤ bfOffBits：从文件头到实际的位图数据的偏移字节数，即表5.1中前三个部分的字节长度，为常用变量。

5.1.2　位图信息头

位图信息头为一个40字节的结构体，其结构定义如下：

```
typedef struct tagBITMAPINFOHEADER{
    DWORD      biSize;
    LONG       biWidth;
    LONG       biHeight;
    WORD       biPlanes;
    WORD       biBitCount;
    DWORD      biCompression;
    DWORD      biSizeImage;
    LONG       biXPelsPerMeter;
    LONG       biYPelsPerMeter;
```

```
    DWORD        biClrUsed;
    DWORD        biClrImportant;
} BITMAPINFOHEADER;
```

各变量的说明如下。

① biSize：位图信息头 BITMAPINFOHEADER 结构体长度，为定值40。

② biWidth：图像宽度，单位为像素，为常用变量。

③ biHeight：图像高度，单位为像素，为常用变量。

④ biPlanes：颜色平面数，为定值1。

⑤ biBitCount：图像位深，该变量为常用变量。黑白二值图取值为1，8位灰度图取值为8，16位灰度图取值为16，24位彩色图取值为24，32位彩色图取值为32。

⑥ biCompression：位图是否压缩标志，有效值为 BI_RGB，BI_RLE8，BI_RLE4，BI_BITFIELDS。其中，BI_RGB 为不压缩情况，本书中所有涉及的 BMP 图像 biCompression 均取值为 BI_RGB。

⑦ biSizeImage：实际位图数据占用的字节数。该变量为常用变量，计算公式如下：

$$biSizeImage = biWidth' \times biHeight \times nPixel \tag{5.1}$$

式中，$biWidth'$ 为大于或等于 $biWidth$ 的离4最近的整数倍。例如，当 $biWidth = 320$ 时，$biWidth' = 320$；当 $biWidth = 321$ 时，$biWidth' = 324$。$nPixel$ 为一个像素占用的字节数。8位及以下的图像 $nPixel = 1$，16位图像 $nPixel = 2$，24位真彩色图像 $nPixel = 3$。

⑧ biXPelsPerMeter：目标设备的水平分辨率，单位为像素/米。一般缺省值为0。

⑨ biYPelsPerMeter：目标设备的垂直分辨率，单位为像素/米。一般缺省值为0。

⑩ biClrUsed：本图像实际用到的像素数，如果该值为0，那么用到的颜色数为2的 bitBitCount 次幂。一般缺省值为0。

⑪ biClrImportant：本图像中重要的颜色数，如果该值为0，那么认为所有的颜色都是重要的。

5.1.3　调色板

一般8位及以下的图像需要调色板。大于8位的图像不需要调色板，这些图像的 BITMAPINFOHEADER 后面直接接位图数据。

调色板实际上为一个结构体数组，共有 biClrUsed 个元素。每个元素的类型是一个 RGBQUAD 结构，占4个字节，其定义如下：

```
typedef struct tagRGBQUAD {
    BYTE        rgbBlue;
    BYTE        rgbGreen;
    BYTE        rgbRed;
    BYTE        rgbReserved;
} RGBQUAD;
```

各变量的说明如下。

① rgbBlue：该颜色的蓝色分量。

② rgbGreen：该颜色的绿色分量。

③ rgbRed：该颜色的红色分量。

④ rgbReserved：保留值。

对于8位灰度图像，当红、绿、蓝三个分量设为相同值时，图像以灰度模式显示，其调色板的典型赋值方式如下：

```
BITMAPINFO bmpInfo;
for ( int i = 0; i < 256; i++)
{
    bmpInfo.bmiColors[i].rgbBlue = i;
    bmpInfo.bmiColors[i].rgbGreen = i;
    bmpInfo.bmiColors[i].rgbRed = i;
    bmpInfo.bmiColors[i].rgbReserved = 0;
}
```

其中，BITMAPINFO为BITMAPINFOHEADER与调色板的合成结构体。

当红、绿、蓝三个分量设为不同值时，图像以伪彩模式显示。可以通过设定红、绿、蓝三个分量的映射关系，实现不同模式的伪彩编码。

5.1.4 图像数据

（1）对于单字节灰度图像，其图像数据按照像素顺序依次排列，如图5.1所示。

图5.1 单字节灰度图像像素排列顺序

（2）对于双字节灰度图像，其图像数据按照像素顺序依次排列，每个像素对应的双字节图像数据按照低字节在前、高字节在后排列，如图5.2所示。

图5.2 双字节灰度图像像素排列顺序

（3）对于三字节的彩色图像，其图像数据按照像素顺序依次排列，每个像素对应的三字节图像数据按照红、绿、蓝顺序排列，如图5.3所示。

图5.3 三字节灰度图像像素排列顺序

注意：① 图像数据每一行的字节数必须为4的整数倍，如果不是，需要自动补齐；②BMP文件的数据排列顺序为从下到上、从左到右。

5.1.5　相关实例演练

5.1.5.1　BMP文件参数读取

本节将结合实例5.1，对BMP文件参数读取的编程实现进行介绍。

（1）界面布局。

创建基于MFC的对话框工程，工程名为"CBmpInfoReadDlg"，其界面布局如图5.4所示。

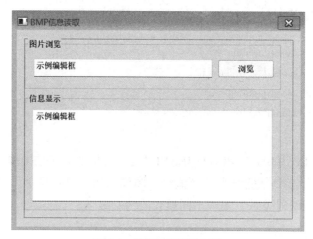

图5.4　实例5.1界面布局

（2）控件设置。

按照表5.2对该对话框中的控件进行设置。

表5.2　实例5.1控件设置

序号	控件名称	控件ID	关联变量	响应函数	其他设置
1	图像路径Edit控件	IDC_EDT_FILEPATH	m_strFilePath	—	—
2	信息显示Edit控件	IDC_EDT_INFODISP	m_strImgInfoDisp	—	Multiline=True
3	浏览Button控件	IDC_BTN_BROWSER	—	OnBnClickedBtnBrowser()	—

（3）主要代码实现。

在OnBnClickedBtnBrowser响应函数中写入如下代码（本代码共分为5个部分：变量初始化、图像浏览及路径获取、图像信息读取、图像信息显示、变量内存释放）：

```
//1.变量初始化
BITMAPFILEHEADER *pBmpFileHeader;
pBmpFileHeader = (BITMAPFILEHEADER*)new BYTE[sizeof(BITMAPFILEHEADER)];
memset(pBmpFileHeader, 0, sizeof(BITMAPFILEHEADER));
BITMAPINFO    *pBmpInfo;
```

```
pBmpInfo = (BITMAPINFO*)new BYTE[sizeof(BITMAPINFOHEADER) +
                               sizeof(RGBQUAD) * 256];
memset(pBmpInfo, 0, sizeof(BITMAPINFOHEADER) + sizeof(RGBQUAD) * 256);
unsigned char  *pImgBuf;
pImgBuf = new BYTE[2048 * 2048 * 3];
memset(pImgBuf, 0, 2048 * 2048 * 3);
//2.浏览图像
CFileDialog dlgFile(true, "bmp", "*.bmp", OFN_FILEMUSTEXIST|OFN_ALLOWMULTISELECT,
    "jpg Files(*.jpg)|*.jpg|PNG Files(*.png)|*.png|bmp Files(*.bmp)|*.bmp||", this);
if (dlgFile.DoModal() == IDOK)
{
    m_strFilePath = dlgFile.GetPathName();
    UpdateData(false);
}
//3.图像读取
int iRet = FuncImgInfoRead(m_strFilePath, pBmpFileHeader, pBmpInfo, pImgBuf);
//4.图像信息显示
//4.1 信息格式化
m_strImgInfoDisp.Format("文件头信息：bfSize=%d, bfOffBits=%d\r\n 信息头信息：biWidth=
%d, biHeight=%d, biBitCount=%d\n",
        pBmpFileHeader->bfSize, pBmpFileHeader->bfOffBits, pBmpInfo->bmiHeader. biWidth,
pBmpInfo->bmiHeader.biHeight, pBmpInfo->bmiHeader.biBitCount);
    //4.2 信息显示
    UpdateData(false);
    //5.变量内存释放
    delete[] pImgBuf;
    pImgBuf = NULL;
    delete pBmpInfo;
    pBmpInfo = NULL;
    delete pBmpFileHeader;
    pBmpFileHeader = NULL;
```

上面代码主要涉及如下知识点及注意事项。

① 变量在定义后要进行初始化赋值，避免因野值导致程序异常。

② 图像数据或文件在读取前，需要为图像结构体及图像数据分配相应的内存空间。对于图像数据尺寸不确定的情况，可尽量申请足够大的内存空间。由于大块内存申请有时耗时较长，对于涉及循环读取图像序列的情况，应在循环开始之前先进行内存空间申请，避免因申请耗时过长或申请失败影响程序的处理时序，乃至严重时程序崩溃。

③ 在申请内存空间后，应在使用完毕后进行内存空间释放，以避免内存泄漏，严

重时会导致计算机系统崩溃。内存申请与释放语句应成对出现，如用new进行内存申请，后面应该用delete进行释放；如用malloc进行内存申请，后面应该用free进行释放。对于采用OpenCV mat矩阵进行图像处理的情况，由于其内部具有自动释放机制，因此可不用考虑内存释放的问题。

图像信息读取功能是在FuncImgInfoRead函数中实现的，本书中均采用FILE类的相关函数完成图像文件的相关操作。主要实现代码如下：

```
int  CBmpInfoReadDlg:: FuncImgInfoRead（CString  strFilePath, BITMAPFILEHEADER  *pBmpFile-
Header, BITMAPINFO *pBmpInfo, unsigned char* pImgBuf）
    {
        FILE *fpw = fopen(strFilePath.GetBuffer(0), "rb");
        if (fpw == NULL)
        {
            return −2;
        }
        //1.读取文件头
        fread(pBmpFileHeader, 14, 1, fpw);                          //文件头
        //2.读取信息头
        fread(&pBmpInfo->bmiHeader, 40, 1, fpw);                    //信息头
        int iWidth = pBmpInfo->bmiHeader.biWidth;
        int iHeight = pBmpInfo->bmiHeader.biHeight;
        int iBitCount = pBmpInfo->bmiHeader.biBitCount;
        if (pBmpInfo->bmiHeader.biSize != 40)
        {
            return −3;
        }
        if (iBitCount == 8)                                          //8位数据
        {
            fread(pBmpInfo->bmiColors, 256 * sizeof(RGBQUAD), 1, fpw);
                                                //若为8位图像，则读取调色板
        }
        //3.读取图像数据
        fread(pImgBuf, pBmpInfo->bmiHeader.biSizeImage, 1, fpw);     //数据
        fclose(fpw);
        return 1;
    }
```

（4）运行效果展示。

运行程序，点击"浏览"按钮，进行图片选择后，在界面中对图像的部分参数信息进行读取与显示，如图5.5所示。

图5.5 实例5.1运行效果

5.1.5.2 BMP文件创建

本节将结合实例5.2，对BMP文件创建的编程实现进行介绍。

（1）界面布局。

创建基于MFC的对话框工程，工程名为"CBmpCreateDlg"，其界面布局如图5.6所示。

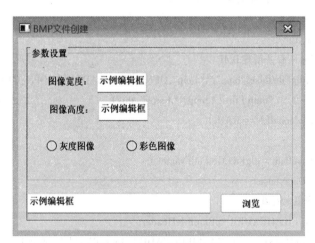

图5.6 实例5.2界面布局

（2）控件设置。

按照表5.3对该对话框中的控件进行设置。

表5.3 实例5.2控件设置

序号	控件名称	控件ID	关联变量	响应函数	其他设置
1	图像宽度Edit控件	IDC_EDT_IMG_WIDTH	m_uiWidth	—	—
2	图像高度Edit控件	IDC_EDT_IMG_HEIGHT	m_uiHeight	—	—

表5.3（续）

序号	控件名称	控件ID	关联变量	响应函数	其他设置
3	灰度图像Radio控件	IDC_RAD_GRAY	m_iImgStyle	—	Group=True
4	彩色图像Radio控件	IDC_RAD_COLOR	—	—	—
5	存储路径Edit控件	IDC_EDT_SAVEPATH	m_strSavePath	—	—
6	浏览Button控件	IDC_BTN_BROWSER	—	OnBnClickedBtnBrowser( )	—

（3）主要代码实现。

在OnBnClickedBtnBrowser响应函数中写入如下代码（本代码共分为如下部分：控件关联变量更新、获得存储文件路径、定义图像相关结构体及变量、图像相关结构体及变量赋值、创建图像文件）：

```
void CBmpCreateDlg::OnBnClickedBtnBrowser( )
{
    // TODO: 在此添加控件通知处理程序代码
    //1.更新控件变量
    UpdateData(true);
    //2.选择存储路径并创建BMP
    CFileDialog dlgFile(false,"bmp","*.bmp",OFN_HIDEREADONLY|OFN_OVERWRITEPROMPT,
                "bmp Files(*.bmp)|*.bmp||", this);
    if (dlgFile.DoModal( ) == IDOK)
    {
        m_strSavePath = dlgFile.GetPathName( );
        UpdateData(false);
        //2.1 变量初始化
        BITMAPFILEHEADER *pBmpFileHeader;
        pBmpFileHeader = (BITMAPFILEHEADER*)new BYTE[sizeof(BITMAPFILEHEADER)];
        memset(pBmpFileHeader, 0, sizeof(BITMAPFILEHEADER));
        BITMAPINFOHEADER     *pBmpInfoHeader;
        pBmpInfoHeader = (BITMAPINFOHEADER*)new BYTE[sizeof(BITMAPINFOHEADER)];
        memset(pBmpInfoHeader, 0, sizeof(BITMAPINFOHEADER));
        //2.2 变量赋值
        switch (m_iImgStyle)
        {
        case 0: //灰度图像
        {
            //信息头赋值
```

```
        pBmpInfoHeader->biSize = 40;

        pBmpInfoHeader->biWidth = m_uiWidth;

        pBmpInfoHeader->biHeight = m_uiHeight;

        pBmpInfoHeader->biPlanes = 1;

        pBmpInfoHeader->biBitCount = 8;

        pBmpInfoHeader->biCompression = BI_RGB;

        pBmpInfoHeader->biSizeImage = WIDTHBYTES(pBmpInfoHeader->biWidth * 8)*

                                        (pBmpInfoHeader->biBitCount / 8)

                                        *pBmpInfoHeader->biHeight;

        //文件头赋值

        pBmpFileHeader->bfType = 0x4D42;

        pBmpFileHeader->bfSize = 14 + 40 + 256 * 4 + pBmpInfoHeader->biSizeImage;

        pBmpFileHeader->bfOffBits = 14 + 40 + 256 * 4;

    }

        break;

case 1: //彩色图像

    {

        //信息头赋值

        pBmpInfoHeader->biSize = 40;

        pBmpInfoHeader->biWidth = m_uiWidth;

        pBmpInfoHeader->biHeight = m_uiHeight;

        pBmpInfoHeader->biPlanes = 1;

        pBmpInfoHeader->biBitCount = 24;

        pBmpInfoHeader->biCompression = BI_RGB;

        pBmpInfoHeader->biSizeImage = WIDTHBYTES(pBmpInfoHeader->biWidth * 8)*

                                        (pBmpInfoHeader->biBitCount / 8)

                                        *pBmpInfoHeader->biHeight;

        //文件头赋值

        pBmpFileHeader->bfType = 0x4D42;

        pBmpFileHeader->bfSize = 14 + 40 + pBmpInfoHeader->biSizeImage;

        pBmpFileHeader->bfOffBits = 14 + 40;

    }

        break;

default:

        break;

    }

//2.3 创建 BMP

int iRet = WriteBMP(m_strSavePath, pBmpFileHeader, pBmpInfoHeader);

if (iRet==1)

    {
```

```
                MessageBox("BMP文件创建成功！");
            }
        else
            {
                MessageBox("BMP文件创建失败！");
            }
        }
    }
```

上面代码主要涉及如下知识点及注意事项。

① 8位灰度图像有调色板，24位彩色图像无调色板，因此在文件头及信息头结构体赋值时应注意差别。

② 8位灰度图像文件创建时应写入调色板数据，24位彩色图像文件创建时不需要写入调色板数据。

图像文件创建是在WriteBMP函数中实现的，主要实现代码如下：

```
int CBmpCreateDlg::WriteBMP(CString sFileName, BITMAPFILEHEADER *pFileHead,
                BITMAPINFOHEADER *pBmpInfoHeader)
{
    if((pBmpInfoHeader->biBitCount!=8)&& (pBmpInfoHeader->biBitCount!= 24))
    //只处理8位和24位图像
    {
        return -1;
    }
    FILE *fpw = fopen(sFileName, "wb");
    if (fpw == NULL)
    {
        return -2;
    }
    fwrite(pFileHead, 14, 1, fpw);          //文件头
    fwrite(pBmpInfoHeader, 40, 1, fpw);     //信息头
    if (pBmpInfoHeader->biBitCount == 8)    //8位图像，写入调色板信息
    {
        RGBQUAD colors[256];
        for (int i = 0; i < 256; i++)
        {
            colors[i].rgbBlue = i;
            colors[i].rgbGreen = i;
            colors[i].rgbRed = i;
            colors[i].rgbReserved = 0;
        }
```

```
        fwrite(colors, 256 * sizeof(RGBQUAD), 1, fpw);        //调色板
    }
    //图像缓存空间申请及赋值
    unsigned char *pImgBuf = new BYTE[2048 * 2048 * 3];
    memset(pImgBuf, 0, 2048 * 2048 * 3);
    //计算图像宽度
    int iSize = pBmpInfoHeader->biSizeImage;
    //图像数据赋值
    unsigned char* pSrc = pImgBuf;
    for (int n = 0; n<iSize; n++, pSrc++)
    {
        *pSrc = (unsigned char)n*10;
    }
    fwrite(pImgBuf, iSize, 1, fpw);  //数据
    fclose(fpw);
    //释放缓存
    delete[] pImgBuf;
    pImgBuf = NULL;
    return 1;
}
```

其中，在图像数据赋值部分，本实例中设置了一个循环数值，实际使用过程中可根据需要写入真实的图像数据。

（4）运行效果展示。

在"参数设置"中输入预定的图像参数，点击"浏览"按钮，即可将图像创建到指定路径，如图5.7所示。

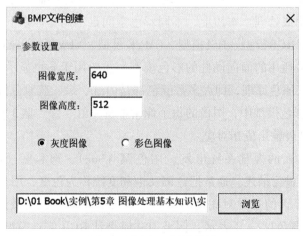

图5.7　实例5.2运行效果

查看生成图像文件的属性信息（如图5.8所示），检查其与设定参数是否一致。

图5.8　实例5.2生成灰度图像的属性参数

5.2　图像的彩色模型

彩色模型（也称彩色空间或彩色系统）是为了在某些标准下用通常可以接受的方式对彩色进行说明或处理。本质上，不同彩色空间是不同坐标系下的颜色点的表示。典型的彩色模型有RGB模型、HSI模型、CMYK模型、YUV模型、YCbCr模型等。

RGB模型是最通用的面向硬件的彩色模型，主要用于彩色显示器与彩色摄像机。RGB模型利用了三原色原理，即大多数颜色都是由红、绿、蓝原色按照不同比例混合构成的。在RGB彩色模型中，图像的每个像素值都由红、绿、蓝3个分量值组成，而每个分量值都与硬件输出值相对应。

HSI模型是从人的视觉系统出发，用色调（hue）、饱和度（saturation）、亮度（intensity）对颜色进行描述。通常把色调及饱和度统称为色度，用来表示颜色的类别与深浅程度。由于人的视觉对亮度的敏感程度要高于对颜色的敏感程度，通过HSI模型可以将亮度与色度分开表示，因此HSI模型比RGB色彩模型更符合人的视觉特性。

总结来说，RGB模型与成像、显示硬件密切相关，HSI模型与人类视觉特性密切相关。图像处理工作就是完成由硬件感知到人类视觉感知的合理转变。彩色图像处理的一般过程如图5.9所示。

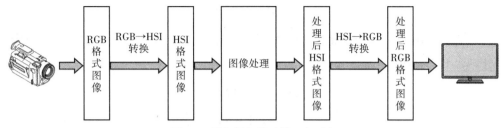

图5.9 彩色图像处理的一般过程

本书的主旨是讨论图像处理的相关理论与技术，因此，以下仅介绍与图像处理紧密相关的RGB模型与HSI模型的转换关系，以及彩色图像与灰度图像的转换方法。

5.2.1 从RGB模型到HSI模型的颜色转换

设一幅RGB彩色图像每个像素对应的红、绿、蓝分量归一化值分别为 R，G，B，即 R，G，B 的取值范围为 $[0, 1]$，则其对应的色度（H）、饱和度（S）、亮度（I）的转换式分别如下：

$$H = \begin{cases} \theta, & B \leqslant G \\ 360 - \theta, & B > G \end{cases} \tag{5.2}$$

$$S = 1 - \frac{3}{(R + G + B)} \min\{R, G, B\} \tag{5.3}$$

$$I = \frac{1}{3}(R, G, B) \tag{5.4}$$

其中，θ 的表达式如下：

$$\theta = \arccos \frac{0.5 \times [(R - G) + (R - B)]}{\sqrt{(R - G)^2 + (R - B)(G - B)}} \tag{5.5}$$

对于纯C++的转换实现，按照式（5.2）~式（5.5）进行逐个像素计算即可，此处不再给出代码实现。对于借助OpenCV处理库的情况，可通过调用OpenCV的cvtColor函数实现整幅图像从RGB格式到HSI格式的转换。这在5.2.6节中会给出相应实例。

5.2.2 从HSI模型到RGB模型的颜色转换

设一幅HSI彩色图像每个像素对应的色度、饱和度、亮度分量归一化值分别为 H，S，I，即 H，S，I 的取值范围为 $[0, 1]$，定义 H' 为 H 乘以360°，则其对应的红（R）、绿（G）、蓝（B）转换式按照 H' 取值范围分为如下三种转换关系。

（1）当 $0° \leqslant H' < 120°$ 时，相应的转换关系如式（5.6）~式（5.8）。

$$B = I(1 - S) \tag{5.6}$$

$$R = I\left(1 + \frac{S\cos H'}{\cos(60° - H')}\right) \tag{5.7}$$

$$G = 3I - (R + B) \tag{5.8}$$

（2）当 $120° \leqslant H' < 240°$ 时，相应的转换关系如式（5.9）~式（5.12）。首先应从 H' 中减去 $120°$，即

$$H' = H' - 120° \tag{5.9}$$

$$R = I(1 - S) \tag{5.10}$$

$$G = I\left(1 + \frac{S\cos H'}{\cos(60° - H')}\right) \tag{5.11}$$

$$B = 3I - (R + G) \tag{5.12}$$

（3）当 $240° \leqslant H' < 360°$ 时，相应的转换关系如式（5.13）~式（5.16）。首先应从 H' 中减去 $240°$，即

$$H' = H' - 240° \tag{5.13}$$

$$G = I(1 - S) \tag{5.14}$$

$$B = I\left(1 + \frac{S\cos H'}{\cos(60° - H')}\right) \tag{5.15}$$

$$R = 3I - (G + B) \tag{5.16}$$

同样，对于纯 C++ 的转换实现，按照式（5.6）~式（5.16）进行逐个像素计算即可，此处不再给出代码实现。对于借助 OpenCV 处理库的情况，可通过调用 OpenCV 的 cvtColor 函数实现整幅图像从 HSI 格式到 RGB 格式的转换。这在 5.2.6 节中会给出相应实例。

5.2.3　从 RGB 彩色图像到灰度图像的转换

RGB 彩色图像是由红、绿、蓝三个颜色通道组成的。灰度图像则依据人眼对不同颜色的敏感程度的差异，将 RGB 彩色图像的三个通道按照指定的映射关系合并为一个通道。通用的从 RGB 彩色图像到灰度图像的转换关系如下：

$$Y = 0.299R + 0.587G + 0.114B \tag{5.17}$$

从 RGB 彩色图像到灰度图像的转换，同样可以利用 OpenCV 库的 cvtColor 函数实现。详见 5.2.6 节中相应实例。

5.2.4　从灰度图像到 RGB 彩色图像的转换

从灰度图像到 RGB 彩色图像的转换，就是将单通道数据按照指定的映射关系转换为三通道数据的过程。最基本的转换方式就是将灰度图像的灰度值同时赋值给 RGB 图

像的红、绿、蓝三个分量。还有一种特殊的转换方式，就是将单通道灰度图像按照红、绿、蓝编码顺序通过 Bayer 滤波转换为彩色图像。

5.2.4.1 基本转换

基本转换方法是将 8 位灰度图像每个像素值 Y 直接赋值给 RGB 图像的红（R）、绿（G）、蓝（B）三个值，即

$$\begin{cases} R = Y \\ G = Y \\ B = Y \end{cases} \tag{5.18}$$

经过转换，生成的 RGB 彩色图像虽然在感观上还是灰度图，但是查看其位深度已经由原来的 8 位转变为 24 位，只是由于红、绿、蓝三个通道取值相同，所以整体仍然呈现出灰色。该转换也可以由 OpenCV 的 cvtColor 函数实现。

5.2.4.2 Bayer 滤波

在单通道灰度图像到三通道彩色图像的转换中，还有一种比较特殊的转换方式，就是 Bayer 滤波。严格来讲，需要 Bayer 滤波转换的单通道图像不算是单纯意义的灰度图像，它是与探测器颜色敏感像元排列相关的单通道图像数据。也就是说，它的某个像素值不再代表灰度值，而是根据探测器排列位置只代表红、绿、蓝三个分量之一的值。

Bayer 格式的图像是相机内部的原始图像，在它的每个像素上按照设定排布顺序设置不同的颜色敏感元。通过分析人眼对颜色的感知可以发现，人眼对绿色比较敏感，因此一般 Bayer 格式的图像绿色格式的像素是红色和蓝色像素的总和。图 5.10 为 4 种典型的 Bayer 彩色滤波阵列，它们由 $1/2G$、$1/4R$ 和 $1/4B$ 组成。

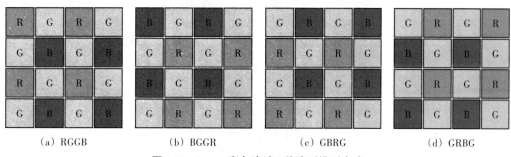

| (a) RGGB | (b) BGGR | (c) GBRG | (d) GRBG |

图 5.10　Bayer 彩色滤波 4 种阵列排列方式

此类传感器与常规的三通道探测器相比，在相同分辨率下，像元数减少了 2/3。此类探测器得到的图像数据，每个像素仅包括光谱的一部分，需要通过插值来实现每个像素的其他两个颜色分量值的计算。插值方法包括最邻近插值、双线性插值等。

（1）最邻近插值法。

最邻近插值法是将某个像素中缺少的颜色值用其周边最近的颜色值代替，从而达到插值效果。该方法的一个假设前提是各颜色值在整幅图中一般是缓慢变化的。

利用最邻近插值法进行逐点 Bayer 滤波时，都是以当前像素为左上角点，取包括

该点在内的2×2个像素点区域进行替代赋值。假设当前的像素点值为B，那么以B点为起始点的邻近4个像素的排布关系如图5.11所示。

图5.11　以B点为起始点的邻近4个像素的排布关系

根据最邻近插值法，左上角像素点的R值为红色像素值，G值为其下方绿色像素值，B值为其当前值。其他情况，以此类推。

由于最邻近插值法没有考虑各个像素点之间的相关性与差异性，因此在图像边缘等颜色跳变较大的区域会出现马赛克现象。

（2）双线性插值法。

双线性插值法是将相邻像素的均值作为该像素缺少的颜色值。

利用双线性插值法进行逐点Bayer滤波时，都是以当前像素为中心点，取包括该点在内的3×3个像素点区域进行相应的插值计算。按照Bayer彩色滤波4种阵列排列方式，在进行逐点双线性插值计算时，根据当前像素位置的不同，存在4种可能方式，如图5.12所示。

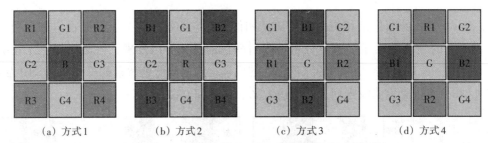

（a）方式1　　　　（b）方式2　　　　（c）方式3　　　　（d）方式4

图5.12　Bayer彩色滤波4种阵列排列方式（3×3阵列）

① 方式1中间像素的颜色值计算公式如下：

$$\begin{cases} R = \dfrac{R1 + R2 + R3 + R4}{4} \\ G = \dfrac{G1 + G2 + G3 + G4}{4} \\ B = B \end{cases} \tag{5.19}$$

② 方式2中间像素的颜色值计算公式如下：

$$\begin{cases} R = R \\ G = \dfrac{G1 + G2 + G3 + G4}{4} \\ B = \dfrac{B1 + B2 + B3 + B4}{4} \end{cases} \tag{5.20}$$

③ 方式3中间像素的颜色值计算公式如下：

$$
\begin{cases}
R = \dfrac{R1 + R2}{2} \\
G = G \\
B = \dfrac{B1 + B2}{2}
\end{cases}
\tag{5.21}
$$

④ 方式4中间像素的颜色值计算公式如下：

$$
\begin{cases}
R = \dfrac{R1 + R2}{2} \\
G = G \\
B = \dfrac{B1 + B2}{2}
\end{cases}
\tag{5.22}
$$

由于人眼对绿光反应最为敏感，在不考虑计算量、运算速度的情况下，需要对上述绿值计算公式进行进一步修正，这里就不详细展开叙述了，感兴趣的读者可以查阅相关文献。

上述转换也可以由OpenCV的cvtColor函数实现。

5.2.5　白平衡校正

在理想情况下，纯白色物体在RGB颜色空间成像，其红、绿、蓝三个通道的值理论上应该相同或接近；而在发生偏色情况下，其红、绿、蓝三个通道的值的比例发生了变化，不再接近。白平衡校正的目的是通过分析图像中理论上为白色的成像区域的红、绿、蓝三个通道的比例关系，进行反比例调整，以达到色偏校正。用于白平衡校正的算法有很多种，本节仅提供一种简单的算法作为参考，其基本步骤如下。

（1）选定图像中理论上为白色或接近白色的物体。

（2）读取该白色区域内其中一个点的红、绿、蓝三个通道的灰度值，分别记作R，G，B。

（3）将R，G，B三个通道的中间值记为M。

（4）按照式（5.23）计算红、绿、蓝三个通道的调整系数：

$$
\begin{cases}
f_R = \dfrac{M}{R} \\
f_G = \dfrac{M}{G} \\
f_B = \dfrac{M}{B}
\end{cases}
\tag{5.23}
$$

式中，f_R，f_G，f_B分别为红、绿、蓝三个通道的调整系数。

（5）遍历整幅图像，对每个像素的红、绿、蓝值按照式（5.24）进行调整，完成白平衡校正：

$$
\begin{cases}
G_R(x, y) = G_R(x, y) f_R \\
G_G(x, y) = G_R(x, y) f_G \\
G_B(x, y) = G_R(x, y) f_B
\end{cases}
\tag{5.24}
$$

式中，$G_R(x, y)$，$G_G(x, y)$，$G_B(x, y)$分别为像素点（x，y）的红、绿、蓝通道的灰度值。

注意：在实际使用该算法的过程中，为了避免图像中随机噪声的影响，步骤（2）中白色区域的选点可以替换为以该点为中心的一个小区域；另外，在白色区域的选取过程中，应避免饱和或亮度不足区域。

5.2.6 相关实例演练

5.2.6.1 色彩空间转换

本节将结合实例5.3，对以上所述的色彩空间转换的编程实现进行介绍。

（1）界面布局。

创建基于MFC的对话框工程，工程名为"CColorConvertDlg"，其界面布局如图5.13所示。

图5.13 实例5.3界面布局

（2）控件设置。

按照表5.4对该对话框中的控件进行设置。

表5.4 实例5.3控件设置

序号	控件名称	控件ID	关联变量	响应函数	其他设置
1	图像路径Edit控件	IDC_EDT_FILEPATH	m_strFilePath	—	—
2	浏览Button控件	IDC_BTN_BROWSER	—	OnBnClickedBtnBrowser()	—
3	RGB转HSI Button控件	IDC_BTN_RGB2HSI	—	OnBnClickedBtnRgb2hsi()	—
4	HSI转RGB Button控件	IDC_BTN_HSI2RGB	—	OnBnClickedBtnHsi2rgb()	—
5	RGB转Gray Button控件	IDC_BTN_RGB2GRAY	—	OnBnClickedBtnRgb2gray()	—
6	Gray转RGB Button控件	IDC_BTN_GRAY2RGB	—	OnBnClickedBtnGray2rgb()	—
7	Bayer滤波 Button控件	IDC_BTN_BAYER	—	OnBnClickedBtnBayer()	—

（3）主要代码实现。

"浏览"按钮响应函数为 OnBnClickedBtnBrowser，用于待转换图像路径的获取。相应实现代码如下：

```
//1.浏览图像
CFileDialog dlgFile(true, "bmp", "*.bmp", OFN_FILEMUSTEXIST | OFN_ALLOWMULTISELECT,
    "jpg Files(*.jpg)|*.jpg|RAW Files(*.raw)|*.raw|bmp Files(*.bmp)|*.bmp||", this);
if (dlgFile.DoModal() == IDOK)
{
    m_strFilePath = dlgFile.GetPathName();
    UpdateData(false);
}
```

"RGB 转 HSI"按钮响应函数为 OnBnClickedBtnRgb2hsi，主要用于将图像从 RGB 空间转换到 HSI 空间。然后调用 split 函数将 HSI 空间图像的色度、亮度、饱和度通道进行拆分与显示。相应实现代码如下：

```
void CColorConvertDlg::OnBnClickedBtnRgb2hsi()
{
    // TODO: 在此添加控件通知处理程序代码
    //1.判断路径有效性
    if (m_strFilePath=="")
    {
        AfxMessageBox("图像路径不能为空！");
        return;
    }
    //2.读取图像
    Mat imgSrc, imgDst;
    imgSrc = imread(m_strFilePath.GetBuffer(0), IMREAD_ANYDEPTH | IMREAD_ANYCOLOR);
    //3.RGB 到 HSI 转换
    if (imgSrc.channels()!=3)
    {
        AfxMessageBox("选定的图像应为3通道彩色图像！");
        return;
    }
    cvtColor(imgSrc, imgDst, COLOR_BGR2HLS); //RGB 到 HSI 转换
    //4.HSI 通道拆分处理：0通道为色度，1通道为亮度，2通道为饱和度
    vector<Mat> channels;
    channels.resize(3);
    split(imgDst, channels);
    //5.显示图像
    imshow("RGB 图像", imgSrc);
```

```
        imshow("HSI 图像", imgDst);
        imshow("HSI 色度 H 图像", channels.at(0));
        imshow("HSI 亮度 L 图像", channels.at(1));
        imshow("HSI 饱和度 S 图像", channels.at(2));
    }
```

"HSI 转 RGB"按钮响应函数为 OnBnClickedBtnHsi2rgb，主要用于将图像从 HSI 空间转换到 RGB 空间。然后调用 split 函数将 RGB 空间图像的红、绿、蓝通道进行拆分与显示。相应实现代码如下：

```
void CColorConvertDlg::OnBnClickedBtnHsi2rgb()
{
    // TODO: 在此添加控件通知处理程序代码
    //1. 判断路径有效性
    if (m_strFilePath == "")
    {
        AfxMessageBox("图像路径不能为空！");
        return;
    }
    Mat imgSrc, imgDst;
    //2. 读取图像
    imgSrc = imread(m_strFilePath.GetBuffer(0), IMREAD_ANYDEPTH | IMREAD_ANYCOLOR);
    //3.HSI 到 RGB 转换
    if (imgSrc.channels()!= 3)
    {
        AfxMessageBox("选定的图像应为 3 通道彩色图像！");
        return;
    }
    cvtColor(imgSrc, imgDst, COLOR_HLS2BGR); //HSI 到 RGB 转换
    //4.RGB 通道拆分处理：0 通道为红，1 通道为绿，2 通道为蓝
    vector<Mat> channels;
    channels.resize(3);
    split(imgDst, channels);
    //5. 显示图像
    imshow("HSI 图像", imgSrc);
    imshow("RGB 图像", imgDst);
    imshow("RGB 蓝色通道图像", channels.at(0));
    imshow("RGB 绿色通道图像", channels.at(1));
    imshow("RGB 红色通道图像", channels.at(2));
}
```

"RGB 转 Gray"按钮响应函数为 OnBnClickedBtnRgb2gray，主要用于将图像从

RGB空间转换到灰度空间，并将转换结果进行显示。相应实现代码如下：

```
void CColorConvertDlg::OnBnClickedBtnRgb2gray()
{
    // TODO: 在此添加控件通知处理程序代码
    //1.判断路径有效性
    if (m_strFilePath == "")
    {
        AfxMessageBox("图像路径不能为空！");
        return;
    }
    Mat imgSrc, imgDst;
    //2.读取图像
    imgSrc = imread(m_strFilePath.GetBuffer(0), IMREAD_ANYDEPTH | IMREAD_ANYCOLOR);
    //3.RGB到灰度转换
    if (imgSrc.channels() != 3)
    {
        AfxMessageBox("选定的图像应为3通道彩色图像！");
        return;
    }
    cvtColor(imgSrc, imgDst, COLOR_BGR2GRAY); //RGB到灰度转换
    //4.显示图像
    imshow("RGB图像", imgSrc);
    imshow("灰度图像", imgDst);
}
```

"Gray转RGB"按钮响应函数为OnBnClickedBtnGray2rgb，主要用于将图像从灰度空间转换到RGB空间，并将转换结果进行显示。相应实现代码如下：

```
void CColorConvertDlg::OnBnClickedBtnGray2rgb()
{
    // TODO: 在此添加控件通知处理程序代码
    //1.判断路径有效性
    if (m_strFilePath == "")
    {
        AfxMessageBox("图像路径不能为空！");
        return;
    }
    Mat imgSrc, imgDst;
    //2.读取图像
    imgSrc = imread(m_strFilePath.GetBuffer(0), IMREAD_ANYDEPTH | IMREAD_ANYCOLOR);
    //3.RGB到灰度转换
```

```
        if (imgSrc.channels()!= 1)
        {
            AfxMessageBox("选定的图像应为单通道灰度图像！");
            return;
        }
        cvtColor(imgSrc, imgDst, COLOR_GRAY2BGR); //灰度到BGR转换
        //4.显示图像
        imshow("灰度图像", imgSrc);
        imshow("RGB图像", imgDst);
        //保存图像
        CFileDialog dlgFile(false, "bmp", "*.bmp", OFN_HIDEREADONLY|OFN_OVERWRITEPROMPT,
"png Files(*.png)|*.png|jpg Files(*.jpg)|*.jpg|bmp Files(*.bmp)|*.bmp||", this);
        if (dlgFile.DoModal() == IDOK)
        {
            m_strFilePath = dlgFile.GetPathName();
            imwrite(m_strFilePath.GetBuffer(0), imgDst);
            MessageBox("保存成功");
        }
    }
```

"Bayer 滤波" 按钮响应函数为 OnBnClickedBtnBayer，主要用于将图像从 Bayer 空间转换到 RGB 空间，并将转换结果进行显示。相应实现代码如下：

```
void CColorConvertDlg::OnBnClickedBtnBayer()
{
    // TODO: 在此添加控件通知处理程序代码
    //1.判断路径有效性
    if (m_strFilePath == "")
    {
        AfxMessageBox("图像路径不能为空！");
        return;
    }
    //2.初始化 Raw 格式图像尺寸
    unsigned int uiImgWid = 1024;       //Raw格式图像宽度
    unsigned int uiImgHei = 1024;       //Raw格式图像高度
    unsigned int uiPixel = 1;           //Raw格式图像单像素所占字节数
    //3.分配图像缓存空间
    Mat imgSrc, imgDst;
    imgSrc.create(Size(uiImgWid, uiImgHei), CV_8UC1);
    imgDst.create(Size(uiImgWid, uiImgHei), CV_8UC3);
    //4.读取 Raw 格式图像数据（Bayer 编码数据）
    unsigned char *pImgBuf;
```

pImgBuf = imgSrc.data;

FuncImgRawRead(m_strFilePath, uiImgWid, uiImgHei, uiPixel, pImgBuf);

//5.Bayer 图像到彩色图像的转换

cvtColor(imgSrc, imgDst, COLOR_BayerBG2BGR);

//6.显示图像

imshow("Bayer 图像", imgSrc);

imwrite("D:\\Bayer 灰度图像.bmp", imgSrc);

imshow("RGB 图像", imgDst);

//7.保存图像

CFileDialog dlgFile(false, "bmp", "*.bmp", OFN_HIDEREADONLY|OFN_OVERWRITEPROMPT,

　　"png Files(*.png)|*.png|jpg Files(*.jpg)|*.jpg|bmp Files(*.bmp)|*.bmp||", this);

if (dlgFile.DoModal() == IDOK)

{

　　m_strFilePath = dlgFile.GetPathName();

　　imwrite(m_strFilePath.GetBuffer(0), imgDst);

　　MessageBox("保存成功");

}

}

OnBnClickedBtnBayer 函数通过调用 FuncImgRawRead 函数实现 Raw 格式图像的读取。相应实现代码如下：

int CColorConvertDlg::FuncImgRawRead(CString strFilePath, unsigned int uiImgWid,

　　　　　　　　　　　　　　　unsigned int uiImgHei, unsigned int uiPixel,

　　　　　　　　　　　　　　　unsigned char* pImgBuf)

{

　　//边界条件判断

　　if (uiPixel!=1) //uiPixel 为图像像素所占用的字节数，本函数只处理 uiPixel=1 的 Raw 格式图像

　　{

　　　　return −1;

　　}

　　//图像文件读取

　　FILE *fpw = fopen(strFilePath.GetBuffer(0), "rb");

　　if (fpw == NULL)

　　{

　　　　return −2;

　　}

　　//读取图像数据

　　int iImgSize = uiImgWid * uiImgHei*uiPixel;

　　fread(pImgBuf, iImgSize, 1, fpw);

　　fclose(fpw);

```
        return 1;
    }
```

需要说明的是，所谓Raw格式图像，一般是没有图像信息头、只有图像数据的文本文件。那么，在进行Raw格式图像读取前，首先要知道Raw图像的图像分辨率与位深，然后以文本文件的方式进行图像数据的读取。例如，实例5.3文件夹中提供的Bayer格式示例图像"Bayer1024_1024_1原图.Raw"的图像宽度为1024、图像高度为1024、图像位深为1。

本节代码主要涉及如下知识点及注意事项。

① 变量在定义后要进行初始化赋值，避免因野值导致程序异常。

② 图像数据或文件在读取前，需要为图像结构体及图像数据分配相应的内存空间。对于图像数据尺寸不确定的情况，可尽量申请足够大的内存空间。由于大块内存申请有时耗时较长，因此对于涉及循环读取图像序列的情况，应在循环开始之前进行内存空间申请，避免因申请耗时过长或申请失败而影响程序的处理时序乃至程序崩溃。

③ 申请完内存空间，应在使用完毕后进行内存空间释放，以避免内存泄漏及因内存泄漏严重时导致的计算机系统崩溃。内存申请与释放语句应成对出现，如用new进行内存申请，后面应该用delete进行释放；如用malloc进行内存申请，后面应该用free进行释放。对于采用OpenCV mat矩阵进行图像处理的情况，由于其内部具有自动释放机制，因此可以不用考虑内存释放问题。

④ OpenCV读取的彩色图像默认的通道顺序为BGR，与常规的通道顺序（RGB）的红、蓝通道相反，在进行相关读取操作时应注意这一点。

（4）运行效果展示。

运行程序，点击"浏览"按钮，选择图片后，进行相应的色彩空间变换与现实。实例5.3运行界面如图5.14所示。

图5.14　实例5.3运行界面

点击"浏览"按钮，选择实例5.3文件夹中的"RGB图像.bmp"，点击"RGB转HSI"按钮，则依次弹出原始的RGB图像、转换的HSI图像，以及HSI的色度、亮度、饱和度相应通道图像，如图5.15所示。

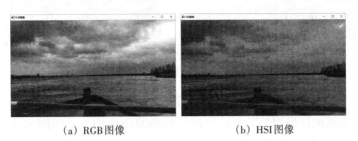

（a）RGB图像　　　　　　　　　　（b）HSI图像

（c）色度图像　　　　　　（d）亮度图像　　　　　　（e）饱和度图像

图5.15　RGB图像转换到HSI图像结果

点击"浏览"按钮，选择实例5.3文件夹中的"HSI图像.bmp"，点击"HSI转RGB"按钮，则依次弹出原始的HSI图像、转换的RGB图像，以及RGB的红、绿、蓝相应通道图像，如图5.16所示。

（a）HSI图像　　　　　　　　　　（b）RGB图像

（c）R通道图像　　　　　　（d）G通道图像　　　　　　（e）B通道图像

图5.16　HSI图像转换到RGB图像结果

点击"浏览"按钮，选择实例5.3文件夹中的"RGB图像.bmp"，点击"RGB转Gray"按钮，则依次弹出原始的RGB图像、转换的灰度图像，如图5.17所示。

（a）RGB图像   （b）灰度图像

图5.17   RGB图像转换到灰度图像结果

点击"浏览"按钮，选择实例5.3文件夹中的"灰度图像.bmp"，点击"Gray转RGB"按钮，则依次弹出原始的灰度图像、转换的RGB图像，如图5.18所示。

（a）灰度图像   （b）RGB图像

图5.18   灰度图像转换到RGB图像结果

经过灰度图像到RGB的转换，虽然从感观上看仍为灰度图像［如图5.18（b）所示］，但是图像的位深已从原来的单通道灰度图像转换为三通道彩色图像，如图5.19所示。

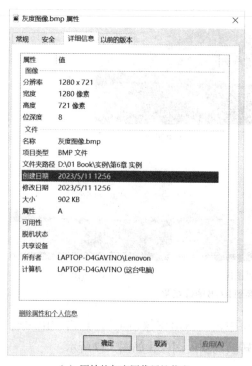

（a）原始的灰度图像属性信息   （b）转换的RGB图像属性信息

图5.19   灰度图像转换到RGB图像前后的属性信息

点击"浏览"按钮，选择实例5.3文件夹中的"Bayer1024_1024_1原图.Raw"，点击"Bayer滤波"按钮，则依次弹出原始的Bayer图像、转换的RGB图像，如图5.20所示。

(a) Bayer图像   (b) RGB图像

图5.20   Bayer图转换到RGB图像结果

从图5.20中可以看出，经过Bayer滤波处理后，实现了从Bayer图像到RGB图像的转变。但是从图5.20（b）中可以看出，转换后的彩色图像存在一定的偏色，这与Bayer滤波转换算法无关，此种情况一般是由相机参数设置或其光学系统膜系偏差导致的。因此，要想较好地还原颜色本身，还需要对图像进行白平衡校正。

5.2.6.2   白平衡校正

本节将结合实例5.4，对白平衡校正的编程实现进行介绍。

（1）界面布局。

创建基于MFC的对话框工程，工程名为"WhiteBalanceDlg"，其界面布局如图5.21所示。

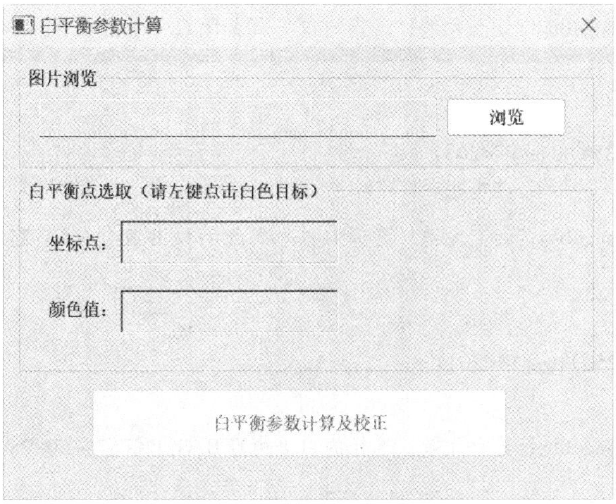

图5.21   实例5.4界面布局

（2）控件设置。

按照表5.5对该对话框中的控件进行设置。

表5.5　实例5.4控件设置

序号	控件名称	控件ID	关联变量	响应函数
1	图像路径Edit控件	IDC_EDT_FILEPATH	m_strFilePath	—
2	浏览Button控件	IDC_BTN_BROWSER	—	OnBnClickedBtnBrowser（）
3	白色参考点坐标点Static控件	IDC_STATIC_WB_POS	m_strPos	—
4	白色参考点颜色值Static控件	IDC_STATIC_WB_COLOR	m_strColor	—
5	白平衡参数计算及校正Button控件	IDC_BTN_WBPARAM_CALC	—	OnBnClickedBtnWbparamCalc（）

（3）主要代码实现。

以下仅给出"白平衡参数计算及校正"按钮响应函数（OnBnClickedBtnWbparam-Calc）的实现代码。其他部分代码，读者可查阅源程序，此处不再详细介绍。

首先对选取的参考点的灰度值进行判断。为了防止参考点处于饱和区域或灰度过暗区域，应对其灰度值进行判断，对于不满足条件的，程序将返回，不能进行白平衡参数计算及校正。相应实现代码如下：

```
void CWhiteBalanceDlg::OnBnClickedBtnWbparamCalc（）
{
    // TODO: 在此添加控件通知处理程序代码
    //1.判断白平衡点选择的有效性
    if((m_iR>=255)||(m_iR<20))
    {
        AfxMessageBox("选点无效！选择的白平衡点R，G，B值应在50-254之间！");
        return;
    }
    if((m_iG>=255)||(m_iG<20))
    {
        AfxMessageBox("选点无效！选择的白平衡点R，G，B值应在50-254之间！");
        return;
    }
    if((m_iB>=255)||(m_iB<20))
    {
        AfxMessageBox("选点无效！选择的白平衡点R，G，B值应在50-254之间！");
        return;
    }
```

计算选取参考点的红、绿、蓝三个通道灰度值的中间值。相应实现代码如下：

```
//2.计算白平衡参数
//2.1查找红、绿、蓝三通道中间值
int iMin = 255;
int iMax = 0;
int iGray[3];
iGray[0] = m_iR;
iGray[1] = m_iG;
iGray[2] = m_iB;
//冒泡法排序
for(int i = 0; i < 2; i++)
{
    for(int j = 0; j < 2-i; j++)
    {
        if(iGray[j]>iGray[j+1])
        {
            int temp = iGray[j];
            iGray[j] = iGray[j+1];
            iGray[j+1] = temp;
        }
    }
}
```

利用中间值及参考点的红、绿、蓝通道的灰度值进行比例系数计算。相应实现代码如下：

```
//2.2 计算三通道调整比例
int iMedian = iGray[1];
float fRFactor = (float)iMedian/(float)m_iR;
float fGFactor = (float)iMedian/(float)m_iG;
float fBFactor = (float)iMedian/(float)m_iB;
//2.3 输出计算结果
CString strResult;
strResult.Format("计算结果为：Red=%.1f, Green=%.1f, Blue=%.1f", fRFactor, fGFactor, fBFactor);
MessageBox(strResult);
```

对整幅图像进行遍历、校正。相应实现代码如下：

```
//3.图像校正
Mat matDst;
std::vector<Mat> channels;
channels.resize(3);
```

```
    split(m_Src, channels);
    //颜色通道矫正
    float fFactB = 0.68;
    float fFactG = 0.58;
    float fFactR = 1.0;
    for (int j = 0; j < m_Src.rows; j++)
    {
        uchar *pSrcB = channels.at(0).ptr<uchar>(j);
        uchar *pSrcG = channels.at(1).ptr<uchar>(j);
        uchar *pSrcR = channels.at(2).ptr<uchar>(j);
        for (int i = 0; i < m_Src.cols; i++)
        {
            //蓝色通道校正
            int iTmpB;
            iTmpB = (int)((float)pSrcB[i] * fFactB);
            pSrcB[i] = iTmpB < 255 ? iTmpB : 255;
            //绿色通道校正
            int iTmpG;
            iTmpG = (int)((float)pSrcG[i] * fFactG);
            pSrcG[i] = iTmpG < 255 ? iTmpG : 255;
            //红色通道校正
            int iTmpR;
            iTmpR = (int)((float)pSrcR[i] * fFactR);
            pSrcR[i] = iTmpR < 255 ? iTmpR : 255;
        }
    }
```

按照需要，对校正后的图像进行存储。相应实现代码如下：

```
merge(channels, matDst);
    imshow("白平衡校正后图像", matDst);
    //4.保存图像
    CFileDialog dlgFile(false, "bmp", "*.bmp", OFN_HIDEREADONLY|OFN_OVERWRITEPROMPT,
        "png Files(*.png)|*.png|jpg Files(*.jpg)|*.jpg|bmp Files(*.bmp)|*.bmp||", this);
    if (dlgFile.DoModal() == IDOK)
    {
        m_strFilePath = dlgFile.GetPathName();
        imwrite(m_strFilePath.GetBuffer(0), matDst);
        MessageBox("保存成功");
    }
}
```

运行实例5.4，点击"浏览"按钮，选择实例5.3生成的Bayer滤波后的RGB图像［图5.20（b）］作为白平衡校正的输入图像，并对该图像进行读取和显示。人为认定图像中"保障有力"标语的背景为白色，并将这些背景作为白色校正的参考点。用鼠标左键点击"力"字的白色背景，则在界面的中间部分，相应地显示出该点在图像中对应的像素坐标及相应的颜色值，如图5.22所示。然后点击"白平衡参数计算及校正"按钮，完成白平衡参数的计算及校正。

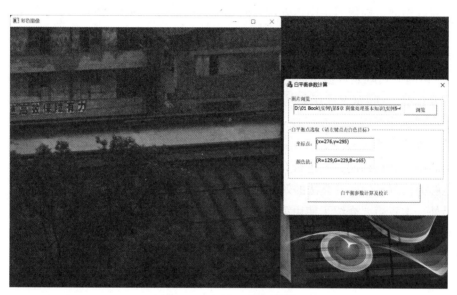

图5.22　实例5.4运行效果

对图5.20（b）进行白平衡校正的前后效果如图5.23所示。

（a）色偏图像　　　　　　　　　　　　　（b）白平衡校正后图像

图5.23　对图5.20（b）进行白平衡校正的前后效果

从图5.23可以看出，白平衡校正前的图像整体偏绿，白平衡校正后的图像颜色得到了较好的还原。

6 图像数据访问

图像数据的正确访问是图像处理、问题分析的前提。按照访问方式封装程度的不同，大体上可以分为 C++访问方式、OpenCV 库函数访问方式两类，每类又可分为多种不同的访问方法。

C++访问方式既是数据访问的基础，也是理解图像数据排列、索引、访问效率优化的重要途径。OpenCV 库函数访问方式是在 C++的基础上进行了更高级的封装，且进行了内部优化。因此，基于 OpenCV 库函数的访问方式更易于理解，且代码实现更为简洁。本章分别从 C++访问方式与 OpenCV 库函数访问方式两个角度，对图像处理中常用的图像数据访问方式进行介绍，并对其访问效率进行比较。希望通过本章的讲解，能够为读者日后研发算法的效率优化提供一定的启发。

另外，本章简要介绍了使用第三方软件进行图像数据访问的方法，以满足在某些需要脱离代码环境对图像文件数据进行查看的特定场合需求。

6.1 C++访问方式

一幅图像数据被读入内存后，系统会为其开辟一块连续的存储空间用于存放数据。虽然一幅图像可以被理解为一个二维矩阵，但是在物理层面上它是以一维数据的方式依次排列的。对图像数据的访问，按照索引方式的不同，可以分为两种访问方式：数组和指针。

为了便于说明，以下均假设被访问图像的宽度为 ImgW、高度为 ImgH。

6.1.1 数组访问方式

6.1.1.1 8位灰度图像的访问

设存放图像数据的数组首地址为 ImgArray，数组数据类型为 unsigned char，8 位灰度图像数组访问示例如下：

```
for (int j = 0; j < uiImgH; j++)
{
    for (int i = 0; i < uiImgW; i++)
    {
        unsigned char ucTemp = ImgArray[j*uiImgW+i];
    }
}
```

6.1.1.2　16位灰度图像的访问

对于16位灰度图像，每个像素占2个字节。在为其分配数组时，可以直接将其定义为双字节类型，如unsigned short型；也可以忽略图像位深的差异，整个工程统一将数据缓存数组类型定义为unsigned char型，以便于整个工程对不同位深数据的兼容。下面分别给出unsigned short型图像数据数组ImgArray的访问方式及unsigned char型图像数据数组ImgArray的访问方式。

unsigned short型图像数据数组ImgArray的访问示例如下：

```
for (int j = 0; j < uiImgH; j++)
{
    for (int i = 0; i < uiImgW; i++)
    {
        unsigned short ucTemp = ImgArray[j*uiImgW+i];
    }
}
```

unsigned char型图像数据数组ImgArray的访问示例如下：

```
for (int j = 0; j < uiImgH; j++)
{
    for (int i = 0; i < uiImgW; i++)
    {
        unsigned short ucTemp = (unsigned short)ImgArray[j * uiImgW * 2 + i * 2] +
                              (unsigned short)ImgArray[j * uiImgW * 2 + i * 2 + 1] * 256;
    }
}
```

上述两种访问方式得到的结果一致。第一种访问方式由于不涉及高、低字节的组合计算，访问效率较高。第二种访问方式虽然效率较低，但是在工程中，考虑到面对不同数据位深程序的扩展性与复用性，一般统一将图像数据申请为unsigned char类型（即以单字节为单位存储）。因此，相比之下，第二种访问方式应用较多。

另外，从第二种访问方式中也可以看出，图像数据的存储一般是低字节在前、高字节在后，有特殊要求的情况除外。

6.1.1.3　24位彩色图像的访问

对于24位彩色图像，每个像素占3个字节。在为其分配数组时，可以直接将其定义为unsigned char型。设存放图像数据的数组首地址为ImgArray，24位彩色图像数组访问示例如下：

```
for (int j = 0; j<uiImgH; j++)
{
    for (int i = 0; i < uiImgW; i++)
    {
```

```
        unsigned char ucTempR = ImgArray[j*uiImgW * 3 + i * 3];
        unsigned char ucTempG = ImgArray[j*uiImgW * 3 + i * 3 + 1];
        unsigned char ucTempB = ImgArray[j*uiImgW * 3 + i * 3 + 2];
    }
}
```

24位彩色图像中，每个像素值都是以红、绿、蓝顺序排布的。这与 OpenCV 存放彩色数据的 Mat 的通道顺序刚好相反，这点在实际数据处理时应注意区分。

6.1.2 指针访问方式

6.1.2.1 8位灰度图像的访问

设存放图像数据的首地址为 ImgArray，指针数据类型为 unsigned char，8位灰度图像指针访问示例如下：

```
unsigned char *pSrc = pImgArray;              //将指针 pSrc 指向图像数据首地址
for (int j = 0; j < uiImgH; j++)
{
    for (int i = 0; i < uiImgW; i++)
    {
        unsigned char ucTemp = *pSrc;         //指针所指像素位置数据读取
        pSrc++;                               //指针指向下一个地址
    }
}
```

6.1.2.2 16位灰度图像的访问

对于16位灰度图像，每个像素占2个字节。在为其分配指针时，可以直接将其定义为双字节类型，如 unsigned short 型；也可以忽略图像位深的差异，整个工程统一将数据缓存指针类型定义为 unsigned char 型，以便于整个工程对不同位深数据的兼容。下面分别给出 unsigned short 型图像数据指针的访问方式及 unsigned char 型图像数据指针的访问方式。

unsigned short 型图像数据指针的访问示例如下：

```
unsigned short *pSrc = pImgArray2;
for (int j = 0; j < uiImgH; j++)
{
    for (int i = 0; i < uiImgW; i++)
    {
        unsigned short usTemp = *pSrc++;
    }
}
```

unsigned char型图像数据指针的访问示例如下：

```
unsigned char *pSrc = pImgArray;
for (int j = 0; j < uiImgH; j++)
{
    for (int i = 0; i < uiImgW; i++)
    {
        unsigned short usTemp = (unsigned short)(*pSrc++) +        //低字节在前
                                (unsigned short)(*pSrc++) *256;     //高字节在后
    }
}
```

6.1.2.3　24位彩色图像的访问

对于24位彩色图像，每个像素占3个字节。在为其分配数组时，可以直接将其定义为unsigned char型。设存放图像数据的数组首地址为ImgArray，24位彩色图像数组访问示例如下：

```
unsigned char *pSrc = pImgArray;
for (int j = 0; j < uiImgH; j++)
{
    for (int i = 0; i < uiImgW; i++)
    {
        unsigned char ucTempR = *pSrc++;
        unsigned char ucTempG = *pSrc++;
        unsigned char ucTempB = *pSrc++;
    }
}
```

6.1.3　两种访问方式的效率比较

经实测，数组访问方式的效率与指针访问方式的效率差异不大，整体上指针访问方式略慢于数组访问方式，而指针访问方式的优势是更灵活，代码更简洁。相关代码及耗时结果详见实例6.1。

图像的访问与像素的访问是图像处理的基础，在算法设计过程中，有时会面临一幅图像的多轮访问，那么在高速图像处理或对算法耗时要求较高的场合，图像访问效率的高低就显得尤为重要。以上仅就图像数据的访问方式对效率的影响进行了比较。除此之外，在算法设计时还应注意以下5点：

（1）尽量减少循环次数；

（2）在循环中尽量避免重复运算；

（3）在循环次数不变的情况下，尽量减少循环层数；

（4）在循环中尽量减少大块内存的申请与释放；

（5）算法调试完毕后，应切换至Release版本下运行，相比于Debug版本，其运行效率可提高几倍或几十倍。

6.2 OpenCV库函数访问方式

基于OpenCV库函数的数据访问方式，都是以数据矩阵Mat的数据索引为基础的，其访问方法有多种，以下仅给出常用的3种访问方式。

6.2.1 动态地址计算访问方式

动态地址计算访问方式是配合at函数实现访问的。实例6.1中给出的例子，包含了通过动态地址计算访问方式实现8位灰度、16位灰度、24位彩色图像的像素赋值与图片创建。

6.2.1.1 8位灰度图像的访问

8位灰度图像访问的示例代码如下：

```
for (int j = 0; j < imgSrc.rows; j++)
{
    for (int i = 0; i < imgSrc.cols; i++)
    {
        imgSrc.at<uchar>(j, i) = (uchar)i;
    }
}
```

上述代码实现了采用at函数对图像矩阵imgSrc内像素进行逐个索引赋值。

6.2.1.2 16位灰度图像的访问

16位灰度图像访问的示例代码如下：

```
for (int j = 0; j < imgSrc.rows; j++)
{
    for (int i = 0; i < imgSrc.cols; i++)
    {
        imgSrc.at<ushort>(j, i) = (ushort)i;
    }
}
```

对于16位灰度图像，每个像素值占2个字节，因此采用ushort类型变量进行数据赋值。

需要特殊说明的是，成像仪器的红外图像一般为16位灰度图像（实际是14位，另外2字节为预留），对于16位灰度图像的处理在该领域的软件开发中经常被用到。而OpenCV自带的读（imread）、写（imshow）、显示（imwrite）函数等在不进行特殊处理的情况下无法正确读取、显示、存储16位灰度图像。因此，在实际程序开发中，对于16位灰度图像，一般不用OpenCV自带的读、写函数进行数据获取与写入，而是采用C++相关代码进行数据的相关转换后，再利用OpenCV的相关函数进行处理。对于16位灰度图像拉伸显示可以参考本书第9章中所述方法，将其转换为8位灰度图像后再进行显示。因此，实例6.1中关于16位灰度图像的显示效果可忽略。

6.2.1.3　24位彩色图像的访问

24位彩色图像访问的示例代码如下：

```
for (int j = 0; j < imgSrc.rows; j++)
{
    for (int i = 0; i < imgSrc.cols; i++)
    {
        imgSrc.at<Vec3b>(j, i)[0] = (uchar)i;
        imgSrc.at<Vec3b>(j, i)[1] = (uchar)i*5;
        imgSrc.at<Vec3b>(j, i)[2] = (uchar)i*10;
    }
}
```

24位彩色图像为三通道图像数据，采用Vec3b类型进行彩色图像的数据访问。

6.2.2　指针访问方式

用指针访问像素的方式是利用C语言中的操作符，这种方式比动态地址计算访问方式的速度快，但是没有动态地址计算的索引方式直观。实例6.1中给出的例子，包含了通过指针访问方式实现8位灰度、16位灰度、24位彩色图像的像素赋值与图片创建。

6.2.2.1　8位灰度图像的访问

8位灰度图像访问的示例代码如下：

```
for (int j = 0; j < imgSrc.rows; j++)
{
    uchar *pSrc = imgSrc.ptr<uchar>(j);
    for (int i = 0; i < imgSrc.cols; i++)
    {
        pSrc[i] = (uchar)i;
    }
}
```

这种方式是先将每个图像数据的首地址赋值给pSrc指针，再以pSrc[i]的方式进行逐个像素访问。

6.2.2.2　16位灰度图像的访问

16位灰度图像访问的示例代码如下：

```
for (int j = 0; j < imgSrc.rows; j++)
{
        ushort *pSrc = imgSrc.ptr<ushort>(j);
        for (int i = 0; i < imgSrc.cols; i++)
        {
                pSrc[i] = (ushort)i;
        }
}
```

对于16位灰度图像，每个像素值占2个字节，因此采用ushort类型变量进行数据赋值。

6.2.2.3　24位彩色图像的访问

24位彩色图像访问的示例代码如下：

```
for (int j = 0; j < imgSrc.rows; j++)
{
        Vec3b *pSrc = imgSrc.ptr<Vec3b>(j);
        for (int i = 0; i < imgSrc.cols; i++)
        {
                pSrc[i][0] = (uchar)i;
                pSrc[i][1] = (uchar)i*5;
                pSrc[i][2] = (uchar)i*10;
        }
}
```

24位彩色图像为三通道图像数据，采用Vec3b类型进行彩色图像的数据访问。

6.2.3　迭代器访问方式

迭代器访问方式采用迭代器进行图像访问。这种方式与STL库的用法类似，在迭代中，仅需获取图像矩阵的初始位置与终止位置，即可实现对整幅图像的访问。实例6.1中给出的例子，包含了通过迭代器访问方式实现8位灰度、16位灰度、24位彩色图像的像素赋值与图片创建。

6.2.3.1　8位灰度图像的访问

8位灰度图像访问的示例代码如下：

```
Mat_<uchar>::iterator itStart = imgSre.begin<uchar>();       //获取初始位置
Mat_<uchar>::iterator itEnd = imgSrc.end<uchar>();           //获取终止位置
int n = 0;
for (; itStart != itEnd;++itStart, n++)                      //图像数据赋值
```

```
    {
        (*itStart) = (uchar)n;
    }
```

6.2.3.2   16位灰度图像的访问

16位灰度图像访问的示例代码如下：

```
Mat_<ushort>::iterator itStart = imgSrc.begin<ushort>( );    //获取初始位置
Mat_<ushort>::iterator itEnd = imgSrc.end<ushort>( );        //获取终止位置
int n = 0;
for (; itStart != itEnd; ++itStart, n++)                     //图像数据赋值
    {
        (*itStart) = (ushort)n;
    }
```

6.2.3.3   24位彩色图像的访问

24位彩色图像访问的示例代码如下：

```
Mat_<Vec3b>::iterator itStart = imgSrc.begin<Vec3b>( );    //获取初始位置
Mat_<Vec3b>::iterator itEnd = imgSrc.end<Vec3b>( );        //获取终止位置
int n = 0;
for (; itStart != itEnd; ++itStart, n++)                    //图像数据赋值
    {
        (*itStart)[0] = (uchar)n;
        (*itStart)[1] = (uchar)n*5;
        (*itStart)[2] = (uchar)n*10;
    }
```

6.2.4   三种访问方式的效率比较

三种访问方式因访问机制的不同，访问效率差异较为明显。迭代器访问方式因采用较少的循环层数，在实现同等功能下，访问速度最快，指针访问方式效率次之，动态地址计算访问方式效率最低。这种差异在Debug模式下较为明显，而在Release模式下差异变小。实测结果详见实例6.1。

综上所述，算法工程师在进行算法设计时，应结合项目实际情况，在代码的可读性、复用性、执行效率上进行合理权衡。

6.3   第三方软件方式

6.1和6.2两节都是在代码层面上对图像数据的访问方式进行介绍和比对。然而，在某些特殊场合，受限于操作者的作业能力或使用条件，无法以代码访问的方式对异

常图像文件进行直观判断。在这种情况下，可以借助于第三方软件对图像数据进行查看。以下为大家推荐一款较为实用的图像源码查看软件——UltraEdit，其查看界面如图6.1所示。

图6.1　UltraEdit图像源码查看界面

运行该软件，将待查看图片拖入该软件，即可显示整幅图像的数据源码（包括文件头、信息头等全部信息）。该软件配有按地址查找、按内容查找的功能，可以直观地查看图像文件的参数信息及图像指定位置的像素值。

7   图像数据显示

图像数据显示是检验图像处理结果及监视成像仪器工作状态的重要手段。因此，对于成像仪器相关软件的开发，图像显示是必不可少的一环。图像数据显示有多种方式，以下介绍几种典型的图像显示函数及用法，软件工程师在图像处理软件开发中可根据实际需要进行合理选择。

7.1   C++图像显示方式

7.1.1   StretchDIBits图像显示函数

StretchDIBits函数是C++中进行图像显示的最基本的函数，它具有自动缩放显示功能，可以根据显示控件的尺寸自动缩放。它的函数原型如下：

int StretchDIBits（HDC hdc，int XDest，int YDest，int nDestWidth，int nDestHeight，int XSrc，int YDst，int nSrcWidth，int nDstHeight，CONST VOID * lpBits，CONST BITMAPINFO * lpBitsInfo，UINT iUsage，DWORD dwRop）

各参数定义如下。

（1）hdc：设备目标环境句柄，可通过GetDC函数获得。

（2）XDest：指定绘制区域的左上角 x 坐标，以逻辑单位表示。

（3）YDest：指定绘制区域的左上角 y 坐标，以逻辑单位表示。

（4）nDestWidth：指定绘制区域宽度，以逻辑单位表示。

（5）nDestHeight：指定绘制区域高度，以逻辑单位表示。

（6）XSrc：指定图像中源矩形（左上角）的 x 坐标，以像素单位表示。

（7）YDst：指定图像中源矩形（左上角）的 y 坐标，以像素单位表示。

（8）nSrcWidth：指定图像中源矩形的宽度，以像素单位表示。

（9）nDstHeight：指定图像中源矩形的高度，以像素单位表示。

（10）lpBits：图像数据指针。

（11）lpBitsInfo：该图像BITMAPINFO结构的指针。

（12）iUsage：指定BITMAPINFO结构中的bmiColor是包含真实的RGB值还是调色板中的索引值。该参数有以下2种取值。

① DIB_PAL_COLORS：调色板中包含的是当前逻辑调色板的索引值。

② DIB_RGB_COLORS：调色板中包含的是真正的RGB数值，没有特殊使用要求时，此参数一般设定为该值。

（13）dwRop：指定绘制方式，其取值请查阅相关文档。没有特殊使用要求时，该参数一般取值为SRCCOPY。

StretchDIBits函数的典型调用示例详见实例7.1，主要实现代码如下：

```
CDC *pDC = GetDC();        //获取设备DC
CRect rc;
GetDlgItem(IDC_STATIC_IMGSHOW)->GetWindowRect(&rc);
ScreenToClient(&rc);
::SetStretchBltMode(pDC->GetSafeHdc(), COLORONCOLOR);
::StretchDIBits(pDC->GetSafeHdc(),
                rc.left, rc.top, rc.Width(), rc.Height(),
                0, 0, m_pBmpInfo->bmiHeader.biWidth, m_pBmpInfo->bmiHeader.biHeight,
                m_pImgBuf, m_pBmpInfo,
                DIB_RGB_COLORS, SRCCOPY);
ReleaseDC(pDC);            //释放设备DC
```

StretchDIBits函数在使用过程中应注意如下2点：

① 调用GetWindowRect函数获得绘图区域位置CRect rc后，应调用ScreenToClient()将rc的位置由原来的屏幕坐标转换为客户区坐标，即逻辑坐标；

② StretchDIBits函数一般要搭配SetStretchBltMode函数使用，才能实现自适应缩放显示。

7.1.2 DrawDibDraw图像显示函数

Windows操作系统提供了窗口视频（video for windows，VFW）组件。VFW中的DrawDibDraw函数可以替代StetchDIBits函数，它的优点是可以提高图像的显示速度。DrawDibDraw函数原型如下：

BOOL DrawDibDraw (HDRAWDIB hdd, HDC hdc, int xDst, int yDst, int dxDst, int dyDst, LPBITMAPINFOHEADER lpbi, LPVOID lpBits, int xSrc, int ySrc, int dxSrc, int dySrc, UINT wFlags);

各参数定义如下。

（1）hdd：DrawDib DC的句柄，通过DrawDibOpen函数获取。

（2）hdc：设备目标环境句柄，可通过GetDC函数获取。

（3）xDst：指定绘制区域的左上角x坐标，以逻辑单位表示。

（4）yDst：指定绘制区域的左上角y坐标，以逻辑单位表示。

（5）dxDst：指定绘制区域宽度，以逻辑单位表示。

（6）dyDst：指定绘制区域高度，以逻辑单位表示。

（7）lpbi：该图像LPBITMAPINFOHEADER结构的指针。

（8）lpBits：图像数据指针。

（9）xSrc：指定图像中源矩形（左上角）的x坐标，以像素单位表示。

（10）ySrc：指定图像中源矩形（左上角）的y坐标，以像素单位表示。

（11）dxSrc：指定图像中源矩形的宽度，以像素单位表示。

（12）dySrc：指定图像中源矩形的高度，以像素单位表示。

（13）wFlags：绘制方式。

调用DrawDibDraw函数前，需要进行如下准备。

（1）VFW库的引用配置，包括：头文件中"vfw.h"头文件的引用（#include <vfw.h>）；库文件"vfw32.lib"的引用，即在"属性页"→"链接器"→"输入"→"附加依赖项"中加入"vfw32.lib"，如图7.1所示。

（a）

（b）

图7.1　VFW库的引用配置

（1）定义 DrawDibDraw 函数显示句柄变量 HDRAWDIB m_DrawDib。

（2）调用 DrawDibOpen 函数，打开 DrawDibDraw 函数句柄。

完成上述准备后，即可实现 DrawDibDraw 函数的调用。相关调用示例详见实例
7.2，主要实现代码如下：

```
CDC *pDC = GetDC( ); //获取设备 DC
CRect rc;
GetDlgItem(IDC_STATIC_IMGSHOW)->GetWindowRect(&rc);
ScreenToClient(&rc);
DrawDibDraw(m_DrawDib, pDC->GetSafeHdc( ),
          rc.left,
          rc.top,
          rc.Width( ),
          rc.Height( ),
          &m_pBmpInfo->bmiHeader,
          m_pImgBuf,
          0, 0, m_pBmpInfo->bmiHeader.biWidth, m_pBmpInfo->bmiHeader.biHeight,
          DDF_BACKGROUNDPAL);
          ReleaseDC(pDC);   //释放设备 DC
```

相比于 StretchDIBits 函数，DrawDibDraw 函数具有两个优点：一是具有更高的显
示效率；二是其显示效率受显示窗口尺寸的影响较小，而 StretchDIBits 函数的显示效
率受窗口尺寸的影响较大。

7.2 OpenCV图像显示方式

相比于上述两种图像显示方式，OpenCV 的显示函数 imshow 函数的调用更为简单。
imshow 函数原型如下：

```
void imshow(const String & winname, InputArray mat);
```

各参数定义如下。

（1）winname：窗口名称，也是窗口标识。

（2）mat：待显示的图像数据。

imshow 函数的调用实例代码如下：

```
CFileDialog dlgFile(true, "bmp", "*.bmp", OFN_FILEMUSTEXIST | OFN_ALLOWMULTISELECT,
                "jpg Files(*.jpg)|*.jpg|PNG Files(*.png)|*.png|bmp Files(*.bmp)|*.bmp||", this);
if (dlgFile.DoModal( ) == IDOK)
{
    m_strFilePath = dlgFile.GetPathName( );
    UpdateData(false);
}
```

//2. 图像读取

Mat imgSrc = imread(m_strFilePath.GetBuffer(0), IMREAD_ANYDEPTH | IMREAD_ANYCOLOR);

//3. 图像显示

imshow("原始图像", imgSrc);

以上调用方法，无法实现显示窗口尺寸的自动调整；要想实现此功能，需要在调用 imshow 函数前调用 namedWindow 函数，且 imshow 函数窗口名称参数要与 namedWindow 函数窗口名称参数一致。相关代码如下：

namedWindow("原始图像", WINDOW_NORMAL);

imshow("原始图像", imgSrc);

直接运行上述代码，显示的图像窗口无法嵌套在工程界面中。要实现 imshow 函数显示内容嵌套在图像处理界面上，需要加入如下代码（详见实例7.3）：

```
void CExampleDIBDataDlg::OnBnClickedBtnBrowser()
{
    // TODO: 在此添加控件通知处理程序代码
    //1. 浏览图像
    CFileDialog dlgFile(true, "bmp", "*.bmp", OFN_FILEMUSTEXIST | OFN_ALLOWMULTISELECT,
                "jpg Files(*.jpg)|*.jpg|PNG Files(*.png)|*.png|bmp Files(*.bmp)|*.bmp||", this);
    if (dlgFile.DoModal() == IDOK)
    {
        m_strFilePath = dlgFile.GetPathName();
        UpdateData(false);
    }
    //2. 图像读取
    Mat imgSrc = imread(m_strFilePath.GetBuffer(0), IMREAD_ANYDEPTH | IMREAD_ANYCOLOR);
    //3. 图像显示
    //获取用于显示图像控件的位置
    CRect rc;
    GetDlgItem(IDC_STATIC_IMGSHOW)->GetWindowRect(&rc);
    //设置 imshow 显示窗口尺寸为显示图像控件尺寸
    namedWindow("原始图像", WINDOW_NORMAL);
    resizeWindow("原始图像", rc.Width(), rc.Height());
    //将 imshow 窗口设置为显示图像控件的子窗口
    HWND hWnd = (HWND)cvGetWindowHandle("原始图像");
    HWND hParent = ::GetParent(hWnd);
    ::SetParent(hWnd, GetDlgItem(IDC_STATIC_IMGSHOW)->m_hWnd);
    ::ShowWindow(hParent, SW_HIDE);
    //显示图像
    imshow("原始图像", imgSrc);
}
```

需要特殊说明的是，要实现 cvGetWindowHandle 函数的调用，需要在头文件中加入如下文件的引用：

#include<opencv2/highgui/highgui_c.h>

运行实例7.3，imshow 函数嵌入界面的显示效果如图7.2所示。

图7.2　实例7.3运行效果

8 　图形与字符叠加

　　图形与字符常常作为信息标识被叠加在图像处理软件的图像显示区域，以实时显示设备状态、标记关键目标位置等。图像与字符的叠加，是图像处理领域的一项重要的辅助手段。本章同样从VC++实现、OpenCV库函数实现两个角度分别介绍图像显示区域的图形叠加与字符叠加方法。

　　在图像处理软件中，常用的绘制图形包括直线的绘制、圆形的绘制、椭圆形的绘制、矩形的绘制、多边形的绘制。

　　字符的设置一般包括字符字体的设置、字符颜色的设置等。

8.1　VC++图形与字符叠加

　　Windows图形设备接口（graphic device interface，GDI）提供了在Windows操作系统下绘图的基本功能。要在Windows应用程序窗口中显示图形，必须使用GDI中的函数。而所有的绘制操作都是通过设备描述表（device contexts，DC）进行的。

8.1.1　VC++图形叠加

　　画笔和画刷是最常用的GDI对象。绘制图像时，画笔负责绘制图形区域的边界，而画刷负责填充所绘图形区域的内部。

8.1.1.1　画笔的创建与使用

　　画笔是用来绘制点、线和图形的对象。MFC的CPen类封装了GDI的画笔，利用该类可以绘制边界线的线型、线宽和颜色。

　　画笔的创建和使用过程如下。

　　（1）定义CPen类的画笔对象，如CPen myPen。

　　（2）调用CreatePen函数进行画笔创建，通过该函数可以定义图形的线型、线宽、颜色。

　　（3）调用SelectObject函数将该画笔选入当前的设备列表。

　　（4）利用该画笔进行图形绘制。

　　（5）图形绘制完毕后，调用SelectObject函数将画笔替换为原有的画笔指针。

　　（6）调用DeleteObject函数删除画笔。

　　以下代码展示了线型为虚线、线宽为1、颜色为红色的CPen类画笔的创建过程。

```
CDC *pDC = GetDC( );                            //获取设备DC
```

```
CPen myPen;
myPen.CreatePen(PS_DASH, 1, RGB(255, 0, 0));        //创建画笔
CPen *pOldPen;                                       //用于保存设备原有画笔指针
pOldPen = pDC->SelectObject(&myPen);                //将新创建画笔选入设备列表
pDC->Rectangle(10, 10, 100, 100);                   //用新创建画笔绘制图形
pDC->SelectObject(pOldPen);                         //恢复原有画笔
myPen.DeleteObject();                               //删除新建画笔
ReleaseDC(pDC);                                     //释放设备DC
```

8.1.1.2　画刷的创建与使用

画刷为用于在绘制封闭曲线时填充内部颜色的对象。MFC的CBrush类封装了GDI画刷，利用该类可以对封闭图形区域进行颜色填充或纹理填充。

画刷的创建和使用过程如下。

（1）定义CBrush类的画刷对象，如CBrush myBrush。

（2）调用CreateSolidBrush函数或CreateHatchBrush函数进行画刷创建，通过该函数可以定义图形填充的类型、颜色。其中，CreateSolidBrush函数用于纯色固体画刷创建；CreateHatchBrush函数用于纹理画刷创建。

（3）调用SelectObject函数将该画刷选入当前的设备列表。

（4）利用该画刷进行图形填充。

（5）图形绘制完毕后，调用SelectObject函数将画刷替换为原有的画刷指针。

（6）调用DeleteObject函数删除画刷。

以下代码展示了填充样式为HS_BDIAGONAL、颜色为蓝色的CBrush类画刷的创建过程：

```
CDC *pDC = GetDC();                                 //获取设备DC
CBrush myBrush;
myBrush.CreateHatchBrush(HS_BDIAGONAL, RGB(255, 0, 0));  //创建画刷
CPen *pOldBrush;                                    //用于保存设备原有画刷指针
pOldBrush = pDC->SelectObject(&myBrush);           //将新创建画刷选入设备列表
pDC->Rectangle(10, 10, 100, 100);                  //用新创建画刷绘制图形
pDC->SelectObject(pOldBrush);                      //恢复原有画刷
myBrush.DeleteObject();                            //删除新建画刷
ReleaseDC(pDC);                                    //释放设备DC
```

8.1.1.3　直线的绘制

直线的绘制由MoveTo函数与LineTo函数组合完成。MoveTo函数用于设置直线的起始点位置，LineTo函数用于设置直线的终点位置。

（1）MoveTo函数共包含以下2种重载形式。

① 重载形式一：

```
CPoint MoveTo(int x, int y);
```

其中，int x 为直线起始点的 x 坐标；int y 为直线起始点的 y 坐标。

② 重载形式二：

CPoint MoveTo(POINT point);

其中，POINT point 为直线起始点的坐标。

（2）LineTo 函数共包含以下 2 种重载形式。

① 重载形式一：

BOOL LineTo(int x, int y);

其中，int x 为直线终点的 x 坐标；int y 为直线终点的 y 坐标。

② 重载形式二：

BOOL LineTo(POINT point);

其中，POINT point 为直线终点的坐标。

MoveTo 函数与 LineTo 函数的坐标点参数均是以函数所属的 DC 对应控件矩形区域的左上角作为坐标原点。以实例 8.1 为例，其直线绘制的主要代码如下：

```
CWnd* pWnd = GetDlgItem(IDC_STATIC_IMGSHOW);
CDC *pSubDC = pWnd->GetDC();
//绘制直线
CPen myPen;
myPen.CreatePen(PS_SOLID, 3, RGB(255, 0, 0));          //创建画笔
CPen *pOldPen;                                          //保存设备原有画笔指针
pOldPen = pSubDC->SelectObject(&myPen);                //将新画笔选入设备列表
CPoint pt1 = CPoint(rc.Width() / 4, rc.Height() / 4 * 3);
CPoint pt2 = CPoint(rc.Width() / 4 * 3, rc.Height() / 4);
pSubDC->MoveTo(pt1.x, pt1.y);
pSubDC->LineTo(pt2.x, pt2.y);
pSubDC->SelectObject(pOldPen);                         //恢复原有画笔
myPen.DeleteObject();                                  //删除新建画笔
```

本实例是在图像显示区 Static 矩形控件 IDC_STATIC_IMSHOW 中完成直线绘制的。因此，首先获取控件 IDC_STATIC_IMSHOW 对应的 DC 指针 pSubDC，并将创建的画笔 myPen 通过 SelecObject 函数选入 pSubDC 的设备列表；然后依次调用 MoveTo 函数与 LineTo 函数，完成显示控件内直线的绘制。

8.1.1.4　椭圆形的绘制

椭圆的绘制由 Ellipse 函数完成，该函数共包含以下 2 种重载形式：

（1）重载形式一：

BOOL Ellipse(int x1, int y1, int x2, int y2);

其中，int x1 为外接矩形左上角点 x 坐标；int y1 为外接矩形左上角点 y 坐标；int x2 为

外接矩形右下角点 x 坐标；int y2 为外接矩形右下角点 y 坐标。

（2）重载形式二：

BOOL Ellipse（LPCRECT lpRect）；

其中，LPCRECT lpRect 为外接矩形框位置指针。

Ellipse 函数的参数坐标位置，同样是以 Ellipse 函数所属的 DC 对应控件矩形区域的左上角作为坐标原点。以实例 8.1 为例，椭圆形绘制的主要代码如下：

```
//创建透明画刷
CBrush *pMyBrush = CBrush::FromHandle((HBRUSH)GetStockObject(NULL_BRUSH));
CBrush *pOldBursh = pSubDC->SelectObject(pMyBrush);
//绘制椭圆形
CPen myPen;
myPen.CreatePen(PS_SOLID, 3, RGB(0, 0, 255));          //创建画笔
CPen *pOldPen;                                          //保存设备原有画笔指针
pOldPen = pSubDC->SelectObject(&myPen);                 //将新画笔选入设备列表
pSubDC->Ellipse(10, 200, 210, 300);                    //绘制圆形
pSubDC->SelectObject(pOldPen);                          //恢复原有画笔
pSubDC->SelectObject(pOldBursh);                        //恢复原有画刷
myPen.DeleteObject();                                  //删除新建画笔
pMyBrush->DeleteObject();                              //删除创建画刷
```

该绘制过程与直线绘制过程相似，只是将 MoveTo 函数、LineTo 函数由 Ellipse 函数替代，此处不再重复阐述。

圆形本质上是椭圆形的一种特殊形式，只要将 Ellipse 函数外接矩形设置为正方形，即可实现圆形的绘制，其相应实现代码如下：

```
//创建透明画刷
CBrush *pMyBrush = CBrush::FromHandle((HBRUSH)GetStockObject(NULL_BRUSH));
CBrush *pOldBursh = pSubDC->SelectObject(pMyBrush);
//绘制圆形
CPen myPen;
myPen.CreatePen(PS_SOLID, 3, RGB(0, 255, 0));          //创建画笔
CPen *pOldPen;                                          //保存设备原有画笔指针
pOldPen = pSubDC->SelectObject(&myPen);                 //将新画笔选入设备列表
pSubDC->Ellipse(10, 200, 110, 300);                    //绘制圆形
pSubDC->SelectObject(pOldPen);                          //恢复原有画笔
pSubDC->SelectObject(pOldBursh);                        //恢复原有画刷
myPen.DeleteObject();                                  //删除新建画笔
pMyBrush->DeleteObject();                              //删除创建画刷
```

绘制实心图形时，只需在图形绘制前将实心画刷选入设备列表，其相应实现代码

如下：

```
CBrush myBrush;
myBrush.CreateSolidBrush(RGB(0, 255, 0));          //创建画刷
CBrush *pOldBrush;                                 //保存设备原有画刷指针
pOldBrush = pSubDC->SelectObject(&myBrush);        //将新画刷选入设备列表
pSubDC->Ellipse(200, 200, 300, 300);               //绘制圆形
pSubDC->SelectObject(pOldPen);                     //恢复原有画刷
pSubDC->SelectObject(pOldBursh);                   //恢复原有画刷
myBrush.DeleteObject();                            //删除新建画刷
```

8.1.1.5　矩形的绘制

矩形的绘制由 Rectangle 函数完成，该函数共包含以下 2 种重载形式。

（1）重载形式一：

```
BOOL Rectangle(int x1, int y1, int x2, int y2);
```

其中，int x1 为矩形左上角点 x 坐标；int y1 为矩形左上角点 y 坐标；int x2 为矩形右下角点 x 坐标；int y2 为矩形右下角点 y 坐标。

（2）重载形式二：

```
BOOL Rectangle(LPCRECT lpRect);
```

其中，LPCRECT lpRect 为矩形框位置指针。

Rectangle 函数的参数坐标位置，同样是以 Rectangle 函数所属的 DC 对应控件矩形区域的左上角作为坐标原点。以实例 8.1 为例，矩形绘制的主要代码如下：

```
//创建透明画刷
CBrush *pMyBrush = CBrush::FromHandle((HBRUSH)GetStockObject(NULL_BRUSH));
CBrush *pOldBursh = pSubDC->SelectObject(pMyBrush);
//绘制直线
CPen myPen;
myPen.CreatePen(PS_DASH, 1, RGB(255, 255, 0));     //创建画笔
CPen *pOldPen;                                     //保存设备原有画笔指针
pOldPen = pSubDC->SelectObject(&myPen);            //将新画笔选入设备列表
pSubDC->Rectangle(10, 100, 110, 210);              //用新建画笔绘制图形
pSubDC->SelectObject(pOldPen);                     //恢复原有画笔
pSubDC->SelectObject(pOldBursh);                   //恢复原有画刷
myPen.DeleteObject();                              //删除新建画笔
pMyBrush->DeleteObject();                          //删除创建画刷
```

8.1.1.6　多边形的绘制

多边形的绘制由 Polyline 函数完成，该函数原型如下：

```
BOOL Polyline(const POINT* lpPoints, int nCount);
```

其中，POINT* lpPoints 为多边形所有顶点数组指针；int nCount 为多边形的顶点数。

Polyline 函数的参数坐标位置，同样是以 Polyline 函数所属的 DC 对应控件矩形区域的左上角作为坐标原点。以实例 8.1 为例，多边形绘制的主要代码如下：

```
//创建透明画刷
CBrush *pMyBrush = CBrush::FromHandle((HBRUSH)GetStockObject(NULL_BRUSH));
CBrush *pOldBursh = pSubDC->SelectObject(pMyBrush);
//绘制直线
CPen myPen;
myPen.CreatePen(PS_DASH, 3, RGB(255, 0, 255));          //创建画笔
CPen *pOldPen;                                          //保存设备原有画笔指针
pOldPen = pSubDC->SelectObject(&myPen);                 //将新画笔选入设备列表
CPoint pts[] = {CPoint(100, 300), CPoint(300, 200), CPoint(200, 50), CPoint(100, 300)};
                                                        //多边形顶点集
pSubDC->Polyline(pts, 4);                               //用新建画笔绘制图形
pSubDC->SelectObject(pOldPen);                          //恢复原有画笔
pSubDC->SelectObject(pOldBursh);                        //恢复原有画刷
myPen.DeleteObject();                                   //删除新建画笔
pMyBrush->DeleteObject();                               //删除创建画刷
```

注意：为了绘制闭合的多边形，参与绘制多边形的最后一个顶点应与第一个顶点相同。

8.1.2　VC++字符叠加

MFC 的 CFont 类封装了 GDI 字体，通过与 CDC 相关的文本输出函数结合使用，可以进行文本格式的相关输出。CFont 类通过 LOGFONT 结构体进行字体格式参数设置（但不能设置字体颜色），通过调用 CreateFontIndirect 函数创建新字体，通过调用 SetTextColor 函数进行文本颜色设置，通过调用 TextOut 函数进行字符的输出。

字体的创建和字符叠加的过程如下。

（1）定义 CFont 类的字体对象，如 CFont myFont。

（2）定义 LOGFONT 结构体，进行字体格式设置（包括字体尺寸、字符集等）。

（3）调用 CreateFontIndirect 函数创建字体。

（4）调用 SelectObject 函数将该字体选入当前的设备列表。

（5）调用 SetTextColor 函数进行字体颜色设置。

（6）调用 SetBKMode 函数设置字体背景模式。

（7）调用 TextOut 函数进行字符叠加显示。

（8）调用 SelectObject 函数将字体替换为原有的字体指针。

（9）调用 DeleteObject 函数删除新建字体。

以下代码展示了字符集为"Times New Roman"、颜色为黄色的字符叠加的过程：

```
if (m_bAddText)
{
    CFont myFont, *pOldFont;
    //设置字体格式
    LOGFONT stFont;
    memset(&stFont, 0, sizeof(LOGFONT));
    stFont.lfHeight = 40;                              //设置字体高度尺寸
    stFont.lfWeight = 600;                             //设置字体粗细
    stFont.lfItalic = TRUE;                            //斜体
    stFont.lfUnderline = TRUE;                         //下划线
    strcpy(stFont.lfFaceName, "Times New Roman");      //字符集
    myFont.CreateFontIndirect(&stFont);               //创建字体
    pOldFont = pSubDC->SelectObject(&myFont);         //将新字体选入设备列表
    pSubDC->SetTextColor(RGB(255, 255, 0));           //设置字体颜色
    pSubDC->SetBkMode(TRANSPARENT);                   //文件采用透明背景色
    pSubDC->TextOut(20, 20, "Hello, 字符叠加");        //字符叠加
    pSubDC->SelectObject(pOldFont);                   //恢复原有字体
}
```

8.2 OpenCV图形与字符叠加

8.2.1 OpenCV图形叠加

OpenCV图形叠加是以Point类为基础的2D图形的绘制。下面依次介绍各种典型图形的绘制方法。

8.2.1.1 直线的绘制

直线的绘制由line函数完成。其函数原型如下:

```
void line(InputOutputArray img,
        Point pt1,
        Point pt2,
        const Scalar& color,
        int thickness = 1,
        int lineType = LINE_8,
        int shift = 0);
```

其中，InputOutputArray img为待绘制图形图像；Point pt1为直线起点位置；Point pt2为直线终点位置；const Scalar& color为图形颜色；int thickness为图形线宽，缺省值为1；int lineType为图形线型，缺省值为LINE_8；int shift为点坐标中的小数位数，缺省值为0。

绘制直线的坐标点以输入图像的左上角为原点，单位为图像像素。以实例8.2为例，绘制直线的主要代码如下：

```
//1.绘制直线
Point P1 = Point(m_imgSrc.cols / 4, m_imgSrc.rows / 4);          //直线端点1位置
Point P2 = Point(m_imgSrc.cols / 4 * 3, m_imgSrc.rows / 4 * 3);  //直线端点2位置
Scalar scColor = Scalar(0, 255, 255);                            //直线颜色
int iThickness = 3;                                              //直线线宽
line(m_imgSrc, P1, P2, scColor, iThickness);                     //绘制直线
//2.图像显示
imshow("原始图像", m_imgSrc);
```

8.2.1.2　圆形的绘制

圆形的绘制由circle函数完成。其函数原型如下：

```
void circle(InputOutputArray img,
            Point center,
            int radius,
            const Scalar& color,
            int thickness = 1,
            int lineType = LINE_8,
            int shift = 0);
```

其中，InputOutputArray img 为待绘制图形图像；Point center 为中心点位置；int radius 为圆形半径；const Scalar& color 为图形颜色；int thickness 为图形线宽，缺省值为1；int lineType 为图形线型，缺省值为 LINE_8；int shift 为点坐标中的小数位数，缺省值为0。

绘制圆形的坐标点以输入图像的左上角为原点，单位为图像像素。以实例8.2为例，绘制圆形的主要代码如下：

```
//1.绘制空心圆
Point PCenter = Point(m_imgSrc.cols / 2, m_imgSrc.rows / 2);     //圆心位置
int iRadius = 100;                                               //圆形半径
Scalar scColor = Scalar(0, 0, 255);                             //颜色
int iThickness = 2;                                              //线宽
circle(m_imgSrc, PCenter, iRadius, scColor, iThickness);        //绘制圆形
//2.图像显示
imshow("原始图像", m_imgSrc);
```

利用OpenCV绘制实心图像的方式较为简单，只需将图形的线宽设为−1即可。以实例8.2为例，绘制实心圆的主要代码如下：

```
//1.绘制实心圆
PCenter = Point(m_imgSrc.cols / 5 * 4, m_imgSrc.rows / 5 * 4);   //圆心位置
```

```
    iRadius = 30;                                          //圆形半径
    scColor = Scalar(255, 0, 255);                         //颜色
    iThickness = -1;                                       //线宽
    circle(m_imgSrc, PCenter, iRadius, scColor, iThickness); //绘制圆形
    //2.图像显示
    imshow("原始图像", m_imgSrc);
```

8.2.1.3　椭圆形的绘制

椭圆形的绘制由 ellipse 函数完成。其函数原型如下：

```
void ellipse(InputOutputArray img,
             Point center,
             Size axes,
             double angle,
             double startAngle,
             double endAngle,
             const Scalar& color,
             int thickness = 1,
             int lineType = LINE_8,
             int shift = 0);
```

其中，InputOutputArray img 为待绘制图形图像；Point center 为中心点位置；Size axes 为椭圆两个轴向尺寸的半宽度；double angle 为椭圆旋转角度；double startAngle 为椭圆弧的起始角度；double endAngle 为椭圆弧的终止角度；const Scalar& color 为图形颜色；int thickness 为图形线宽，缺省值为1；int lineType 为图形线型，缺省值为 LINE_8；int shift 为点坐标中的小数位数，缺省值为0。

绘制椭圆形的坐标点以输入图像的左上角为原点，单位为图像像素。以实例8.2为例，绘制椭圆形的主要代码如下：

```
//1.绘制空心椭圆
Point PCenter = Point(m_imgSrc.cols / 4, m_imgSrc.rows / 4 * 3);   //圆心位置
Size szEllipse = Size(m_imgSrc.cols/10, m_imgSrc.cols/20);         //椭圆所在外接矩形框尺寸
double dAngle = 45;                                                //椭圆旋转角度
Scalar scColor = Scalar(255, 255, 0);                             //颜色
int iThickness = 3;                                                //线宽
ellipse(m_imgSrc, PCenter, szEllipse, dAngle, 0, 360, scColor, iThickness); //绘制椭圆
//2.图像显示
imshow("原始图像", m_imgSrc);
```

ellipse 函数的功能较为强大，除了可以绘制椭圆形，还可以绘制椭圆弧。通过对其 startAngle，endAngle 两个参数值的调整，即可按照设定值绘制相应的椭圆弧线段。

8.2.1.4 矩形的绘制

矩形的绘制由 rectangle 函数完成。该函数共包含以下2种重载形式。

（1）重载形式一：

```
void rectangle(InputOutputArray img, Point pt1, Point pt2,
               const Scalar& color, int thickness = 1,
               int lineType = LINE_8, int shift = 0);
```

其中，InputOutputArray img 为待绘制图形图像；Point pt1 为矩形左上角点位置；Point pt2 为矩形右下角点位置；const Scalar& color 为图形颜色；int thickness 为图形线宽，缺省值为1；int lineType 为图形线型，缺省值为LINE_8；int shift 为点坐标中的小数位数，缺省值为0。

（2）重载形式二：

```
void rectangle(InputOutputArray img, Rect rec,
               const Scalar& color, int thickness = 1,
               int lineType = LINE_8, int shift = 0);
```

其中，InputOutputArray img 为待绘制图形图像；Rect rec 为矩形位置；const Scalar& color 为图形颜色；int thickness 为图形线宽，缺省值为1；int lineType 为图形线型，缺省值LINE_8；int shift 为点坐标中的小数位数，缺省值为0。

绘制矩形的坐标点以输入图像的左上角为原点，单位为图像像素。以实例8.2为例，绘制矩形的主要代码如下：

```
//1.绘制矩形
Rect rt(m_imgSrc.cols / 4 * 3, m_imgSrc.rows / 4, m_imgSrc.rows / 5, m_imgSrc.rows / 10); //矩形位置
Scalar scColor = Scalar(0, 255, 0);                                                       //颜色
int iThickness = 5;                                                                       //线宽
rectangle(m_imgSrc, rt, scColor, iThickness);                                             //绘制矩形
//2.图像显示
imshow("原始图像", m_imgSrc);
```

8.2.1.5 多边形的绘制

实心多边形与空心多边形的实现函数完全不同。实心多边形通过 fillPoly 函数实现，空心多边形通过 polylines 函数实现。

（1）fillPoly 函数共包含以下2种重载形式。

① 重载形式一：

```
void fillPoly(InputOutputArray img,
              const Point** pts,
              const int* npts,
              int ncontours,
              const Scalar& color,
```

```
        int lineType = LINE_8,
        int shift = 0,
        Point offset = Point( ) );
```

其中，InputOutputArray img 为待绘制图形图像；const Point** pts 为顶点集二维指针；const int* npts 为顶点数指针；int ncontours 为绘制多边形的个数；const Scalar& color 为图像颜色；int lineType 为图形线型，缺省值为 LINE_8；int shift 为点坐标中的小数位数，缺省值为 0；Point offset 为绘制多边形的偏移量，缺省值为无偏移。

　　② 重载形式二：

```
void fillPoly(InputOutputArray img,
        InputArrayOfArrays pts,
        const Scalar& color,
        int lineType = LINE_8,
        int shift = 0,
        Point offset = Point( ) );
```

其中，InputOutputArray img 为待绘制图形图像；InputArrayOfArrays pts 为顶点集矩阵；const Scalar& color 为图形颜色；int lineType 为图形线型，缺省值为 LINE_8；int shift 为点坐标中的小数位数，缺省值为 0；Point offset 为绘制多边形的偏移量，缺省值为无偏移。

　　绘制实心多边形的坐标点以输入图像的左上角为原点，单位为图像像素。以实例 8.2 为例，绘制实心多边形的主要代码如下：

```
//1.绘制实心多边形
//定义多边形顶点
Point pt[3];
pt[0] = Point(m_imgSrc.cols / 10, m_imgSrc.rows / 10);
pt[1] = Point(m_imgSrc.cols / 10, m_imgSrc.rows / 5);
pt[1] = Point(m_imgSrc.cols / 5, m_imgSrc.rows / 10);
const Point* ppt[1] = { pt };                  //ppt 为顶点集
int npt[] = { 3 };                             //npt 为顶点数
Scalar scColor = Scalar(255, 0, 0);            //颜色
fillPoly(m_imgSrc, ppt, npt, 1, scColor, 8);   //绘制多边形
```

　　（2）polylines 函数包含以下 2 种重载形式。
　　① 重载形式一：

```
void polylines(InputOutputArray img,
        const Point* const* pts,
        const int* npts,
        int ncontours,
        bool isClosed,
```

```
                const Scalar& color,
                int thickness = 1,
                int lineType = LINE_8,
                int shift = 0);
```

其中，InputOutputArray img 为待绘制图形图像；const Point* const* pts 为多边形顶点集二维指针；const int* npts 为顶点数指针；int ncontours 为绘制多边形的个数；bool is-Closed 为判断多边形是否闭合；const Scalar& color 为图形颜色；int thickness 为图形线宽，缺省值为1；int lineType 为图形线型，缺省值为 LINE_8；int shift 为点坐标中的小数位数，缺省值为0。

② 重载形式二：

```
void polylines(InputOutputArray img,
                InputArrayOfArrays pts,
                bool isClosed,
                const Scalar& color,
                int thickness = 1,
                int lineType = LINE_8,
                int shift = 0);
```

其中，InputOutputArray img 为待绘制图形图像；InputArrayOfArrays pts 为顶点集矩阵；bool isClosed 为判断多边形是否闭合；const Scalar& color 为图形颜色；int thickness 为图形线宽，缺省值为1；int lineType 为图形线型，缺省值为 LINE_8；int shift 为点坐标中的小数位数，缺省值为0。

绘制空心多边形的坐标点以输入图像的左上角为原点，单位为图像像素。以实例8.2为例，绘制空心多边形的主要代码如下：

```
//2.绘制空心多边形
//定义多边形顶点
Point pt2[3];
pt2[0] = Point(m_imgSrc.cols / 10 * 3, m_imgSrc.rows / 10);
pt2[1] = Point(m_imgSrc.cols / 10 * 3, m_imgSrc.rows / 2);
pt2[1] = Point(m_imgSrc.cols / 2, m_imgSrc.rows / 10 * 3);
const Point* ppt2[1] = { pt2 };                          //ppt为顶点集
int npt2[] = { 3 };                                      //npt为顶点数
scColor = Scalar(0, 0, 255);                             //颜色
int iThickness = 3;                                      //线宽
polylines(m_imgSrc, ppt2, npt2, 1, true, scColor, iThickness);   //绘制多边形
```

8.2.2 OpenCV 字符叠加

OpenCV 字符叠加由 putText 函数完成，其函数原型如下：

```
void putText(InputOutputArray img,
             const String& text,
             Point org,
             int fontFace,
             double fontScale,
             Scalar color,
             int thickness = 1,
             int lineType = LINE_8,
             bool bottomLeftOrigin = false);
```

其中，InputOutputArray img 为待绘制图形图像；const String& text 为叠加字符串；Point org 为叠加字符的起始位置；int fontFace 为叠加字符的字体；double fontScale 为叠加字符的尺寸；Scalar color 为字符颜色；int thickness 为字符线宽，缺省值为 1；int lineType 为字符线型，缺省值为 LINE_8；bool bottomLeftOrigin 为字符方向，缺省值为 false。

字符叠加的坐标点以输入图像的左上角为原点，单位为图像像素。以实例 8.2 为例，字符叠加的主要代码如下：

```
//1.字符叠加
CString strDispInfo = "Hello OpenCV TextAdd";
Point ptPos = Point(50, 60);
double dFontScale = 2.0;
Scalar scColor = Scalar(0, 255, 0);
int iThickness = 4;
int iLineType = 8;
putText(m_imgSrc, strDispInfo.GetBuffer(0), ptPos, FONT_HERSHEY_COMPLEX,
dFontScale, scColor, iThickness, iLineType, false);
//2.图像显示
imshow("原始图像", m_imgSrc);
```

需要说明的是，putText 函数只能叠加英文字符，无法叠加中文字符。针对 putText 函数这一问题，开发人员将 TextOut 函数移植到 OpenCV 框架，封装为 putTextZH 函数，该函数对中、英文字符均可实现叠加。关于 putTextZH 函数的实现代码，网上资源较多，本节不再进行详细讲解，仅将 putTextZH 代码附在实例 8.2 中。

以下仅给出 putTextZH 函数的调用代码，实现中文字符的叠加：

```
//1.字符叠加
CString strDispInfo = "Hello! 中文字符叠加";
Point ptPos = Point(50, 60);
int iFontScale = 40;
Scalar scColor = Scalar(0, 255, 0);
int iThickness = 4;
```

```
int iLineType = 8;
putTextZH(m_imgSrc, strDispInfo.GetBuffer(0), ptPos, scColor, iFontScale, "Arial", false, false);
//2.图像显示
imshow("原始图像", m_imgSrc);
```

第 **3** 部分

图像处理进阶篇

9 图像增强

图像增强是针对给定图像的应用场合和成像特点，对图像中感兴趣的信息进行改善，对不感兴趣的信息进行抑制，以达到改善图像的视觉效果、满足某种特殊分析的目的。图像增强处理与图像复原处理存在本质区别：图像复原是通过某种处理手段使受损图像尽可能地还原为其真实的成像状态；而图像增强是通过某种处理手段增强图像中的有用信息，它可以是一个失真的过程。

不同波段的图像探测器具有不同的成像特点，因此，图像增强算法的设计应结合探测器的成像特点、应用场合进行有针对性的设计。

（1）红外图像的增强。

由于生产工艺的问题，相对于可见图像，红外图像普遍存在均匀性差、本底噪声显著的问题，对于出厂较早的红外探测器来说，此类问题尤为突出。因此，对于红外图像一般需要非均匀性校正、随机噪声抑制等增强处理。

此外，由于红外图像一般为14位图像，而用于显示的图像一般为8位，因此，对于红外图像，需要高对比度、高信噪比、高适应性的14位转8位的拉伸处理。

（2）可见图像的增强。

相对于红外图像，可见图像具有较好的均匀性与信噪比，但是存在受光照影响大、透雾性能差的问题。因此，图像的亮度增强、图像去雾为针对可见图像增强的主要处理方法。对于彩色可见图像，在去雾处理的基础上还应考虑色彩增强，以进一步增强图像的色彩饱和度。

针对上述问题，本章将分别介绍几类常用的图像增强算法。

9.1 灰度图像增强

灰度拉伸处理一般可以达到两个目的：一是使高于8位的单通道灰度图像（如红外图像一般为14位图像）映射为可以显示的8位图像；二是使灰度分布不均匀的图像（过亮图像、过暗图像）映射为符合人眼观测需求的图像。为了便于增强前后效果对比，本节仅以8位图像为处理对象，进行算法讲解。高于8位的图像处理算法与8位图像算法相同，只是图像灰度范围由255扩展至2^{L-1}（L为图像位深）。

9.1.1 线性拉伸

9.1.1.1 算法原理

灰度的线性拉伸是指将原始图像的灰度范围由原来的（Min，Max）通过线性变换映射为期望的灰度范围（0，$N-1$），如图9.1所示。

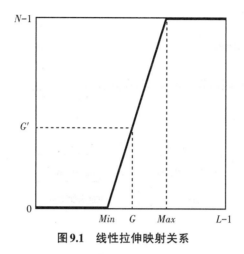

图9.1 线性拉伸映射关系

图9.1中，Min 为原图像的最小值；Max 为原图像的最大值；L 为原始图像的灰度级数。设原图像的图像位数为 p，那么 L 的表达式为

$$L = 2^p \tag{9.1}$$

N 为期望的拉伸后图像的灰度级数。设期望的拉伸后图像位数为 q，那么 N 的表达式为

$$N = 2^q \tag{9.2}$$

增强处理大多用于增强显示效果，因为用于显示的图像一般为8位图像，所以 N 一般取值为256。

线性变换的表达式为

$$G' = \frac{G - Min}{Max - Min}(n - 1) \tag{9.3}$$

式中，G 为原始图像的像素灰度值；G' 为线性拉伸后的像素灰度值。

需要说明的是，Min，Max 可以是原始图像真实的最小值、最大值；但很多时候，由于受到椒盐噪声、随机噪声的污染，图像中得到的 Min，Max 不一定是图像真实的灰度级范围，而是噪点值，此时按照 Min，Max 进行灰度拉伸可能会影响拉伸效果。因此，设定 Min，Max 时，可通过一定的预处理手段、直方图统计手段、先验信息等对其进行修正，以提高拉伸对比度。

另外，当原始图像本身灰度范围较小（也就是 Max 与 Min 的差值较小）时，利用式（9.3）进行线性拉伸会造成原始图像噪声放大。因此，在工程中，一般会对拉伸程度进行限制，防止过度拉伸。防止过度拉伸的处理在其他拉伸算法中同样需要考虑。

9.1.1.2 编程实现

本节将结合实例9.1对线性拉伸的编程实现进行介绍。

按照图9.2所示创建实例界面。界面顶部的组合框用于待处理图像路径的选择与路径显示，组合框下面的按钮用于实现多种拉伸算法的处理与显示。本节主要介绍线性拉伸算法的编程实现。

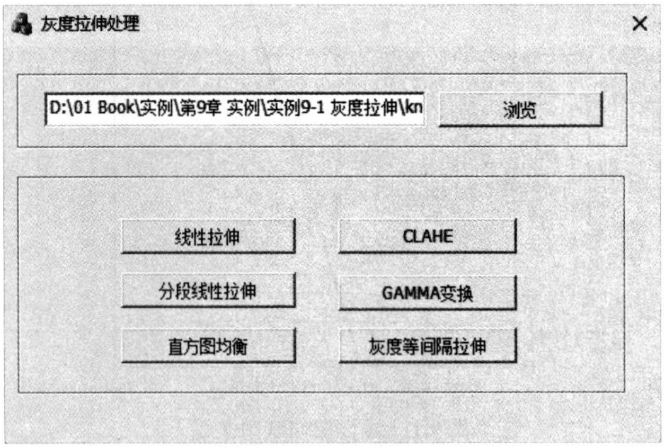

图9.2　实例9.1界面布局

为"线性拉伸"按钮响应函数添加如下代码：

```
void CGrayStretchDlg::OnBnClickedBtnLinear()
{
    // TODO: 在此添加控件通知处理程序代码
    if (m_strFilePath == "")
    {
        AfxMessageBox("请先选定待处理图片");
        return;
    }
    //1.读取原始图像
    Mat imgSrc;
    imgSrc = imread(m_strFilePath.GetBuffer(0), IMREAD_ANYDEPTH | IMREAD_ANYCOLOR);
    //2.显示原始图像
    imshow("原始图像", imgSrc);
    //3.线性拉伸处理
    Mat imgDst;
    imgDst.create(imgSrc.size(), CV_8UC1);
    bool bRet = LinearStretch(imgSrc, imgDst);
    if (!bRet)
    {
        AfxMessageBox("选定的图像不符合处理要求，请重新选择");
    }
    //4.显示处理后图像
    imshow("线性拉伸图像", imgDst);
}
```

首先按照指定路径对原始图像进行读取和显示，然后调用线性拉伸函数（Linear-Stretch）对原始图像进行线性拉伸，最后再次调用 imshow 函数对拉伸后的图像进行显示。

LinearStretch 函数的实现代码如下：

```cpp
bool CGrayStretchDlg::LinearStretch(Mat src, Mat dst)
{
    //1.对图像格式进行检查
    int iChannels = src.channels();
    Mat imgTemp;
    if (iChannels==3)
    {
        cvtColor(src, imgTemp, COLOR_GRAY2BGR);
    }
    else if (iChannels==1)
    {
        imgTemp = src;
    }
    else
    {
        return false;
    }
    //2.计算图像的最大值与最小值
    double dMin, dMax;
    minMaxLoc(imgTemp, &dMin, &dMax);
    //防止二者差值作分母时计算溢出
    if (dMin>=dMax)
    {
        dMax = dMin + 1;
    }
    //3.线性拉伸处理
    for (int j = 0; j < imgTemp.rows; j++)
    {
        uchar *pSrc = imgTemp.ptr<uchar>(j);
        uchar *pDst = dst.ptr<uchar>(j);
        for (int i = 0; i < imgTemp.cols; i++)
        {
            double dTmp = ((double)pSrc[i] - dMin) / (dMax - dMin)*255.0;
            if (dTmp < 0)
            {
                dTmp = 0;
```

```
        }
        else if (dTmp > 255.0)
        {
            dTmp = 255.0;
        }
        pDst[i] = (uchar)dTmp;
        }
    }
    return true;
}
```

LinearStretch 函数主要实现灰度图像的线性拉伸。对于彩色图像，首先将其转换为灰度图像，然后按照式（9.3）实现图像的遍历与灰度映射。由于式（9.3）可能存在分母为零的情况，为了避免计算溢出，要对该情况进行预先处理。该问题虽然简单，但是在工程中却常常导致严重的后果，因此，对于计算中分母可能为零的情况都要进行判断、处理。

运行实例9.1，点击"浏览"按钮，选择实例9.1路径下的"bean.bmp"图像文件，点击"线性拉伸"按钮，依次弹出原始图像［图9.3（a）］与线性拉伸后图像［图9.3（b）］。

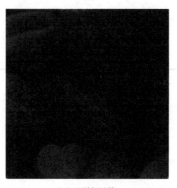 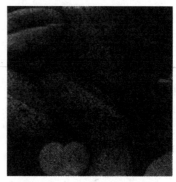

（a）原始图像　　　　　　　　　　（b）线性拉伸后图像

 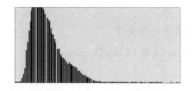

（c）线性拉伸前灰度直方图　　　　　（d）线性拉伸后灰度直方图

图9.3　"bean"图像线性拉伸前后效果对比

拉伸前，"bean"图像整体灰度偏低、图片较暗，其灰度直方图集中在较低灰度级范围内，如图9.3（c）所示。拉伸后，"bean"图像的图像亮度得到了明显提高，其灰度直方图在0～255范围内得到了均匀分布，如图9.3（d）所示。

再次点击"浏览"按钮，选择实例9.1路径下的"bean2.bmp"图像文件，点击"线性拉伸"按钮，依次弹出原始图像［图9.4（a）］与线性拉伸后图像［图9.4（b）］。

 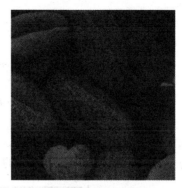

（a）原始图像　　　　　　　　　　　　（b）线性拉伸后图像

 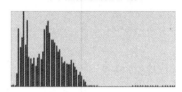

（c）线性拉伸前灰度直方图　　　　　　（d）线性拉伸后灰度直方图

图9.4　"bean2"图像线性拉伸前后效果对比

"bean2"图像整体偏亮，经过线性拉伸后，图像对比度得到显著提高，从其直方图［图9.4（c）和图9.4（d）］的对比中也可以看出拉伸后灰度级分布的改变。

9.1.2　分段线性拉伸

9.1.2.1　算法原理

分段线性拉伸是指将图像的整个灰度范围划分为不同的灰度区间段，在每个区间段采取不同的线性变换的拉伸方法。在图像处理中，为了突出感兴趣的目标或灰度区间、抑制那些相对不感兴趣的目标或灰度区间，常采用分段线性拉伸处理。其中最为典型的是三段线性变换，如图9.5所示。图中，（$L1$，$N1$）和（$L2$，$N2$）分别为分段线性变换的连接点，可通过调整连接点的位置，实现不同灰度区间段线性变换的调整。

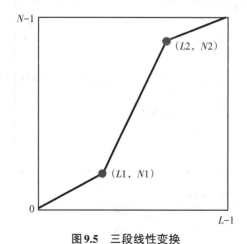

图9.5　三段线性变换

三段线性变换的表达式为

$$
\begin{cases}
G' = \dfrac{N1}{L1}G, & 0 \leqslant G \leqslant L1 \\[2mm]
G' = \dfrac{N2 - N1}{L2 - L1}(G - L1) + N1, & L1 < G \leqslant L2 \\[2mm]
G' = \dfrac{(N-1) - N2}{(L-1) - L2}(G - L2) + N2, & L2 < G \leqslant L - 1
\end{cases} \tag{9.4}
$$

分段线性拉伸还可以扩展为更多段，或者采取某种平滑曲线对某段线性变换进行替代，以防止分段连接点附近发生较大的灰度级跳变，如图9.6所示。

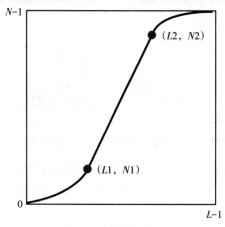

图9.6　分段曲线拉伸

9.1.2.2　编程实现

本节将结合实例9.1对分段线性拉伸的编程实现进行介绍。为实例9.1添加分段线性拉伸曲线显示及参数设置子对话框，用于分段线性拉伸曲线的显示与参数设置，如图9.7所示。

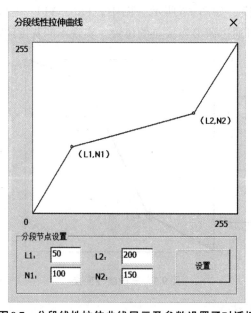

图9.7　分段线性拉伸曲线显示及参数设置子对话框

在实例9.1主界面中，为"分段线性拉伸"按钮响应函数添加如下代码：

```
void CGrayStretchDlg::OnBnClickedBtnDivlinear( )
{
    // TODO: 在此添加控件通知处理程序代码
    m_dlgDivLinear.DoModal( );
    int iL1, iN1, iL2, iN2;
    iL1 = m_dlgDivLinear.m_iL1;
    iN1 = m_dlgDivLinear.m_iN1;
    iL2 = m_dlgDivLinear.m_iL2;
    iN2 = m_dlgDivLinear.m_iN2;
    if (m_strFilePath == "")
    {
        AfxMessageBox("请先选定待处理图片");
        return;
    }
    //1.读取原始图像
    Mat imgSrc;
    imgSrc = imread(m_strFilePath.GetBuffer(0), IMREAD_ANYDEPTH | IMREAD_ANYCOLOR);
    //2.显示原始图像
    imshow("原始图像", imgSrc);
    //3.线性拉伸处理
    Mat imgDst;
    imgDst.create(imgSrc.size( ), CV_8UC1);
    bool bRet = DivLinearStretch(imgSrc, imgDst, iL1, iN1, iL2, iN2);
    if (!bRet)
    {
        AfxMessageBox("选定的图像不符合处理要求，请重新选择");
    }
    //4.显示处理后图像
    imshow("分段拉伸图像", imgDst);
}
```

在该响应函数中，首先调用分段线性拉伸曲线显示及参数设置子对话框，对分段参数进行设置，设置完成后，对分段参数进行读取；然后按照指定路径对原始图像进行读取和显示，调用分段线性拉伸函数（DivLinearStretch）对原始图像进行分段线性拉伸；最后再次调用imshow函数对拉伸后的图像进行显示。

DivLinearStretch函数的实现代码如下：

```
bool CGrayStretchDlg::DivLinearStretch(Mat src, Mat dst, int iL1, int iN1, int iL2, int iN2)
{
    //1.对图像格式进行检查
```

```
int iChannels = src.channels();
Mat imgTemp;
if (iChannels == 3)
{
    cvtColor(src, imgTemp, COLOR_GRAY2BGR);
}
else if (iChannels == 1)
{
    imgTemp = src;
}
else
{
    return false;
}
//2.参数边界条件处理，防止分母为0
if (iL1 < 1)
{
    iL1 = 1;
}
if (iL2 > 254)
{
    iL2 = 254;
}
if ((iL2 – iL1)<1)
{
    iL2 = iL1 + 1;
}
if ((iN2 – iN1) < 1)
{
    iN2 = iN1 + 1;
}
//3.分段线性拉伸处理
for (int j = 0; j < imgTemp.rows; j++)
{
    uchar *pSrc = imgTemp.ptr<uchar>(j);
    uchar *pDst = dst.ptr<uchar>(j);
    for (int i = 0; i < imgTemp.cols; i++)
    {
        double dTmp;
        if (((pSrc[i]>=0)&& (pSrc[i] <= iL1))
        {
```

```
            dTmp = (double)iN1 / (double)iL1*(double)pSrc[i];
        }
        else if ((pSrc[i] > iL1) && (pSrc[i] <= iL2))
        {
            dTmp = (double)(iN2−iN1) / (double)(iL2− iL1)*(double)(pSrc[i] − iL1)+iN1;
        }
        else
        {
            dTmp = (double)(255 − iN2) / (double)(255 − iL2)*(double)(pSrc[i] − iL2) + iN2;
        }
        if (dTmp < 0)
        {
            dTmp = 0;
        }
        else if (dTmp > 255.0)
        {
            dTmp = 255.0;
        }
        pDst[i] = (uchar)dTmp;
    }
}
return true;
}
```

DivLinearStretch 函数主要实现对灰度图像的分段线性拉伸。对于彩色图像，首先将其转换为灰度图像，然后按照式（9.4）实现图像的遍历与灰度映射。由于式（9.4）可能存在分母为零的情况，为了避免计算溢出，要对该情况进行预先处理。

运行实例9.1，点击"浏览"按钮，选择实例9.1路径下的"bean.bmp"图像文件，点击"分段线性拉伸"按钮，按照图9.7所示的分段曲线进行拉伸，依次弹出原始图像 ［图9.8（a）］ 与分段线性拉伸后图像 ［图9.8（b）］。

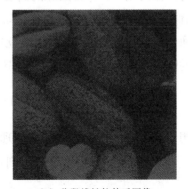

（a）原始图像　　　　　　　　（b）分段线性拉伸后图像

（c）分段线性拉伸前灰度直方图　　　　（d）分段线性拉伸后灰度直方图

图9.8　"bean"图像分段线性拉伸前后效果对比

拉伸前，"bean"图像整体灰度偏低、图片较暗，其灰度直方图集中在较低灰度级范围内，如图9.8（c）所示。按照给定的拉伸曲线，对图9.8（a）的低灰度级、高灰度级区间进行灰度扩展，对其中间灰度级进行了灰度压缩，处理后的效果图如图9.8（b）所示，对应的直方图如图9.8（d）所示。

9.1.3　直方图均衡

9.1.3.1　算法原理

直方图均衡[1]的目的是，通过灰度映射使原始图像分布不均衡的直方图转换为在每个灰度级上都有相同像素点数的灰度直方图，其示意图如图9.9所示。

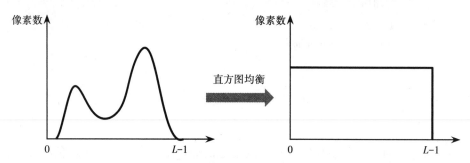

图9.9　直方图均衡示意图

图像概率密度函数$p(i)$与直方图$H(i)$的关系如下：

$$p(i) = \frac{H(i)}{MN} \tag{9.5}$$

式中，M为图像的宽度；N为图像的高度。也就是说，图像概率密度函数$p(i)$表示灰度级为i的像素在整幅图像中出现的概率。

设转换前图像的概率密度函数为$p_r(r)$，转换后图像的概率密度函数为$p_s(s)$，转换前后灰度的映射函数为$s = T(r)$。由概率论可知，存在如下关系：

$$p_s(s) = p_r(r)\frac{\mathrm{d}r}{\mathrm{d}s} \tag{9.6}$$

在理想情况下，经过直方图均衡处理后，概率密度函数$p_s(s)$应恒等于$1/(L-1)$。将式（9.6）等号左右两边对r积分，得到式（9.7）：

$$s = T(r) = (L-1)\int_0^r p(i)\mathrm{d}i = \frac{L-1}{MN}\int_0^r H(i)\mathrm{d}i \tag{9.7}$$

对于离散图像，式（9.7）可进一步转换为式（9.8）：

$$s = T(r) = \frac{L-1}{MN} \sum_{i=0}^{r} H(i) \tag{9.8}$$

式（9.7）即直方图均衡处理代码实现的最终转换公式。

9.1.3.2 编程实现

本节将结合实例9.1对直方图均衡的编程实现进行介绍。

为"直方图均衡"按钮响应函数添加如下代码：

```
void CGrayStretchDlg::OnBnClickedBtnHe()
{
    // TODO: 在此添加控件通知处理程序代码
    if (m_strFilePath == "")
    {
        AfxMessageBox("请先选定待处理图片");
        return;
    }
    //1.读取原始图像
    Mat imgSrc;
    imgSrc = imread(m_strFilePath.GetBuffer(0), IMREAD_ANYDEPTH | IMREAD_ANYCOLOR);
    //2.显示原始图像
    imshow("原始图像", imgSrc);
    //3.线性拉伸处理
    Mat imgDst;
    imgDst.create(imgSrc.size(), CV_8UC1);
    //bool bRet = EqualizeHistOpenCV(imgSrc, imgDst);
    bool bRet = EqualizeHist(imgSrc, imgDst);
    if (!bRet)
    {
        AfxMessageBox("选定的图像不符合处理要求，请重新选择");
    }
    //4.显示处理后图像
    imshow("直方图均衡图像", imgDst);
}
```

首先按照指定路径对原始图像进行读取和显示，然后调用直方图均衡函数（EqualizeHist）对原始图像进行直方图均衡处理，最后再次调用imshow函数对处理后的图像进行显示。

EqualizeHist函数的实现代码如下：

```
bool CGrayStretchDlg::EqualizeHist(Mat src, Mat dst)
{
```

```
//1.对图像格式进行检查
int iChannels = src.channels( );
Mat imgTemp;
if (iChannels == 3)
{
    cvtColor(src, imgTemp, COLOR_GRAY2BGR);
}
else if (iChannels == 1)
{
    imgTemp = src;
}
else
{
    return false;
}
//2.直方图均衡处理
//2.1 直方图统计
int iHist[256];          //存放直方图数组
memset(iHist, 0, sizeof(int)*256);
int iTmp;
for (int i = 0; i < imgTemp.rows; i++)
{
    uchar *pSrc = imgTemp.ptr<uchar>(i);
    for (int j = 0; j < imgTemp.cols; j++)
    {
        iTmp = (int)pSrc[j];
        iHist[iTmp]++;
    }
}
//2.2 计算直方图均衡映射表
uchar ucTran[256];       //存放直方图均衡映射表
memset(ucTran, 0, 256);
int iImgSize = imgTemp.rows*imgTemp.cols;
for (int i = 0; i < 256; i++)
{
    int iTemp = 0;
    for (int j = 0; j < i; j++)
    {
        iTemp += iHist[j];
    }
```

```
        ucTran[i] =(uchar)((float)( iTemp * (256 - 1)) /(float) iImgSize+0.5);
    }
    //2.3  直方图均衡转换
    for (int i = 0; i < imgTemp.rows; i++)
    {
        uchar *pSrc = imgTemp.ptr<uchar>(i);
        uchar *pDst = dst.ptr<uchar>(i);
        for (int j = 0; j < imgTemp.cols; j++)
        {
            pDst[j] = ucTran[pSrc[j]];
        }
    }
    return true;
}
```

EqualizeHist 函数主要实现对灰度图像的直方图均衡处理。对于彩色图像，首先将其转换为灰度图像，然后按照式（9.7）实现图像的遍历与灰度映射。该函数主要分为3个部分：① 对原图像的直方图进行统计；② 根据求得的直方图建立灰度映射表；③ 遍历图像，对每个像素进行灰度转换。

运行实例9.1，点击"浏览"按钮，选择实例9.1路径下的"bean.bmp"图像文件，点击"直方图均衡"按钮，依次弹出原始图像［图9.10（a）］与直方图均衡后图像［图9.10（b）］。

（a）原始图像

（b）直方图均衡后图像

（c）直方图均衡前灰度直方图

（d）直方图均衡后灰度直方图

图9.10 "bean"图像直方图均衡前后效果对比

拉伸前，"bean"图像整体灰度偏低、图片较暗，其灰度直方图集中在较低灰度级范围内，如图9.10（c）所示。拉伸后，"bean"图像的图像亮度得到了明显提高，其灰度直方图在0~255范围内得到了均匀分布，如图9.10（d）所示。

再次点击"浏览"按钮，选择实例9.1路径下的"bean2.bmp"图像文件，点击"直方图均衡"按钮，依次弹出原始图像［图9.11（a）］与直方图均衡后的图像［图9.11（b）］。

（a）原始图像　　　　　　　（b）直方图均衡后图像

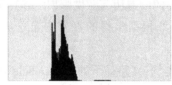

（c）直方图均衡前灰度直方图　　　　（d）直方图均衡后灰度直方图

图9.11　"bean2"图像直方图均衡前后效果对比

"bean2"图像整体偏亮，经过直方图均衡后，图像对比度得到了显著提高，从其直方图［图9.11（c）和图9.11（d）］的对比中也可以看出拉伸后灰度级分布的改变。

此外，OpenCV提供了现成的直方图均衡函数。实例9.1中的EqualizeHist函数只是在代码实现层面上展示直方图均衡的实现过程，在实际使用过程中，可直接调用OpenCV的equalizeHist函数实现直方图均衡处理。其相关调用方法可参考实例9.1的EqualizeHistOpenCV函数（相关代码如下），感兴趣的读者可自行验证处理效果。

```
bool CGrayStretchDlg::EqualizeHistOpenCV(Mat src, Mat dst)
{
    //1.对图像格式进行检查
    int iChannels = src.channels();
    Mat imgTemp;
    if (iChannels == 3)
    {
        cvtColor(src, imgTemp, COLOR_GRAY2BGR);
    }
    else if (iChannels == 1)
    {
```

```
        imgTemp = src;
    }
    else
    {
        return false;
    }
    //2.直方图均衡处理
    equalizeHist(src, dst);
    return true;
}
```

9.1.4　CLAHE 增强

9.1.4.1　算法原理

直方图均衡虽然是一种简单快速的图像增强方法，但是存在如下局限性：

一是直方图均衡是全局的，对图像局部区域存在过亮或过暗的情况，增强效果往往不够理想；

二是直方图均衡由于未对拉伸程度进行限制，因此在增强过程中往往会放大背景噪声。

为了解决上述两个问题，开发人员提出了如下解决方案：

一是针对全局性问题，提出了对图像进行分块的方法，对每块区域单独进行直方图均衡；

二是针对背景噪声放大的问题，提出了对对比度进行限制的方法。

在直方图均衡的基础上，将以上两种解决方案相结合，就形成了CLAHE增强算法。CLAHE[2]是 contrast limited adaptive histogram equalization 的简称，又称限制对比度自适应直方图均衡算法，是直方图均衡的一种经典的改进算法。

CLAHE增强算法流程如下。

（1）将图像划分为若干子图像块，每块大小为$M \times N$。

（2）对每个子图像块进行灰度映射处理，包括直方图统计、直方图对比度限制裁剪、直方图均衡等。

（3）利用插值的方法将分块的图像进行平滑处理，得到最后的增强图像。

CLAHE增强算法的处理流程如图9.12所示。

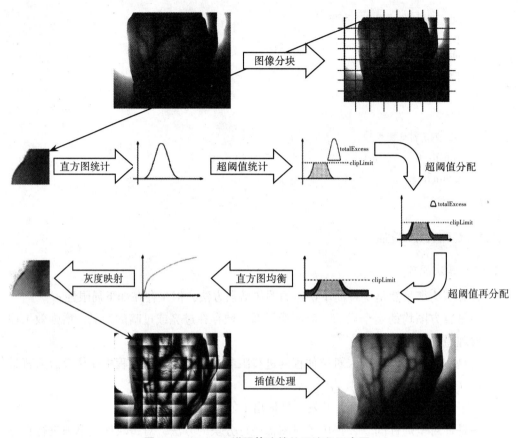

图9.12   CLAHE增强算法的处理流程示意图

9.1.4.2   编程实现

本节将结合实例9.1对CLAHE增强算法的编程实现进行介绍。

为"CLAHE"按钮响应函数添加如下代码：

```
void CGrayStretchDlg::OnBnClickedBtnClahe()
{
    // TODO: 在此添加控件通知处理程序代码
    if (m_strFilePath == "")
    {
        AfxMessageBox("请先选定待处理图片");
        return;
    }
    //1.读取原始图像
    Mat imgSrc;
    imgSrc = imread(m_strFilePath.GetBuffer(0), IMREAD_ANYDEPTH | IMREAD_ANYCOLOR);
    //2.显示原始图像
    imshow("原始图像", imgSrc);
    //3.线性拉伸处理
```

```
Mat imgDst;
imgDst.create(imgSrc.size( ), CV_8UC1);
double dClipLimit = 5.0;
unsigned int iSubBlkX = 8;
unsigned int iSubBlkY = 8;
bool bRet = CLAHEStretch(imgSrc, imgDst, dClipLimit, iSubBlkX, iSubBlkY);
if (!bRet)
{
    AfxMessageBox("选定的图像不符合处理要求，请重新选择");
}
//4.显示处理后图像
imshow("CLAHE 图像", imgDst);
}
```

首先按照指定路径对原始图像进行读取和显示，然后调用CLAHEStretch函数对原始图像进行CLAHE增强处理，最后再次调用imshow函数对处理后的图像进行显示。

CLAHEStretch函数的实现代码如下：

```
bool CGrayStretchDlg::CLAHEStretch(Mat src, Mat dst, double dClipLimit, unsigned int iSubBlkX,
                                    unsigned int iSubBlkY)
{
    //1.对图像格式进行检查
    int iChannels = src.channels( );
    Mat imgTemp;
    if (iChannels == 3)
    {
        cvtColor(src, imgTemp, COLOR_GRAY2BGR);
    }
    else if (iChannels == 1)
    {
        imgTemp = src;
    }
    else
    {
        return false;
    }
    Ptr<CLAHE> clahe = createCLAHE( );
    clahe->setClipLimit(dClipLimit);
    clahe->setTilesGridSize(Size(iSubBlkX, iSubBlkY));
    clahe->apply(src, dst);
    return true;
}
```

CLAHEStretch函数采用OpenCV图像处理库自带函数实现CLAHE处理，实现方法较为简单，只需完成对比度参数dClipLimit设置及图像划分块数（iSubBlkX，iSubBlkY）的设置即可。

运行实例9.1，点击"浏览"按钮，选择实例9.1路径下的"knee.bmp"图像文件，分别点击"直方图均衡"及"CLAHE"按钮，依次弹出原始图像［图9.13（a）］、直方图均衡后图像［图9.13（b）］、CLAHE增强后图像［图9.13（c）］。

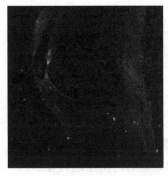
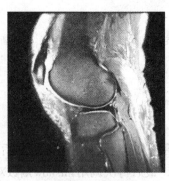
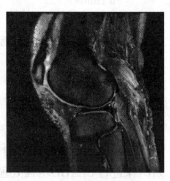

 （a）原始图像   （b）直方图均衡后图像   （c）CLAHE增强后图像

图9.13 直方图均衡与CLAHE增强效果对比

相比于直方图均衡算法，CLAHE增强算法的主要优点在于增强图像对比度的同时能够有效抑制噪声。对图9.13（a）进行直方图均衡处理，虽然整体对比度有所提高，但是其背景噪声被过度放大，且在边缘处产生了不希望看到的伪轮廓，如图9.13（b）所示；而采用CLAHE增强处理后，在提高图像对比的同时对噪声进行了有效抑制，如图9.13（c）所示。CLAHE增强算法在医学成像仪器中应用较多。

CLAHE增强算法的C++实现方法较为复杂，但是通过研读相关代码，读者不仅可以对CLAHE增强算法的实现细节产生深入了解，而且可以结合项目的实际情况，对CLAHE增强算法进行进一步的改进与创新。关于CLAHE增强算法的C++实现的实例代码资源较多，感兴趣的读者可以到网上自行下载与研读。

9.1.5 伽马变换

9.1.5.1 算法原理

伽马（GAMMA）变换又称幂律变换，因幂指数通常用γ变量代替而得名。其基本形式如下：

$$s = cg^{\gamma} \tag{9.9}$$

式中，c为正的常数；g为伽马变换前的图像灰度；γ为伽马变换系数（正的常数）。γ不同取值情况下，s与g的映射曲线如图9.14所示。由图9.14可以看出，当$\gamma < 1$时，图像的低灰度级得到了不同程度的扩展，而高灰度级得到了不同程度的压缩，此种取值比较适合对图像较暗区域的灰度拉伸，同时对图像较亮区域的灰度压缩的情况。当$\gamma > 1$时，图像的低灰度级得到了不同程度的压缩，而高灰度级得到了不同程度的扩展。当 $\gamma = 1$ 且 $c = 1$ 时，图像将不发生任何改变。

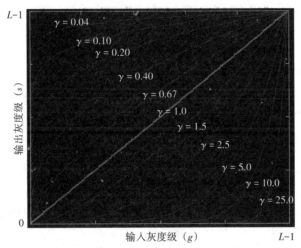

图9.14 γ 不同取值情况下的伽马变换曲线

伽马变换可以看成一种极限情况下的分段拉伸。

9.1.5.2 编程实现

本节将结合实例9.1对伽马变换的编程实现进行介绍。

为实例9.1添加伽马变换曲线显示及参数设置子对话框，用于伽马变换曲线的显示与参数设置，如图9.15所示。根据该界面下方滑动条的不同拖动位置，会选中不同 γ 值对应的变换曲线。选中的 γ 曲线会变成绿色，其 γ 值会相应地显示在该对话框的标题中，同时通过调用PostMessage函数向父窗口发送当前选定的 γ 值。

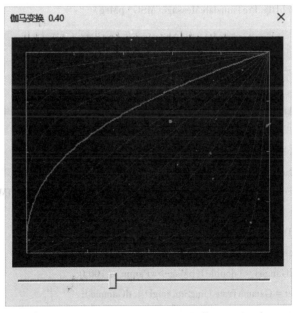

图9.15 伽马变换曲线显示及参数设置子对话框

在实例9.1主界面中，为"GAMMA变换"按钮响应函数添加如下代码：

```
void CGrayStretchDlg::OnBnClickedBtnGamma()
{
    // TODO: 在此添加控件通知处理程序代码
    if (m_strFilePath == "")
    {
        AfxMessageBox("请先选定待处理图片");
        return;
    }
    //1.读取原始图像
    Mat imgSrc;
    imgSrc = imread(m_strFilePath.GetBuffer(0), IMREAD_ANYDEPTH | IMREAD_ANYCOLOR);
    //2.显示原始图像
    imshow("原始图像", imgSrc);
    //3.调用伽马变换参数调整界面
    CDlgGammaCurve dlg;
    dlg.DoModal();
}
```

在该响应函数中，首先调用伽马变换曲线显示及参数设置子对话框，进行γ曲线选择。γ曲线选定后，将γ值发送给CGrayStretchDlg类的消息响应函数，对选定图像进行伽马变换处理及图像显示。消息响应函数（PreTranslateMessage）的相关处理代码如下：

```
BOOL CGrayStretchDlg::PreTranslateMessage(MSG* pMsg)
{
    // TODO: 在此添加专用代码和/或调用基类
    switch (pMsg->message)
    {
    case WM_GAMMACHANGE:
    {
        //1.读取原始图像
        Mat imgSrc;
        imgSrc = imread(m_strFilePath.GetBuffer(0), IMREAD_ANYDEPTH | IMREAD_ANYCOLOR);
        //2.伽马变换处理
        Mat imgDst;
        imgDst.create(imgSrc.size(), CV_8UC1);
        double dGamma = (double)(pMsg->wParam) / 100.0;
        bool bRet = GammaTrans(imgSrc, imgDst, dGamma);
        if (!bRet)
        {
```

```
            AfxMessageBox("选定的图像不符合处理要求，请重新选择");
        }
        //3.显示处理后图像
        imshow("Gamma 变换图像", imgDst);
    }
    break;
    }
    return CDialogEx::PreTranslateMessage(pMsg);
}
```

GammaTrans 函数的实现代码如下：

```
bool CGrayStretchDlg::GammaTrans(Mat src, Mat dst, double dGamma)
{
    //1.对图像格式进行检查
    int iChannels = src.channels();
    Mat imgTemp;
    if (iChannels == 3)
    {
        cvtColor(src, imgTemp, COLOR_GRAY2BGR);
    }
    else if (iChannels == 1)
    {
        imgTemp = src;
    }
    else
    {
        return false;
    }
    //2.根据选定γ值创建灰度映射表
    uchar ucTable[256] = { 0 };
    CreateGammaTable(ucTable, dGamma);
    //3.遍历图像，进行伽马变换
    for (int j = 0; j < src.rows; j++)
    {
        BYTE* pSrc = src.ptr<uchar>(j);
        BYTE* pDst = dst.ptr<uchar>(j);
        for (int i = 0; i < src.cols; i++)
        {
            pDst[i] = ucTable[pSrc[i]];
        }
    }
```

```
        return true;
    }
```

在对图像进行伽马变换的过程中，为了避免大量的重复运算，在进行逐像素变换之前，应首先调用伽马变换灰度映射表函数（CreateGammaTable），完成灰度级的映射表创建；然后通过查表法，完成整幅图像的灰度变换。

CreateGammaTable 函数的实现代码如下：

```
void CGrayStretchDlg::CreateGammaTable(BYTE *ucTable, double dgamma)//创建 Gamma 映射表
{
    for (int i = 0; i < 256; i++)
    {
        ucTable[i] = (unsigned char)(255.0*pow((double)i / 255.0, dgamma));
    }
}
```

其中，ucTable 为伽马变换表格指针（输出参数）；dgamm 为设定的伽马值（输入参数）。

运行实例9.1，点击"浏览"按钮，选择实例9.1路径下的"knee.bmp"图像文件，点击"GAMMA变换"按钮，弹出9.15所示伽马变换曲线显示及参数设置对话框。依次将 γ 值设置为不同数值，会得到相应的变换结果。图9.16为 γ 值依次设置为1.0，1.5，0.67，0.4的变换结果。

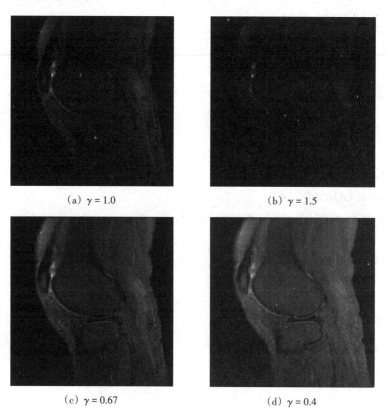

(a) $\gamma = 1.0$　　　　　(b) $\gamma = 1.5$

(c) $\gamma = 0.67$　　　　　(d) $\gamma = 0.4$

图9.16　"knee"图像伽马变换增强效果

9.1.6 灰度等间隔拉伸

9.1.6.1 算法原理

用于飞行目标观测的光测设备所获得的图像数据，常存在目标与背景亮度差异较大的情况。常规的灰度拉伸方法虽然能在一定程度上对图像的灰度级分布进行改善，但是始终无法规避存在于目标与背景之间冗余的灰度级，进而导致不能较为理想地拉伸出位于直方图两端的图像细节。在此种情况下，可以考虑采用灰度等间隔拉伸方法进行图像增强处理。

灰度等间隔拉伸算法[3]的基本原理是通过对原始图像进行直方图统计，最大限度地压缩图像的无效灰度级（即像素分布较少的灰度级），而进一步扩展有效灰度级的空间分布间隔。该算法原理图如图9.17所示。该算法具有两方面优势：一是保持了原有有效灰度级之间的分布比例关系，能够较好地还原原有图像目标、背景的细节真实性；二是由于压缩了部分无效灰度级的分布空间，因此图像的细节能够更好地呈现。

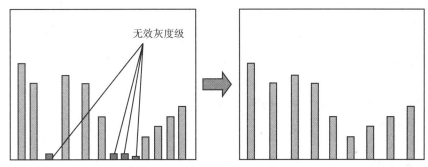

图9.17 灰度等间隔拉伸算法原理图

灰度等间隔拉伸算法实现过程如下。

（1）计算原始图像的直方图概率密度$p_r(r)$，并将其代入式（9.10），计算直方图的均衡变换s_k，再将s_k四舍五入为$[0, L-1]$的整数。

$$s_k = (L - 1) \sum_{j=0}^{k} p_r(r_j) \tag{9.10}$$

（2）用式（9.11）对$q = 0, 1, 2, \cdots, L-1$计算变换函数G的所有值。其中，$p_z(z_i)$是规定的直方图的概率密度值。把G值四舍五入为$[0, L-1]$的整数。将G值存储在映射表中。

$$G(z_q) = (L - 1) \sum_{i=0}^{q} p_z(z_i) \tag{9.11}$$

（3）对每一个s_k（$k = 0, 1, 2, \cdots, L-1$），使用步骤（2）存储的G值寻找相应的z_q值，以使$G(z_q)$最接近s_k，并存储这些从s到z的映射。当满足给定s_k的z_q值多于一个时（即映射不唯一时），按照惯例，选择最小值。

9.1.6.2 编程实现

本节将结合实例9.1对灰度等间隔拉伸的编程实现进行介绍。

为"灰度等间隔拉伸"按钮响应函数添加如下代码:

```
void CGrayStretchDlg::OnBnClickedBtnInternalequal()
{
    // TODO: 在此添加控件通知处理程序代码
    if (m_strFilePath == "")
    {
        AfxMessageBox("请先选定待处理图片");
        return;
    }
    //1.读取原始图像
    Mat imgSrc;
    imgSrc = imread(m_strFilePath.GetBuffer(0), IMREAD_ANYDEPTH | IMREAD_ANYCOLOR);
    //2.显示原始图像
    imshow("原始图像", imgSrc);
    //3.灰度等间隔拉伸处理
    Mat imgDst;
    imgDst.create(imgSrc.size(), CV_8UC1);
    bool bRet = EqualGrayStretch(imgSrc, imgDst);
    if (!bRet)
    {
        AfxMessageBox("选定的图像不符合处理要求，请重新选择");
    }
    //4.显示处理后图像
    imshow("灰度等间隔拉伸图像", imgDst);
}
```

首先按照指定路径对原始图像进行读取和显示，然后调用灰度等间隔拉伸函数（EqualGrayStretch）对原始图像进行灰度拉伸处理，最后再次调用imshow函数对处理后的图像进行显示。

EqualGrayStretch函数的实现代码如下:

```
bool CGrayStretchDlg::EqualGrayStretch(Mat src, Mat dst)
{
    //1.对图像格式进行检查
    int iChannels = src.channels();
    Mat imgTemp;
    if (iChannels == 3)
    {
```

```
        cvtColor(src, imgTemp, COLOR_GRAY2BGR);
    }
    else if (iChannels == 1)
    {
        imgTemp = src;
    }
    else
    {
        return false;
    }
//2.灰度等间隔拉伸处理
//2.1 统计直方图
Mat iHist = Mat::zeros(1, 256, CV_32SC1);
Mat iHistNew = Mat::zeros(1, 256, CV_32SC1);
int iTmp;
for (int i = 0; i < src.rows; i++)
{
    uchar *pSrc = src.ptr<uchar>(i);
    for (int j = 0; j < src.cols; j++)
    {
        iTmp = (int)pSrc[j];
        iHist.at<int>(0, iTmp)++;
    }
}
//2.2 计算有效灰度级数
int iCount = 0;
for (int h = 0; h < 256; h++)
{
    int binVal = iHist.at<int>(0, h);              //iHist[h];
    if (binVal > 5)
    {
        iHistNew.at<int>(0, h) = iCount;           //存储新的灰度级顺序
        iCount++;
    }
    else
    {
        iHistNew.at<int>(0, h) = iCount;           //存储新的灰度级顺序
    }
}
//2.3  计算重排后灰度级之间的距离
```

```
        if (iCount < 10)
        {
            iCount = 10;
        }
        float dDistance = 250.0 / ((float)iCount − 1);
        //2.4    灰度映射
        float dTmp;
        for (int i = 0; i < src.rows; i++)
        {
            uchar *pSrc = src.ptr<uchar>(i);
            uchar *pDst = dst.ptr<uchar>(i);
            for (int j = 0; j < src.cols; j++)
            {
                dTmp = (float)pSrc[j];
                dTmp = iHistNew.at<int>(0, (int)dTmp)*dDistance;
                if (dTmp > 255)
                {
                    dTmp = 255.0;
                }
                pDst[j] = (uchar)dTmp;
            }
        }
    return true;
}
```

EqualGrayStretch 函数主要分为 3 个部分：① 对原图像的直方图进行统计；② 根据求得的直方图进行有效灰度级重排；③ 对每个像素进行灰度转换。

运行实例9.1，点击"浏览"按钮，选择实例9.1路径下的"plane.bmp"图像文件，分别点击"直方图均衡""CLAHE""灰度等间隔拉伸"按钮，依次弹出原始图像 [图9.18（a）]、直方图均衡后图像 [图9.18（b）]、CLAHE增强后图像 [图9.18（c）]、灰度等间隔拉伸后图像 [图9.18（d）]。

（a）原始图像　　　　　　　　　　　（b）直方图均衡后图像

(c) CLAHE增强后图像　　　　　　　　　(d) 灰度等间隔拉伸后图像

图9.18　灰度等间隔拉伸与其他拉伸效果对比

对于飞行目标的观测图像（尤其是红外图像），常在目标与天空背景之间存在较多的无效灰度级，如图9.18（a）所示。采用直方图均衡方法，会增强目标与背景之间的无效灰度级，这些无效灰度级抢占了有效灰度级的表达，如图9.18（b）所示。采用CLAHE增强方法，虽然限制了背景噪声，但是对于此种情况的改进效果不明显。灰度等间隔拉伸方法先去除无效灰度级，再进行灰度拉伸，使目标的灰度细节得到充分扩展。

9.2　彩色图像增强

随着生产工艺的日渐精进，虽然可见图像探测器受噪声干扰较小，但是存在受光照影响大、透雾性能差的问题。因此，对于可见图像的增强处理主要分为亮度增强与去雾增强两个方面。目前，可见图像大多数为彩色图像。彩色图像增强与灰度图像增强的最大区别在于，要考虑增强处理中引发的色偏问题。该问题一般是因红、绿、蓝三个通道在处理过程中相对比例发生了变化，而导致色度发生了改变。为了避免此类问题的发生，在对彩色图像进行对比度增强处理时，一般首先将彩色图像由RGB空间转换为HSI空间，将彩色图像的颜色通道与亮度通道进行分离；然后采用前面章节所述的增强算法对亮度通道进行增强处理；最后将处理后的图像由HSI空间转换回RGB空间，完成彩色图像的对比度增强。

当图像受光照不足或阴影遮挡影响时，还会导致图像的亮度下降。本节将介绍如何通过Retinex理论去除光照不足影响，并对图像的亮度进行增强处理。

另外，由于可见光图像探测器的透雾能力差，图像去雾也成为彩色图像增强领域的一个重要分支。本节将结合最具代表性的暗通道算法对图像的去雾增强处理进行讲解。

9.2.1　SSR算法

9.2.1.1　算法原理

Retinex是建立在科学实验与科学分析基础上的一类图像增强方法，由Edwin H. Land于1963年提出，是一种基于人类视觉的亮度和颜色感知模型的颜色恒常直觉的计算理论。Retinex由retina与cortex两个单词合成而来，因此，Retinex理论又称视网膜大脑皮层理论。

Retinex算法[4]的基础理论认为，人类视觉观察到的颜色是由物质对红、绿、蓝三个波段的反射能力决定的。物体的颜色不受光照强度、光照的非均匀性影响，即色彩恒常性。

所谓色彩恒常性，是指人体会通过视觉系统对观察到的物体颜色变化进行处理，只保留物体内在信息，而不会随外界光照的变化而对物体产生不同的认知变化，大脑皮层接收到这些物体的本质信息后，经过处理形成人的视觉。因此，色彩恒常性是指人对物体颜色的感知，与人的主观意识有关，不是指物体本身的颜色恒定不变。

Retinex理论认为，探测器接收到的图像$I(x, y)$是由照度图像$L(x, y)$与反射图像$R(x, y)$共同作用产生的，其关系模型如图9.19所示。其中，$L(x, y)$代表光的入射分量信息；$R(x, y)$表示光的反射分量信息。

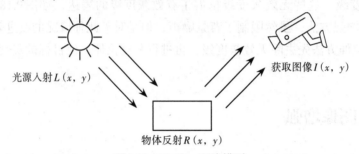

图9.19 Retinex理论模型

三者之间的数学表达式为

$$I(x, y) = L(x, y)R(x, y) \tag{9.12}$$

Retinex理论的核心目的是获得图像的本质信息$R(x, y)$，以减弱光照对图像产生的影响，还原图像本身的特性。由于$I(x, y)$为已知的获取图像，要求得$R(x, y)$，需要对$L(x, y)$进行求解。根据$L(x, y)$求解方法的不同，基于Retinex理论的增强方法主要可分为两种，即单尺度Retinex算法（single-scale Retinex, SSR）和多尺度Retinex算法（multi-scale Retinxe, MSR）。本节主要介绍SSR算法原理。

SSR算法[5]认为高斯函数$G(x, y)$与探测器接收到的图像$I(x, y)$进行卷积能够近似地表示入射分量$L(x, y)$。其数学表达式为

$$L(x, y) = I(x, y)*G(x, y) \tag{9.13}$$

式中，*为卷积运算。

高斯函数的数学表达式为

$$G(x, y) = K\exp\left(-\frac{x^2 + y^2}{c^2}\right) \tag{9.14}$$

式中，K代表归一化尺度，其取值应满足式（9.15）；c决定了高斯核的尺寸，用于控制图像细节与色彩的保留情况，其经验值一般为$80 \sim 100$。

$$\iint G(x,\ y)\mathrm{d}x\mathrm{d}y = 1 \tag{9.15}$$

常数 c 的取值确定后，将 c 值代入式（9.15），即可求得 K 值，进而实现 $R(x,\ y)$ 的求解。

将式（9.14）代入式（9.13），得

$$I\left(x,\ y\right) = R\left(x,\ y\right)\left(I\left(x,\ y\right)*G\left(x,\ y\right)\right) \tag{9.16}$$

为了简化运算，将式（9.16）等号左右两边取对数，得

$$\ln R\left(x,\ y\right) = \ln I\left(x,\ y\right) - \ln\left(I\left(x,\ y\right)*G\left(x,\ y\right)\right) \tag{9.17}$$

令

$$r\left(x,\ y\right) = \ln R\left(x,\ y\right) \tag{9.18}$$

SSR算法的实现步骤如下。

（1）读取待处理图像 $I\left(x,\ y\right)$。

（2）设定参数 c 的值，将该值代入式（9.14）得到 $G\left(x,\ y\right)$ 的表达式，再将 $G\left(x,\ y\right)$ 代入式（9.15），计算 K 的值。

（3）根据式（9.17）和式（9.18）计算 $r\left(x,\ y\right)$。

（4）将 $r\left(x,\ y\right)$ 从对数域转换为实数域，得到输出图像 $R\left(x,\ y\right)$。

（5）对 $R\left(x,\ y\right)$ 进行线性拉伸，使其灰度范围映射到 $\left[0,\ 255\right]$，进而得到最终增强图像。

需要说明的是，对于单通道灰度图像，按照上述步骤即可实现图像增强；对于彩色图像，需要先把图像的红、绿、蓝三个通道进行分离，再将三个通道分别按照上述步骤进行计算，最后将处理后的三个通道进行合成，获得最终的增强图像。

9.2.1.2　编程实现

以下结合实例9.2对SSR算法的编程实现进行介绍。

按照图9.20所示创建实例界面。该界面顶部的组合框用于待处理图像路径的选择与路径显示，组合框下面的按钮用于实现多种去雾算法的处理与显示。

图9.20　实例9.2界面布局

为"SSR"按钮响应函数添加如下代码：

```
void CDefoggingDlg::OnBnClickedBtnSsr( )
{
    // TODO: 在此添加控件通知处理程序代码
    if (m_strFilePath == "")
    {
        AfxMessageBox("请先选定待处理图片");
        return;
    }
    //1.读取原始图像
    Mat imgSrc;
    imgSrc = imread(m_strFilePath.GetBuffer(0), IMREAD_ANYDEPTH | IMREAD_ANYCOLOR);
    //2.显示原始图像
    imshow("原始图像", imgSrc);
    //3.SSR 增强处理
    Mat imgDst;
    int iChannels = imgSrc.channels( );
    if (iChannels ==3)//彩色图像处理
    {
        imgDst.create(imgSrc.size( ), CV_8UC3);
    }
    else if (iChannels == 1)//灰度图像处理
    {
        imgDst.create(imgSrc.size( ), CV_8UC1);
    }
    else
    {
        AfxMessageBox("图像格式不符合处理要求，请重新载入图像");
        return;
    }

    int iC = 80;
    bool bRet = SSR(imgSrc, imgDst, iC);
    if (!bRet)
    {
        AfxMessageBox("选定的图像不符合处理要求，请重新选择");
    }
    //4.显示处理后图像
    imshow("SSR 增强图像", imgDst);
}
```

　　首先按照指定路径对原始图像进行读取和显示，然后调用SSR增强函数对原始图像进行增强处理，最后再次调用imshow函数对增强后的图像进行显示。

　　SSR函数的实现代码如下：

```
bool CDefoggingDlg::SSR(Mat src, Mat dst, int iC)
{
    //1.对图像格式进行检查
    int iChannels = src.channels();
    if (iChannels == 1)//灰度图像处理
    {
        Mat doubleI, gaussianI, logI, logGI, logR;
        src.convertTo(doubleI, CV_64FC1, 1.0, 1.0);
        GaussianBlur(doubleI, gaussianI, Size(0, 0), iC);
        double dK = 1.0 / (sqrt(2 * 3.1415926)*(double)iC);
        gaussianI = dK * gaussianI;
        log(doubleI, logI);
        log(gaussianI, logGI);
        logR = logI - logGI;
        normalize(logR, dst, 0, 255, NORM_MINMAX, CV_8UC1);
    }
    else if (iChannels == 3)//彩色图像处理
    {
        Mat img[3];
        vector<Mat> channels;
        split(src, channels);
        for (int n = 0; n < 3; n++)
        {
            img[n] = channels.at(n);
            Mat doubleI, gaussianI, logI, logGI, logR;
            img[n].convertTo(doubleI, CV_64FC1, 1.0, 1.0);
            GaussianBlur(doubleI, gaussianI, Size(0, 0), iC);
            double dK = 1.0 / (sqrt(2 * 3.1415926)*(double)iC);
            gaussianI = dK * gaussianI;
            log(doubleI, logI);
            log(gaussianI, logGI);
            logR = logI - logGI;
            normalize(logR, img[n], 0, 255, NORM_MINMAX, CV_8UC1);
        }
        merge(channels, dst);
    }
    else
```

```
        {
            return false;
        }
        return true;
    }
```

运行实例9.2，点击"浏览"按钮，依次选择实例9.2路径下的"building.bmp"图像文件、"lighthouse.bmp"图像文件，分别点击"SSR"按钮，依次弹出原始图像［图9.21（a）和图9.21（c）］与SSR增强后图像［图9.21（b）和图9.21（d）］。

（a）"building"原始图像　　　　　　（b）"building"SSR增强后图像

（c）"lighthouse"原始图像　　　　　　（d）"lighthouse"SSR增强后图像

图9.21　SSR增强前后效果对比

从图9.21所示的SSR增强前后效果对比中可以看出，SSR算法可以较好地去除光照不均对图像成像效果的影响，尤其对于曝光不足的区域，具有良好的亮度提升效果。

SSR算法除了具有亮度提升作用，理论上还具有一定的去雾增强效果。但是，经过实测，发现该算法的去雾性能不够稳定，虽然在有些场景下去雾效果较为明显（如图9.22所示），但在有些情况下去雾效果不够理想（如图9.23所示），有时还会出现明显的色偏（如图9.24所示）。

（a）原始图像　　　　　　　　　　　　　（b）去雾图像

图9.22　SSR算法的去雾增强效果1

（a）原始图像　　　　　　　　　　　　　（b）去雾图像

图9.23　SSR算法的去雾增强效果2

（a）原始图像　　　　　　　　　　　　　（b）去雾图像

图9.24　SSR算法的去雾增强效果3

9.2.2　MSR算法

9.2.2.1　算法原理

MSR算法[6]是在SSR算法基础上进行多尺度的扩展，即将不同尺度下的$r(x, y)$进行加权平均，以达到同时获得图像的高保真度与图像动态范围压缩的目的。MSR算法的计算公式如下：

$$r(x, y) = \ln R(x, y) = \sum_k^N w_k \left(\ln I(x, y) - \ln \left(I(x, y) * G_k(x, y) \right) \right) \quad (9.19)$$

式中，N代表参与计算的不同尺度的高斯函数个数。当$N = 1$时，MSR算法退化为SSR算法。

为了保证不同尺度函数均在算法中发挥作用，一般N取值为3，且权重系数w_k均取值为1/3；c在三个尺度下一般分别取值为15，80，200。

参数设定后，按照SSR算法的计算步骤进行增强图像$R(x, y)$的计算。

9.2.2.2 编程实现

本节将结合实例9.2对MSR算法的编程实现进行介绍。

为"MSR"按钮响应函数添加如下代码：

```
void CDefoggingDlg::OnBnClickedBtnMsr( )
{
    // TODO: 在此添加控件通知处理程序代码
    if (m_strFilePath == "")
    {
        AfxMessageBox("请先选定待处理图片");
        return;
    }
    //1.读取原始图像
    Mat imgSrc;
    imgSrc = imread(m_strFilePath.GetBuffer(0), IMREAD_ANYDEPTH | IMREAD_ANYCOLOR);
    //2.显示原始图像
    imshow("原始图像", imgSrc);
    //3.SSR 增强处理
    Mat imgDst;
    int iChannels = imgSrc.channels( );
    if (iChannels == 3)//彩色图像处理
    {
        imgDst.create(imgSrc.size( ), CV_8UC3);
    }
    else if (iChannels == 1)//灰度图像处理
    {
        imgDst.create(imgSrc.size( ), CV_8UC1);
    }
    else
    {
        AfxMessageBox("图像格式不符合处理要求，请重新载入图像");
        return;
    }
    int iC[3];
    iC[0]= 15;
    iC[1] = 80;
    iC[2] = 200;
    double dW[3];
    dW[0] = 0.33;
```

```
        dW[1] = 0.33;
        dW[2] = 0.33;
        bool bRet = MSR(imgSrc, imgDst, iC, dW, 3);
        if (!bRet)
        {
            AfxMessageBox("选定的图像不符合处理要求，请重新选择");
        }
        //4.显示处理后图像
        imshow("MSR 增强图像", imgDst);
}
```

首先按照指定路径对原始图像进行读取和显示，然后调用 MSR 增强函数对原始图像进行增强处理，最后再次调用 imshow 函数对增强后的图像进行显示。

MSR 函数的实现代码如下：

```
bool CDefoggingDlg::MSR(Mat src, Mat dst, int *iC, double *dW, int k)
{
    //1.对图像格式进行检查
    int iChannels = src.channels();
    if (iChannels == 1)//灰度图像处理
    {
        Mat doubleI, gaussianI, logI, logGI, logR;
        logR = Mat::zeros(src.size(), CV_64FC1);
        src.convertTo(doubleI, CV_64FC1, 1.0, 1.0);
        for (int i = 0; i < k; i++)
        {
            GaussianBlur(doubleI, gaussianI, Size(0, 0), iC[i]);
            double dK = 1.0 / (sqrt(2 * 3.1415926)*(double)iC[i]);
            gaussianI = dK * gaussianI;
            log(doubleI, logI);
            log(gaussianI, logGI);
            logR += dW[i]*(logI − logGI);
        }
        normalize(logR, dst, 0, 255, NORM_MINMAX, CV_8UC1);
    }
    else if (iChannels == 3)//彩色图像处理
    {
        Mat img[3];
        vector<Mat> channels;
        split(src, channels);
        for (int n = 0; n < iChannels; n++)
```

```
        {
            img[n] = channels.at(n);
            Mat doubleI, gaussianI, logI, logGI, logR;
            logR = Mat::zeros(src.size(), CV_64FC1);
            img[n].convertTo(doubleI, CV_64FC1, 1.0, 1.0);
            for (int i = 0; i < k; i++)
            {
                GaussianBlur(doubleI, gaussianI, Size(0, 0), iC[i]);
                double dK = 1.0 / (sqrt(2 * 3.1415926)*(double)iC[i]);
                gaussianI = dK * gaussianI;
                log(doubleI, logI);
                log(gaussianI, logGI);
                logR += dW[i]*(logI − logGI);
            }
            normalize(logR, img[n], 0, 255, NORM_MINMAX, CV_8UC1);
        }
        merge(channels, dst);
    }
    else
    {
        return false;
    }
    return true;
}
```

运行实例9.2，点击"浏览"按钮，依次选择实例9.2路径下的"building.bmp"图像文件、"cloud.bmp"图像文件，分别点击"MSR"按钮，弹出原始图像［图9.25（a）和图9.25（d）］与MSR增强后图像［图9.25（c）和图9.25（f）］。此外，为了便于和SSR增强效果相比较，列出了SSR增强效果，如图9.25（b）和图9.25（e）所示。

（a）"building"原始图像

（b）SSR增强后图像

（c）MSR增强后图像

（d）"cloud"原始图像

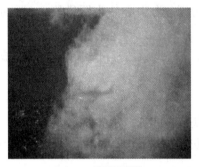
（e）SSR增强后图像

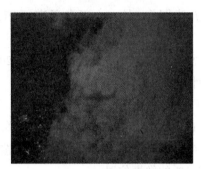
（f）MSR增强后图像

图9.25　SSR，MSR增强前后效果对比

从图9.25所示的两组增强效果对比中可以看出，MSR算法在颜色对比度与清晰度方面相较于SSR算法有所提升，但提升程度不够显著（虽然可以通过优化设置参数进行一定程度的改善），而运算量却是SSR算法的N倍（N为MSR算法设定的尺度数）。因此，应根据实际的使用需要，对增强效果与算法运算量进行合理权衡。

MSR算法与SSR算法一样，对图像光照不充分区域具有显著的亮度增强效果，但是对于去雾处理具有一定的选择性，对于彩色图像的处理，有时还会发生明显的色偏。针对上述问题，众多学者相继提出了MSRCR等一系列改进算法[7-11]，感兴趣的读者可自行进行验证与研究。

9.2.3　暗通道先验去雾

9.2.3.1　算法原理

由何恺明博士提出的暗通道先验去雾算法[12]是去雾领域中一款非常具有代表性的算法，后续的研究学者以该算法为基础，提出了一系列的衍生算法，并在工程实践中得到了广泛应用。以下仅介绍何恺明博士提出的暗通道先验去雾算法。

图像去雾复原一般都是以经典的大气传输模型为基本出发点进行后续的参数估计与去雾图像求解。大气传输模型表达式为

$$I(x) = J(x)t(x) + A(1 - t(x)) \tag{9.20}$$

式中，I为大气传输退化图像；J为待求解的去雾图像；t为大气透过率；A为大气光

值。式（9.20）清楚地描述了图像 $J(x)$ 受大气传输影响的退化成因：$J(x)t(x)$ 表示光线在传输过程中直接受到的大气衰减的影响；$A(1-t(x))$ 表示大气散射造成的干扰叠加。

暗通道先验原理是一种基于无雾真实场景图像的先验统计规律。该理论认为，在绝大多数的非天空区域里，都会存在至少一个颜色通道的像素灰度值非常低且接近于0，即

$$J^{dark}(x) = \min_{y \in \Omega(x)} \left\{ \min_{c \in \{r,\,g,\,b\}} J^c(y) \right\} \to 0 \qquad (9.21)$$

式中，J^c 为图像 J 的一个颜色通道；$\Omega(x)$ 为以 x 为中心的小图像块；J^{dark} 为暗通道图像。

根据大气传输模型表达式 [式（9.20）]，要想求解去雾图像 J，需要完成两个参数的估计：大气光值 A，大气透过率 t。

（1）大气光值的估计。

大气光值的估计值要借助暗通道图像来获取，其获取步骤如下。

① 在暗通道图像 J^{dark} 中，将各像素按照灰度值进行升序排序，获取灰度值占整幅图像前0.1%的像素位置。

② 对按照步骤①获取到的像素位置，在退化图像 I 中读取对应像素点的灰度值，将这些灰度值的最大值作为大气光值的估计值 A。

（2）大气透过率的估计。

获得大气光值 A 的估计值后，将式（9.20）等号左右两边都除以 A，得到式（9.22）：

$$\frac{I(x)}{A} = t(x)\frac{J(x)}{A} + 1 - t(x) \qquad (9.22)$$

将式（9.22）等号左右两边进行暗通道统计，得到式（9.23）：

$$\min_{y \in \Omega(x)} \left\{ \min_{c \in \{r,\,g,\,b\}} \frac{I^c(x)}{A} \right\} = \tilde{t}(x) \min_{y \in \Omega(x)} \left\{ \min_{c \in \{r,\,g,\,b\}} \frac{J^c(x)}{A} \right\} + 1 - \tilde{t}(x) \qquad (9.23)$$

将式（9.21）代入式（9.23），可以得到大气透过率估计 $\tilde{t}(x)$ 的表达式：

$$\tilde{t}(x) = 1 - \min_{y \in \Omega(x)} \left\{ \min_{c \in \{r,\,g,\,b\}} \frac{I^c(x)}{A} \right\} \qquad (9.24)$$

为了避免直接去雾计算造成的部分细节失真，对式（9.24）进行如下修正：

$$\tilde{t}(x) = 1 - w \min_{y \in \Omega(x)} \left\{ \min_{c \in \{r,\,g,\,b\}} \frac{I^c(x)}{A} \right\} \qquad (9.25)$$

式中，w 为去雾效果调节因子，取值范围为 $0 \sim 1$，建议参考值为0.95。

由暗通道图像的统计的定义 [式（9.21）] 可知，J^{dark} 存在一定的块效应，而 $\tilde{t}(x)$ 与 J^{dark} 存在线性关系，因此 $\tilde{t}(x)$ 也不可避免地存在块效应。将式（9.25）代入式

（9.20）对 $J(x)$ 进行求解，会在图像边缘处出现过度异常。

因此，在本算法的后续改进中，将 $\tilde{t}(x)$ 进行了导向滤波处理，导向图为 $I(x)$，以进一步对 $\tilde{t}(x)$ 进行细化。导向滤波的原理在前面章节中已经介绍，此处不再展开讲解。

（3）去雾图像的求解。

完成大气光值 A 与大气透过率 t 的估计后，将值代入式（9.20），即可实现去雾图像的求解。

在计算求解过程中，可能存在透过率 $t(x)$ 值过小的情况。当该值过小时，会导致 J 产生较严重的失真，因此应该对 $t(x)$ 的取值下限进行限制；当该值小于设定值 t_0 时，将 $t(x)$ 强制设定为 t_0。修正后的去雾图像 J 的计算公式如下：

$$J(x) = \frac{I(x) - A}{\max\left\{t(x),\ t_0\right\}} \tag{9.26}$$

需要说明的是，直接利用暗通道先验算法进行去雾处理后的图像会整体偏暗。因此，在实际应用中，在进行去雾处理后需要对图像进行进一步的亮度增强处理。

9.2.3.2　编程实现

本节将结合实例9.2对暗通道先验去雾算法的编程实现进行介绍。

为"暗通道"按钮响应函数添加如下代码：

```
void CDefoggingDlg::OnBnClickedBtnDcp()
{
    // TODO: 在此添加控件通知处理程序代码
    if (m_strFilePath == "")
    {
        AfxMessageBox("请先选定待处理图片");
        return;
    }
    //1.读取原始图像
    Mat imgSrc;
    imgSrc = imread(m_strFilePath.GetBuffer(0), IMREAD_ANYDEPTH | IMREAD_ANYCOLOR);
    //2.显示原始图像
    imshow("原始图像", imgSrc);
    //3.DCP去雾处理
    Mat imgDst;
    imgDst.create(imgSrc.size(), CV_8UC3);
    unsigned int uiBlock = 4;
    double dW = 0.9;
    bool bRet = DCP(imgSrc, imgDst, uiBlock, dW);
    if (!bRet)
    {
```

```
        AfxMessageBox("选定的图像不符合处理要求，请重新选择");
        return;
    }
    //4.亮度提升处理
    Mat matHLS;
    cvtColor(imgDst, matHLS, COLOR_BGR2HLS);
    Mat img[3];
    vector<Mat> channels;
    split(matHLS, channels);
    for (int n = 0; n < 3; n++)
    {
        img[n] = channels.at(n);
    }
    bRet = GammaTrans(img[1], img[1], 0.67);
    if (!bRet)
    {
        AfxMessageBox("选定的图像不符合处理要求，请重新选择");
        return;
    }
    merge(channels, matHLS);
    //RGB=>HSI
    cvtColor(matHLS, imgDst, COLOR_HLS2BGR);
    //5.显示处理后图像
    imshow("DCP去雾图像", imgDst);
}
```

首先按照指定路径对原始图像进行读取和显示，然后调用暗通道去雾函数（DCP）对原始图像进行去雾处理。由于经暗通道处理后的图像会整体变暗，本实例在去雾处理后又调用了伽马变换函数（$\gamma = 0.67$）对图像进行了亮度提升。伽马变换函数原理在前面章节中已经讲解，此处不再赘述。但是，需要特殊说明的是，对于彩色图像，直接在 RGB 色彩空间对图像进行亮度提升，可能会破坏原有的 R，G，B 三个通道的颜色比例，造成色彩失真。为了避免此类问题的发生，本实例首先调用 cvtColor 函数将图像由 RGB 空间转换为 HSI 空间，将图像的色度与亮度进行分离；其次单独对亮度通道利用伽马变换进行亮度提升；再次调用 cvtColor 函数，将亮度提升后的图像由 HSI 空间转换为 RGB 空间；最后调用 imshow 函数对去雾后的图像进行显示。

DCP 函数的实现代码如下：

```
bool CDefoggingDlg::DCP(Mat src, Mat dst, unsigned int uiBlockSize, double dW)
{
    //1.对图像格式进行检查
```

```
int iChannels = src.channels( );
Mat imgTemp;
if (iChannels == 1)//灰度图像处理
{
    cvtColor(src, imgTemp, COLOR_GRAY2BGR);
}
else if (iChannels == 3)
{
    imgTemp = src;
}
else
{
    return false;
}
//暗通道处理
Mat srcF;
imgTemp.convertTo(srcF, CV_64F);
double dCoeff = pow(2.0, 8) - 1;
//分离的三个通道
Mat img[3];
vector<Mat> channels;
split(srcF, channels);
for (int n = 0; n < 3; n++)
{
    img[n] = channels.at(n);
}
Mat darkchannel(src.size( ), CV_64F);
Mat toushelv(src.size( ), CV_64F);
int i; int j;
double min0 = 0;
double max0 = 0;
double min1 = 0;
double max1 = 0;
double min2 = 0;
double max2 = 0;
double min = 0;
Scalar value;
Mat imgROI[3], imgDarkROI;
int iMaxCol = src.cols / uiBlockSize;
int iMaxRow = src.rows / uiBlockSize;
for (i = 0; i < iMaxCol; i++)
```

```
    {
        for (j = 0; j < iMaxRow; j++)
        {
            // 分别计算三个通道内ROI的最小值
            imgROI[0] = img[0](Range(j*uiBlockSize, (j + 1)*uiBlockSize),
                            Range(i*uiBlockSize, (i + 1)*uiBlockSize));
            minMaxLoc(imgROI[0], &min0, &max0);
            imgROI[1] = img[1](Range(j*uiBlockSize, (j + 1)*uiBlockSize),
                            Range(i*uiBlockSize, (i + 1)*uiBlockSize));
            minMaxLoc(imgROI[1], &min1, &max1);
            imgROI[2] = img[2](Range(j*uiBlockSize, (j + 1)*uiBlockSize),
                            Range(i*uiBlockSize, (i + 1)*uiBlockSize));
            minMaxLoc(imgROI[2], &min2, &max2);
            // 求三个通道内最小值的最小值
            min = min0 < min1 ? min0 : min1;
            min = min < min2 ? min : min2;  //min为这个ROI中暗原色
            // min 赋予 darkchannel 中相应的 ROI
            imgDarkROI = darkchannel(Range(j*uiBlockSize, (j + 1)*uiBlockSize),
                                Range(i*uiBlockSize, (i + 1)*uiBlockSize));
            imgDarkROI.setTo(Scalar(min, min, min, min));
        }
    }
//利用得到的暗原色先验darkchannel_prior.jpg求大气光强
double min_dark;
double max_dark;
Point ptMinLoc;
Point ptMaxLoc;
minMaxLoc(darkchannel, &min_dark, &max_dark, &ptMinLoc, &ptMaxLoc);
//ptMaxLoc是暗原色先验最亮一小块的原坐标
int iMaxBlkX = ptMaxLoc.x;
int iMaxBlkY = ptMaxLoc.y;
// 求大气光强估计值
imgROI[0] = img[0](Range(iMaxBlkY, iMaxBlkY + uiBlockSize),
                Range(iMaxBlkX, iMaxBlkX + uiBlockSize));
minMaxLoc(imgROI[0], &min0, &max0);
imgROI[1] = img[1](Range(iMaxBlkY, iMaxBlkY + uiBlockSize),
                Range(iMaxBlkX, iMaxBlkX + uiBlockSize));
minMaxLoc(imgROI[1], &min1, &max1);
imgROI[2] = img[2](Range(iMaxBlkY, iMaxBlkY + uiBlockSize),
                Range(iMaxBlkX, iMaxBlkX + uiBlockSize));
minMaxLoc(imgROI[2], &min2, &max2);
```

```
//求透射率
int k;
int l;
double m, n; //暗原色先验各元素值
for (k = 0; k < imgTemp.rows; k++)
{
    double *pSrc = darkchannel.ptr<double>(k);
    double *pDst = toushelv.ptr<double>(k);
    for (l = 0; l < imgTemp.cols; l++)
    {
        m = pSrc[l];
        n = dCoeff - dW * m;
        pDst[l] = n;
    }
}
//求无雾图像
int p, q;
double tx;
for (p = 0; p < imgTemp.rows; p++)
{
    double *pSrc = toushelv.ptr<double>(p);
    double *pDst0 = img[0].ptr<double>(p);
    double *pDst1 = img[1].ptr<double>(p);
    double *pDst2 = img[2].ptr<double>(p);
    for (q = 0; q < imgTemp.cols; q++)
    {
        tx = pSrc[q];
        tx = tx / dCoeff;
        pDst0[q] = (pDst0[q] - max0) / tx + max0;
        pDst1[q] = (pDst1[q] - max1) / tx + max1;
        pDst2[q] = (pDst2[q] - max2) / tx + max2;
    }
}
merge(channels, srcF);
srcF.convertTo(dst, imgTemp.type());
return true;
}
```

运行实例9.2，点击"浏览"按钮，选择实例9.2路径下的"mountain.bmp""town.bmp"图像文件，点击"暗通道"按钮，依次弹出原始图像［图9.26（a）和图9.26（c）］与暗通道去雾后的图像［图9.26（b）和图9.26（d）］。

（a）"mountain"原始图像　　　　　　　（b）暗通道去雾后图像

（c）"town"原始图像　　　　　　　（d）暗通道去雾后图像

图9.26　暗通道去雾前后效果对比

　　从图9.26所示的两组去雾效果对比图中可以看出，暗通道对于满足先验假设的场景，具有较为理想的去雾效果。但是，暗通道先验是一种对大量户外无雾图像的统计结果，当目标场景中存在和大气光类似的大块场景区域（如大片天空、雪地、白色物体等）时，暗通道先验假设不再成立，采用本算法进行去雾处理将难以得到预期的去雾效果，如图9.27所示。

（a）"Lake"原始图像　　　　　　　（b）暗通道去雾后图像

图9.27　先验假设不成立场景下暗通道去雾效果对比

　　从图9.27中可以看出，因图像中存在大量的天空背景，导致先验假设条件不成立时，采用暗通道先验进行去雾处理，图像发生了明显的颜色失真。上述问题的产生，本质上是大气光值估计错误导致，当对大气光值结合实际情况进行修正后，本算法仍然适用。

　　虽然何恺明博士提出的暗通道算法在某些场景下存在一定的局限性，但是该算法仍不失为近二十年来一款极具代表性的去雾算法。众多国内外学者在此基础上提出了一系列的改进算法。例如，针对去雾图像边缘不够清晰的问题，Li等[13]提出了加权引导滤波器WGIF对大气透过率图进行边缘细化的算法；针对大气光值估计易受白色物体或高亮区域影响的问题，Kim等[14]利用四叉树分层搜索方法提出了大气光值估计的算法；对于天空区域面积较大的图像，多位学者对天空区域与非天空区域采取了不同大气光估计值的算法[15-17]；等等。

9.3 图像的噪声抑制

对于红外图像、雷达图像或超声等医学影像图像，往往因生产工艺或成像机理等原因，获得的图像数据常存在一定程度的干扰噪声。这些噪声常常会影响观测效果，甚至会影响后期的数据分析。因此，图像的噪声抑制常作为一种预处理手段，即在进行其他图像处理之前先进行噪声抑制处理。也就是说，图像的噪声抑制一般和其他图像处理方法结合使用。对于实时图像处理，在图像噪声抑制的算法选择时，要对其去噪效果与算法运算量进行充分权衡。

9.3.1 均值滤波算法

9.3.1.1 算法原理

均值滤波是典型的线性滤波算法。该算法的基本原理是用当前像素点邻域的$N \times N$个像素的均值代替当前像素值。使用该算法遍历整幅图像的像素点，即可完成整幅图像的均值滤波。

设待处理的图像为I，其第i列、第j行的像素灰度为$I(i, j)$，如图9.28所示。

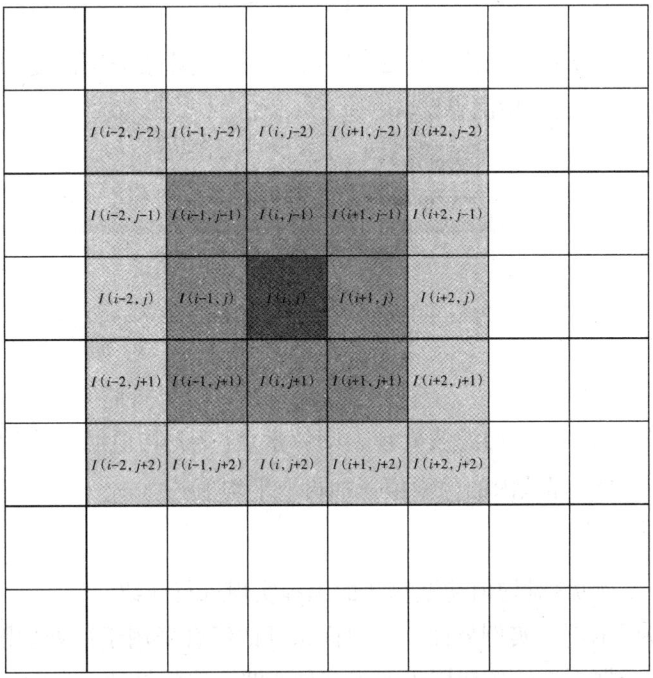

图9.28　图像I的像素排布示意图

若对图9.28进行3×3平均滤波处理，则像素点(i, j)均值滤波后的值$I'(i, j)$为

$$I'(i, j) = \frac{\begin{matrix} w_1I(i-1, j-1) + w_2I(i, j-1) + w_3I(i+1, j-1) + \\ w_4I(i-1, j) + w_5I(i, j) + w_6I(i+1, j) + \\ w_7I(i-1, j+1) + w_8I(i, j+1) + w_9I(i+1, j+1) \end{matrix}}{9} \quad (9.27)$$

式中，$w_1 \sim w_9$为参与累加的各像素值的加权值。

式（9.27）也可以理解为图像与如下权重矩阵的二维卷积：

$$\boldsymbol{W} = \frac{1}{9}\begin{bmatrix} w_1 & w_2 & w_3 \\ w_4 & w_5 & w_6 \\ w_7 & w_8 & w_9 \end{bmatrix} \quad (9.28)$$

当各加权值均为1时，该算法即典型的均值滤波算法。当加权均值$\boldsymbol{W}$取不同值时，可以演变为不同的处理算法。

当$\boldsymbol{W}$取值为式（9.29）所示值时，该算法演变为高斯滤波算法。

$$\boldsymbol{W} = \frac{1}{16}\begin{bmatrix} 1 & 2 & 1 \\ 2 & 4 & 2 \\ 1 & 2 & 1 \end{bmatrix} \quad (9.29)$$

当$\boldsymbol{W}$取值为式（9.30）所示值时，该算法演变为拉普拉斯锐化算法。

$$\boldsymbol{W} = \begin{bmatrix} -1 & -1 & -1 \\ -1 & 9 & -1 \\ -1 & -1 & -1 \end{bmatrix} \quad (9.30)$$

当$\boldsymbol{W}$取值为式（9.31）和式（9.32）所示值时，该算法分别演变为Sobel水平边缘检测算法和Sobel垂直边缘检测算法。

$$\boldsymbol{W} = \begin{bmatrix} -1 & -2 & -1 \\ 0 & 0 & 0 \\ 1 & 2 & 1 \end{bmatrix} \quad (9.31)$$

$$\boldsymbol{W} = \begin{bmatrix} -1 & 0 & 1 \\ -2 & 0 & 2 \\ -1 & 0 & 1 \end{bmatrix} \quad (9.32)$$

若对该图像进行5×5平均滤波处理，则像素点(i, j)均值滤波后的值$I'(i, j)$为以该像素点为中心，5×5邻域内的像素值累加再取平均值。

9.3.1.2　编程实现

本节将结合实例9.3对均值滤波算法的编程实现进行介绍。

按照图9.29所示创建实例界面。该界面顶部的组合框用于待处理图像路径的选择与路径显示，组合框下面的按钮用于实现多种滤波算法的处理与显示。

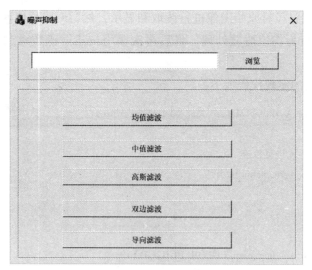

图9.29 实例9.3界面布局

为"均值滤波"按钮响应函数添加如下代码：

```
void CDeNoiseDlg::OnBnClickedBtnAvgfilter( )
{
    // TODO: 在此添加控件通知处理程序代码
    if (m_strFilePath == "")
    {
        AfxMessageBox("请先选定待处理图片");
        return;
    }
    //1.读取原始图像
    Mat imgSrc;
    imgSrc = imread(m_strFilePath.GetBuffer(0), IMREAD_ANYDEPTH | IMREAD_ANYCOLOR);
    //2.显示原始图像
    imshow("原始图像", imgSrc);
    //3.均值滤波处理
    Mat imgDst;
    imgDst.create(imgSrc.size( ), CV_8UC1);
    bool bRet = AvgFilter(imgSrc, imgDst, Size(5, 5));
    if (!bRet)
    {
        AfxMessageBox("选定的图像不符合处理要求，请重新选择");
    }
    //4.显示处理后图像
    imshow("均值滤波图像", imgDst);
}
```

首先按照指定路径对原始图像进行读取和显示，然后调用均值滤波函数（AvgFilter）对原始图像进行均值滤波处理，最后再次调用imshow函数对滤波后的图像进行显示。

AvgFilter函数的实现代码如下：

```
bool CDeNoiseDlg::AvgFilter(Mat src, Mat &dst, Size kerSize)
{
    //1.对图像格式进行检查
    int iChannels = src.channels();
    Mat imgTemp;
    if (iChannels == 3)
    {
        cvtColor(src, imgTemp, COLOR_BGR2GRAY);
    }
    else if (iChannels == 1)
    {
        imgTemp = src;
    }
    else
    {
        return false;
    }
    //2.均值滤波处理
    blur(imgTemp, dst, kerSize);
    return true;
}
```

AvgFilter函数通过调用OpenCV库的blur函数实现均值滤波处理。调用该函数时，只需指定用于均值滤波的图像模板的尺寸即可，本实例选用5×5模板。对于基于C++的均值滤波代码，感兴趣的读者可在网上自行下载学习。

运行实例9.3，点击"浏览"按钮，选择实例9.3路径下的"planeNoise.bmp"图像，点击"均值滤波"按钮，依次弹出带有背景噪声的原始图像［图9.30（a）］与均值滤波后的图像［图9.30（b）］。

（a）带有背景噪声的原始图像   （b）均值滤波后的图像

图9.30 "planeNoise"图像均值滤波前后效果对比

从图 9.30（b）中可以看出，均值滤波处理后，图像的背景噪声得到了有效抑制，但是该算法在边缘保持方面具有一定的局限性。经过均值滤波处理后，图像边缘的锐度也受到影响。

另外，OpenCV 的均值滤波处理可以调用 filter2D 函数实现。以下代码展示了 3×3 的均值滤波实现代码，其效果与 blur 函数 3×3 均值滤波的效果一致。filter2D 函数的好处是，可以根据处理需要对滤波模板进行灵活设置。

```cpp
bool CDeNoiseDlg::AvgFilter2(Mat src, Mat &dst)
{
    //1.对图像格式进行检查
    int iChannels = src.channels();
    Mat imgTemp;
    if (iChannels == 3)
    {
        cvtColor(src, imgTemp, COLOR_GRAY2BGR);
    }
    else if (iChannels == 1)
    {
        imgTemp = src;
    }
    else
    {
        return false;
    }
    //2.均值滤波处理
    Mat kern = (Mat_<float>(3, 3) <<1.0/9.0, 1.0 / 9.0, 1.0 / 9.0, 1.0 / 9.0, 1.0 / 9.0,
                1.0 / 9.0, 1.0 / 9.0, 1.0 / 9.0, 1.0 / 9.0);
    filter2D(imgTemp, dst, src.depth(), kern);
    return true;
}
```

9.3.2 中值滤波算法

9.3.2.1 算法原理

中值滤波是一种经典的非线性滤波算法。该算法可以在一定程度上克服均值滤波等算法造成的细节模糊，且对于椒盐噪声等脉冲干扰滤除效果最为有效。

中值滤波算法一般采用一个包含奇数个像素点的滑动窗口，将该窗口内各像素值进行灰度值排序，并将中间值作为该窗口所覆盖区域中心位置像素的灰度值。

对于图像等二维信号的处理，其常用的滑动窗口形状一般有线状、方形、圆形、十字形等。其中，方形窗口应用最多，本节的相关实例也选用方形窗口。

若对该图像进行3×3矩形窗口的中值滤波处理，则要求得到像素点 (i, j) 对应的中值滤波值。首先需对该像素点及其八邻域像素的灰度值进行升序（降序）排列，然后将该序列的中间值作为像素点 (i, j) 的像素值。

设待处理的图像为I，其第i列、第j行的像素灰度值为$I(i, j) = 100$，其八邻域的灰度值依次为220，205，200，195，198，199，197，196，如图9.31所示。

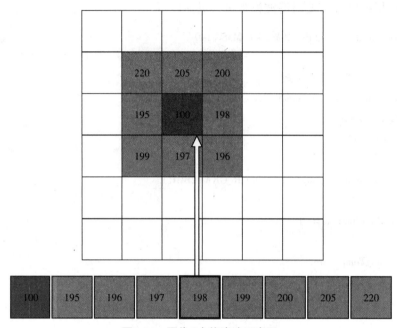

图9.31   图像I中值滤波示意图

将像素点 (i, j) 及其八邻域的像素值进行升序排列，结果为100，195，196，197，198，199，200，205，220。其中间值为198，则像素点 (i, j) 的值将由原来的100被替换为中间值198。对整幅图像进行逐像素中值处理，即完成中值滤波。

9.3.2.2　编程实现

本节将结合实例9.3对中值滤波算法的编程实现进行介绍。

为"中值滤波"按钮响应函数添加如下代码：

```
void CDeNoiseDlg::OnBnClickedBtnMedianfilter()
{
    // TODO: 在此添加控件通知处理程序代码
    if (m_strFilePath == "")
    {
        AfxMessageBox("请先选定待处理图片");
        return;
    }
    //1.读取原始图像
    Mat imgSrc;
```

```
imgSrc = imread(m_strFilePath.GetBuffer(0), IMREAD_ANYDEPTH | IMREAD_ANYCOLOR);
//2.显示原始图像
imshow("原始图像", imgSrc);
//3.均值滤波处理
Mat imgDst;
imgDst.create(imgSrc.size(), CV_8UC1);
bool bRet = Medianfilter(imgSrc, imgDst, 5);
if (!bRet)
{
    AfxMessageBox("选定的图像不符合处理要求，请重新选择");
}
//4.显示处理后图像
imshow("中值滤波图像", imgDst);
}
```

首先按照指定路径对原始图像进行读取和显示，然后调用中值滤波函数（Medianfilter）对原始图像进行中值滤波处理，最后再次调用imshow函数对滤波后的图像进行显示。

Medianfilter函数的实现代码如下：

```
bool CDeNoiseDlg::Medianfilter(Mat src, Mat &dst, int iKerSize)
{
    //1.对图像格式进行检查
    int iChannels = src.channels();
    Mat imgTemp;
    if (iChannels == 3)
    {
        cvtColor(src, imgTemp, COLOR_BGR2GRAY);
    }
    else if (iChannels == 1)
    {
        imgTemp = src;
    }
    else
    {
        return false;
    }
    //2.中值滤波处理
    medianBlur(imgTemp, dst, iKerSize);
    return true;
}
```

Medianfilter 函数通过调用 OpenCV 库的 **medianBlur** 函数实现中值滤波处理。调用该函数时，只需设定用于均值滤波的滑动窗口的尺寸，本实例将滑动窗口尺寸设为5。基于 C++ 的中值滤波代码实现，只需将滑动窗口内像素采用经典的冒泡法进行排序，再将排序后的数值序列的中间值赋值给该像素即可，此处不再赘述，感兴趣的读者可自行在网上下载学习。

运行实例9.3，点击"浏览"按钮，选择实例9.3路径下带有椒盐噪声的"Pot-Noise.bmp"图像文件，分别点击"均值滤波"按钮、"中值滤波"按钮，依次弹出带有背景噪声的原始图像［图9.32（a）］、均值滤波后图像［图9.32（b）］及中值滤波后图像［图9.32（c）］。

（a）原始图像　　　　　　　（b）均值滤波后图像　　　　　　（c）中值滤波后图像

图9.32　均值滤波与中值滤波效果对比

从图9.32所示的三幅图像效果对比中可以看出，均值滤波对椒盐噪声有一定的抑制作用，但仍有噪声残留，且边缘锐度下降明显；而中值滤波处理后，椒盐噪声得到充分抑制，且边缘细节保持较好。

对于椒盐噪声、散粒噪声等，中值滤波均具有较好的表现，且由于其算法运算量小，因此对于实时性要求较高的噪声抑制场合，该算法比较常用。

9.3.3　高斯滤波算法

9.3.3.1　算法原理

高斯滤波是一种典型的非线性滤波，可以实现图像的平滑与噪声的抑制。它的基本原理是基于二维高斯函数的卷积运算，是均值滤波的一种加权改进。二维高斯函数的表达式为

$$G(x, y) = \frac{1}{2\pi\sigma^2} \exp\left(-\frac{x^2 + y^2}{2\sigma^2}\right) \tag{9.33}$$

式中，σ 为标准差。

由高斯函数的表达式可知，x 与 y 越接近0，$G(x, y)$ 的值越大；反之，越小。

高斯滤波处理就是图像在滑动窗口内的像素点的值与高斯函数的卷积运算，并将计算结果赋值给滑动窗口中心像素点。高斯滤波卷积计算公式如下：

$$I'(x_0, \ y_0) = \sum_x \sum_y I(x, \ y) * G(x - x_0, \ y - y_0) \tag{9.34}$$

式中，$(x, \ y)$ 为高斯滑动窗口内参与计算的像素点位置；$(x_0, \ y_0)$ 为高斯滑动窗口内中心点位置；$I(x, \ y)$ 为高斯滑动窗口内参与计算的像素点 $(x, \ y)$ 的灰度值；$I'(x_0, \ y_0)$ 为高斯滤波后灰度值。高斯滤波器就是以 $G(x - x_0, \ y - y_0)$ 作为滑动窗口内参与加权计算的权重系数，$(x, \ y)$ 与中心像素点 $(x_0, \ y_0)$ 越接近，则权值越大；$(x, \ y)$ 与中心像素点 $(x_0, \ y_0)$ 越远，则权值越小。

9.3.3.2 编程实现

本节将结合实例9.3对高斯滤波算法的编程实现进行介绍。

为"高斯滤波"按钮响应函数添加如下代码：

```
void CDeNoiseDlg::OnBnClickedBtnGaussfilter()
{
    // TODO: 在此添加控件通知处理程序代码
    if (m_strFilePath == "")
    {
        AfxMessageBox("请先选定待处理图片");
        return;
    }
    //1.读取原始图像
    Mat imgSrc;
    imgSrc = imread(m_strFilePath.GetBuffer(0), IMREAD_ANYDEPTH | IMREAD_ANYCOLOR);
    //2.显示原始图像
    imshow("原始图像", imgSrc);
    //3.高斯滤波处理
    Mat imgDst;
    imgDst.create(imgSrc.size(), CV_8UC1);
    bool bRet = Gaussfilter(imgSrc, imgDst, 5, 3, 3);
    if (!bRet)
    {
        AfxMessageBox("选定的图像不符合处理要求，请重新选择");
    }
    //4.显示处理后图像
    imshow("高斯滤波图像", imgDst);
}
```

首先按照指定路径对原始图像进行读取和显示，然后调用均值滤波函数（Gaussfilter）对原始图像进行高斯滤波处理，最后再次调用imshow函数对滤波后的图像进行显示。

Gaussfilter 函数的实现代码如下：

```
bool CDeNoiseDlg::Gaussfilter(Mat src, Mat &dst, int iKerSize, double dSigmaX, double dSigmaY)
{
    //1.对图像格式进行检查
    int iChannels = src.channels();
    Mat imgTemp;
    if (iChannels == 3)
    {
        cvtColor(src, imgTemp, COLOR_BGR2GRAY);
    }
    else if (iChannels == 1)
    {
        imgTemp = src;
    }
    else
    {
        return false;
    }
    //2.高斯滤波处理
    GaussianBlur(imgTemp, dst, Size(iKerSize, iKerSize), dSigmaX, dSigmaY);
    return true;
}
```

Gaussfilter 函数通过调用 OpenCV 库的 GaussianBlur 函数实现高斯滤波处理。调用该函数时，需要对高斯滤波的图像窗口尺寸、σ 值进行设置。

运行实例9.3，点击"浏览"按钮，选择实例9.3路径下的"planeNoise.bmp"图像文件，点击"高斯滤波"按钮，依次弹出带有背景噪声的原始图像 [图9.33（a）] 与高斯滤波后图像 [图9.33（b）]。

（a）带有背景噪声的原始图像　　　　　　（b）高斯滤波后图像

图9.33　"planeNoise" 图像高斯滤波前后效果对比

从图9.33（b）中可以看出，高斯滤波处理后，图像的背景噪声得到有效抑制，但是该算法在边缘保持方面具有一定的局限性。经过均值滤波处理后，图像边缘的锐度也受到影响。

由此可以看出，与均值滤波效果相比，高斯滤波的噪声抑制效果同样存在边缘模糊问题。但与均值滤波不同的是，高斯滤波可以通过设置相关参数对滤波器进行灵活设置。由于高斯滤波仍然没有解决去噪保边的问题，因此该算法多用于边缘平滑与模糊处理，噪声抑制效果不突出。

9.3.4 双边滤波算法

9.3.4.1 算法原理

双边滤波[18]是一种非线性滤波算法，其本质上基于高斯滤波，主要目的是解决高斯滤波去噪过程中造成的边缘模糊问题。

双边滤波器是在高斯滤波器的基础上增加了一个高斯核。原有的高斯核是以像素间的距离为自变量进行高斯加权值的调整，新增的高斯核是基于像素灰度值分布作为自变量进行高斯加权值的修正。在两个高斯核的共同作用下，只有当两个像素距离很近且两个像素的灰度值较为接近时，权值才会加大；反之，即使两个像素距离较近但灰度值差异较大（也就是处于图像的边缘跳变位置），权值也会较小，进而达到去噪、保边的效果。

双边滤波器的两个核函数表达式如下：

$$r\left(x,\ y,\ x_0,\ y_0\right)=\exp\left(-\frac{\left\|I\left(x,\ y\right)-I\left(x_0,\ y_0\right)\right\|^2}{2\sigma_{\mathrm{r}}^2}\right) \tag{9.35}$$

$$d\left(x,\ y,\ x_0,\ y_0\right)=\exp\left(-\frac{\left(x-x_0\right)^2+\left(y-y_0\right)^2}{2\sigma_{\mathrm{d}}^2}\right) \tag{9.36}$$

将式（9.35）和式（9.36）结合，即可得到双边滤波核函数表达式：

$$\begin{aligned}\omega\left(x,\ y,\ x_0,\ y_0\right)&=r\left(x,\ y,\ x_0,\ y_0\right)d\left(x,\ y,\ x_0,\ y_0\right)\\&=\exp\left(-\frac{\left\|I\left(x,\ y\right)-I\left(x_0,\ y_0\right)\right\|^2}{2\sigma_{\mathrm{r}}^2}-\frac{\left(x-x_0\right)^2+\left(y-y_0\right)^2}{2\sigma_{\mathrm{d}}^2}\right)\end{aligned} \tag{9.37}$$

最终，得到双边滤波器的计算公式：

$$I'\left(x_0,\ y_0\right)=\frac{\sum_x\sum_y I\left(x,\ y\right)\omega\left(x,\ y,\ x_0,\ y_0\right)}{\sum_x\sum_y\omega\left(x,\ y,\ x_0,\ y_0\right)} \tag{9.38}$$

式中，$(x,\ y)$ 为双边滤波滑动窗口内参与计算的像素点位置；$(x_0,\ y_0)$ 为双边滤波滑动窗口内中心点位置；$I(x,\ y)$ 为双边滤波滑动窗口内参与计算的像素点 $(x,\ y)$ 的灰度值；$I'(x_0,\ y_0)$ 为双边滤波后灰度值。

9.3.4.2 编程实现

本节将结合实例9.3对双边滤波的编程实现进行介绍。

为"双边滤波"按钮响应函数添加如下代码:

```
void CDeNoiseDlg::OnBnClickedBtnBilateralfilter()
{
    // TODO: 在此添加控件通知处理程序代码
    if (m_strFilePath == "")
    {
        AfxMessageBox("请先选定待处理图片");
        return;
    }
    //1.读取原始图像
    Mat imgSrc;
    imgSrc = imread(m_strFilePath.GetBuffer(0), IMREAD_ANYDEPTH | IMREAD_ANYCOLOR);
    //2.显示原始图像
    imshow("原始图像", imgSrc);
    //3.双边滤波处理
    Mat imgDst;
    imgDst.create(imgSrc.size(), CV_8UC1);
    bool bRet = Bilateralfilter(imgSrc, imgDst, 5, 20, 20);
    if (!bRet)
    {
        AfxMessageBox("选定的图像不符合处理要求，请重新选择");
    }
    //4.显示处理后图像
    imshow("双边滤波图像", imgDst);
}
```

首先按照指定路径对原始图像进行读取和显示,然后调用双边滤波函数(Bilateralfilter)对原始图像进行双边滤波处理,最后再次调用imshow函数对滤波后的图像进行显示。

Bilateralfilter函数的实现代码如下:

```
bool CDeNoiseDlg::Bilateralfilter(Mat src, Mat &dst, int iKerSize, double dSigmaColor, double dSigmaSpace)
{
    //1.对图像格式进行检查
    int iChannels = src.channels();
    Mat imgTemp;
    if (iChannels == 3)
    {
        cvtColor(src, imgTemp, COLOR_BGR2GRAY);
    }
```

```
    else if (iChannels == 1)
    {
        imgTemp = src;
    }
    else
    {
        return false;
    }
    //2.双边滤波处理
    bilateralFilter(imgTemp, dst, iKerSize, dSigmaColor, dSigmaSpace);
    return true;
}
```

Bilateralfilter 函数通过调用 OpenCV 库的 bilateralFilter 函数实现高斯滤波处理。

运行实例 9.3，点击"浏览"按钮，选择实例 9.3 路径下的"planeNoise.bmp"图像文件，分别点击"高斯滤波"按钮、"双边滤波"按钮，依次弹出带有背景噪声的原始图像［图 9.34（a）］、高斯滤波后图像［图 9.34（b）］、双边滤波后图像［图 9.34（c）］。

(a) 带有背景噪声的原始图像

(b) 高斯滤波后图像

(c) 双边滤波后图像

图9.34 "planeNoise"图像高斯滤波与双边滤波效果对比

从图 9.34（b）与图 9.34（c）的效果对比中可以看出，双边滤波算法在进行噪声抑制的同时可以较好地保留目标的边缘细节，有效地解决高斯滤波在去噪过程中造成的边缘模糊问题。

双边滤波算法在图像的噪声抑制方面具有良好表现，但是因其算法运算量较大，一般耗时较长。因此，在实时性要求较高的应用场合，应考虑借助 GPU 加速处理，或者采用其他替代算法。

9.3.5 导向滤波算法

9.3.5.1 算法原理

导向滤波又称引导滤波[19]，也是一种典型的去噪保边的非线性滤波器。导向滤波通过一幅反映边缘、纹理信息的引导图像，对输入图像进行滤波处理，使输出图像的内容由输入图像决定，但纹理与引导图像相似。引导图像既可以是单独的图像，也可以是输入图像本身，当引导图像为输入图像本身时，导向滤波就演变为一个去噪保边滤波器。

导向滤波的算法原理如下。

设 p 为输入图像、I 为导向图、q 为输出图像，为保证输出图像的纹理与引导图像的纹理类似，二者梯度关系应满足如下关系：

$$\nabla q = a\nabla I \tag{9.39}$$

对式（9.39）进行积分处理，则有

$$q = aI + b \tag{9.40}$$

在小窗口 ω_k 中，设 a 和 b 是当窗口中心位于 k 时该线性函数的不变系数。q 与 I 在以像素 k 为中心的窗口中存在如下局部近似线性关系：

$$q_i = a_k I_i + b_k, \quad \forall i \in \omega_k \tag{9.41}$$

在去噪处理中，如果将引导图像 I 设为输入图像，那么求解出系数 a 与系数 b，即可得到滤波后的图像 q。为了完成上述求解，假设 p 为输入图像、n 为噪声（既不平滑也不是目标边缘信息）、q 为输出图像，则有如下关系：

$$q_i = p_i - n_i \tag{9.42}$$

根据无约束图像复原的方法，可以将式（9.40）转化为求最优解的问题：

$$E(a_k, \ b_k) = \sum_{i \in \omega_k} \left[\left(a_k I_i + b_k - p_i \right)^2 + \varepsilon a_k^2 \right] \tag{9.43}$$

最小化式（9.43），利用最小二乘法，可得

$$a_k = \frac{\dfrac{1}{|\omega|}\displaystyle\sum_{i \in \omega_k} I_i p_i - \mu_k \bar{p}_x}{\sigma_k^2 + \varepsilon} \tag{9.44}$$

$$b_k = \bar{p}_k - a_k \mu_k \tag{9.45}$$

式（9.44）和式（9.45）中，μ 和 σ 分别为 I 在局部窗口中的均值和方差；$|\omega|$ 为窗口内的像素个数。

最后，在整幅图像内采取窗口操作，得到如下输出结果：

$$q_i = \frac{1}{|\omega|} \sum_{k:i \in \omega_k} \left(a_k I_i + b_k \right) = \bar{a}_i I_i + \bar{b}_i \tag{9.46}$$

其中，

$$\bar{a}_i = \frac{1}{|\omega|} \sum_{k \in \omega_i} a_k \tag{9.47}$$

$$\bar{b}_i = \frac{1}{|\omega|} \sum_{k \in \omega_i} b_k \tag{9.48}$$

9.3.5.2　编程实现

本节将结合实例9.3对导向滤波算法的编程实现进行介绍。

为"导向滤波"按钮响应函数添加如下代码：

```
void CDeNoiseDlg::OnBnClickedBtnGuiderfilter( )
{
    // TODO: 在此添加控件通知处理程序代码
    if (m_strFilePath == "")
    {
        AfxMessageBox("请先选定待处理图片");
        return;
    }
    //1.读取原始图像
    Mat imgSrc;
    imgSrc = imread(m_strFilePath.GetBuffer(0), IMREAD_ANYDEPTH | IMREAD_ANYCOLOR);
    //2.显示原始图像
    imshow("原始图像", imgSrc);
    //3.均值滤波处理
    Mat imgDst;
    imgDst.create(imgSrc.size( ), CV_8UC1);
    int iKerSize = 7;
    bool bRet = Guidedfilter(imgSrc, imgSrc, iKerSize, imgDst);
    if (!bRet)
    {
        AfxMessageBox("选定的图像不符合处理要求，请重新选择");
    }
    //4.显示处理后图像
    imshow("引导滤波图像", imgDst);
}
```

首先按照指定路径对原始图像进行读取和显示，然后调用导向滤波函数（Guided-filter）对原始图像进行导向滤波处理，最后再次调用imshow函数对滤波后的图像进行显示。Guidedfilter 函数的 iKerSize 参数为导向滤波窗口尺寸的半宽度。该值越大，可去除的噪声尺寸越大；反之，可去除的噪声尺寸越小。读者可根据实际情况，对该参数进行调整。

Guidedfilter 函数的实现代码如下：

```
/*************************************************************************
函数功能：        导向滤波
参数：
      Mat src,        待滤波图像
      Mat guid,       导向图像
      int iKerSize,滤波窗口半宽度
      Mat &dst,       滤波处理后输出图像
返回值：
      1 函数调用成功
      -1 待滤波图像格式异常
      -2 导向图像格式异常
      -3 待滤波图像与导向图像尺寸不一致
*************************************************************************/
int CDeNoiseDlg::Guidedfilter(Mat src, Mat guid, int iKerSize, Mat &dst)
{
    //1.边界条件检查
    //1.1 对原图像的格式进行检查
    int iChannels = src.channels();
    Mat I;
    if (iChannels == 3)
    {
        cvtColor(src, I, COLOR_BGR2GRAY);
    }
    else if (iChannels == 1)
    {
        I = src;
    }
    else
    {
        return -1;
    }
    //1.2 对引导图像的格式进行检查
    iChannels = guid.channels();
    Mat p;
    if (iChannels == 3)
    {
```

```
        cvtColor(guid, p, COLOR_BGR2GRAY);
}
else if (iChannels == 1)
{
    p = guid;
}
else
{
    return -2;
}
//1.3 原图像与引导图像尺寸应一致
if ((I.cols != p.cols)||(I.rows != p.rows))
{
    return -3;
}
//2.导向滤波处理
int iWinSize = 2 * iKerSize + 1;//计算滤波窗口尺寸
double dEps = 0.01;//防止分母为0时,计算溢出
//将参与计算的图像矩阵转换为浮点数,便于计算
I.convertTo(I, CV_64F, 1.0 / 255.0);
p.convertTo(p, CV_64F, 1.0 / 255.0);
Mat Avg_I;
boxFilter(I, Avg_I, -1, Size(iWinSize, iWinSize), Point(-1, -1), true, BORDER_REFLECT);
Mat Avg_p;
boxFilter(p, Avg_p, -1, Size(iWinSize, iWinSize), Point(-1, -1), true, BORDER_REFLECT);
Mat Avg_II;
Avg_II = I.mul(I);
boxFilter(Avg_II, Avg_II, -1, Size(iWinSize, iWinSize), Point(-1, -1), true, BORDER_REFLECT);
Mat Avg_Ip;
Avg_Ip = I.mul(p);
boxFilter(Avg_Ip, Avg_Ip, -1, Size(iWinSize, iWinSize), Point(-1, -1), true, BORDER_REFLECT);
Mat var_I, Avg_mul_I;
Avg_mul_I = Avg_I.mul(Avg_I);
subtract(Avg_II, Avg_mul_I, var_I);
Mat cov_Ip;
subtract(Avg_Ip, Avg_I.mul(Avg_p), cov_Ip);
Mat a, b;
divide(cov_Ip, (var_I + dEps), a);
subtract(Avg_p, a.mul(Avg_I), b);
Mat Avg_a, Avg_b;
```

```
boxFilter(a, Avg_a, −1, Size(iWinSize, iWinSize), Point(−1, −1), true, BORDER_REFLECT);
boxFilter(b, Avg_b, −1, Size(iWinSize, iWinSize), Point(−1, −1), true, BORDER_REFLECT);
Mat q;
q = Avg_a.mul(I) + Avg_b;
//将图像数据转换为8位图像
q.convertTo(q, CV_8U, 255);
dst = q.clone();
return 1;
}
```

运行实例9.3，点击"浏览"按钮，分别选择实例9.3路径下的"girlNoise.bmp""PotNoise.bmp"图像文件，分别点击本实例提供的五种算法，依次弹出带有背景噪声的原始图像及5种算法滤波后的图像，如图9.35所示。

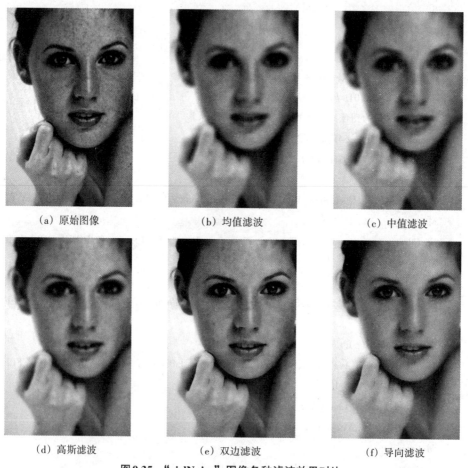

| (a) 原始图像 | (b) 均值滤波 | (c) 中值滤波 |
| (d) 高斯滤波 | (e) 双边滤波 | (f) 导向滤波 |

图9.35 "girlNoise"图像各种滤波效果对比

为了便于比较各滤波算法的处理效果，针对"girlNoise.bmp"图像的噪点尺寸，本实例将各滤波算法的窗口尺寸均设置为15。

从图9.35中可以看出，均值滤波、中值滤波、高斯滤波虽然在一定程度上对噪点起到了一定的抑制作用，但是图像边缘细节发生了严重的模糊；而双边滤波、导向滤波在"去噪保边"方面具有突出表现。此外，与双边滤波相比，导向滤波的噪声去除效果更为显著，且参数设置更为简单。

导向滤波虽然在多数情况下滤波效果表现良好，但是与常规的滤波算法（如中值滤波、均值滤波等）相比，因算法运算量较大，在实时性方面需要特殊考虑。此外，对于椒盐噪声，其滤波效果不如中值滤波，如图9.36所示。因此，在软件开发过程中，应结合实际情况选择算法。

（a）高斯滤波　　　　　　　　（b）中值滤波　　　　　　　（c）导向滤波

图9.36　"PotNoise"图像三种滤波效果对比

OpenCV库的ximgproc模块对导向滤波的实现进行了封装，可通过调用其自带的guidedFilter函数实现导向滤波处理。但是，OpenCV的基础库内未包含ximgproc模块，要想实现guidedFilter函数的调用，需要通过CMake对OpenCV库重新进行编译。

9.4　增强效果评价

每种图像增强算法的选择与改进，都离不开对其性能进行多方面的评价。这些评价包括增强效果评价、复杂度评价、适应性评价等。其中，增强效果作为图像增强处理的主要目的，对其进行合理评价最为关键。图像增强效果的评价方法分为两种：主观评价与客观评价。

图像增强与图像复原存在本质的不同。图像复原的目的是通过一定的处理手段，使处理后的图像尽量逼近退化前的理想图像。而图像增强的目的是根据人类的观察、分析需要，使处理后图像的某种特性尽量接近人的主观感受。因此，人的主观评价成为图像增强效果评价的一种必不可少的方法。

主观评价也存在一定的弊端。例如，该种评价方法容易受到评价者个体感观差异的影响，从而导致评价结果的差异；对于图像较多、耗时较长的情况，主观评价效率较低；主观评价难以给出定量指标。因此，客观评价作为增强效果评价的另一种评价手段，可以为增强效果提供定量指标。

在实际评价过程中，通常同时采用主观评价与客观评价两种评价方法来对增强效果进行综合判定。

客观评价可分为无参考图像评价与全参考图像评价。无参考图像评价是指在没有任何参考信息的情况下对图像进行质量评价。全参考图像评价是指在参考图像信息完全已知的情况下，通过已建立的某种数学模型计算待评价图像与参考图像之间的差异。

本节主要介绍几种常用的增强效果客观评价方法。其中，对比度评价、信息熵评价、点锐度评价、饱和度评价为无参考图像评价法；峰值信噪比、结构相似性为全参考评价法。

9.4.1 对比度评价

9.4.1.1 算法原理

对比度评价主要用于对图像灰度拉伸增强效果的客观评价。计算图像对比度有3种典型的方法：韦伯对比度、Michelson对比度、均方根对比度[20]。

（1）韦伯对比度。

$$C_w = \frac{I - I_b}{I_b} \tag{9.49}$$

式中，I为图像目标灰度；I_b为图像背景灰度。

（2）Michelson对比度。

$$C_M = \frac{I_{max} - I_{min}}{I_{max} + I_{min}} \tag{9.50}$$

式中，I_{max}为图像灰度的最大值；I_{min}为图像灰度的最小值。

（3）均方根对比度。

$$C_\sigma = \sqrt{\frac{1}{MN} \sum_{x=0}^{M-1} \sum_{y=0}^{N-1} \left(I(x, y) - \bar{\mu} \right)^2} \tag{9.51}$$

式中，M为图像宽度；N为图像高度；$I(x, y)$为像素点(x, y)的像素灰度；$\bar{\mu}$为图像灰度均值，$\bar{\mu}$的表达式如下：

$$\bar{\mu} = \frac{1}{MN} \sum_{x=0}^{M-1} \sum_{y=0}^{N-1} I(x, y) \tag{9.52}$$

从上述3个对比度定义中可以看出以下3点。

① 采用韦伯对比度进行计算时，需要分别给出图像中目标的灰度I与背景的灰度I_b。而在实际图像增强处理中，常常需要对整幅图像对比度进行拉伸，而不存在明确意义的"目标"与"背景"的概念，尤其是对于复杂场景，更是难以对"目标"与"背景"进行区分。因此，将韦伯对比度用于图像增强效果评价，适用性不强。

② Michelson对比度的计算主要通过图像区域最大灰度与最小灰度的差进行对比

度的评估。而在实际的图像增强效果评估中，常常因图像脉冲噪声的干扰或图像中存在极亮或极暗少数干扰源，使计算结果受到严重干扰。

③ 均方根对比度的计算是图像整个区域的像素值与图像均值差值的统计，少数干扰点的影响不会对整个区域的统计值造成过大影响，进而能够较为客观地反映整幅图像的对比度指标。

综上所述，本节选用均方根对比度作为图像拉伸增强效果的评价指标。为了进一步反映图像局部对比度的拉伸效果，本节将式（9.51）进行了改进：在对图像进行对比度计算前，首先将图像 I 划分为面积相等的 K 个子区域 I_k，分别对每个子区域按照式（9.51）进行局部对比度计算；然后对各局部对比度取平均，作为最终的对比度评价值 C_σ。改进后的图像局部对比度表达式如下：

$$C_\sigma = \frac{1}{K} \sum_{k=0}^{K-1} \sqrt{\frac{1}{mn} \sum_{x,\,y \in I_k} \left(I_k(x,\,y) - \bar{\mu}_k \right)^2} \tag{9.53}$$

式中，$\bar{\mu}_k$ 为第 k 个图像子块的灰度均值，其表达式如下：

$$\bar{\mu}_k = \frac{1}{mn} \sum_{x,\,y \in I_k} I_k(x,\,y) \tag{9.54}$$

图像拉伸效果越明显，图像对比度值越高。

9.4.1.2　编程实现

本节将结合实例9.4对图像对比度评价算法的编程实现进行介绍。

按照图9.37所示创建实例界面。界面顶部的组合框用于待处理图像路径的选择与路径显示，组合框下面的按钮用于实现多种图像增强效果评价值的计算。本节主要介绍对比度评价算法的编程实现。

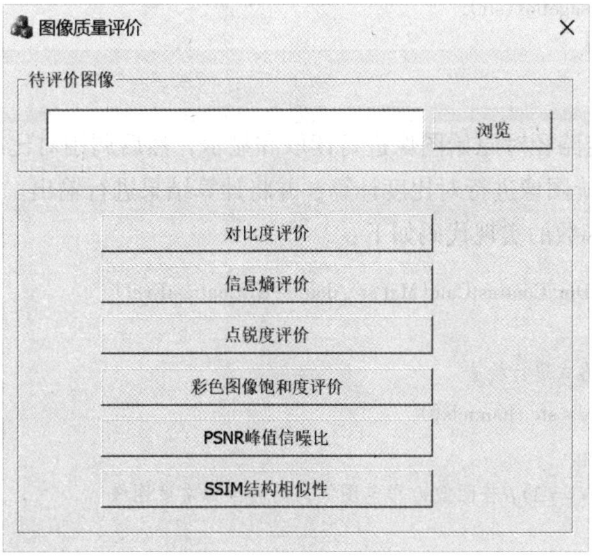

图9.37　实例9.4界面布局

为"对比度评价"按钮响应函数添加如下代码：

```
void CEvaluationDlg::OnBnClickedBtnContrastEval()
{
    // TODO: 在此添加控件通知处理程序代码
    if (m_strFilePath == "")
    {
        AfxMessageBox("请先选定待处理图片");
        return;
    }
    //1.读取原始图像
    Mat imgSrc;
    imgSrc = imread(m_strFilePath.GetBuffer(0), IMREAD_ANYDEPTH | IMREAD_ANYCOLOR);
    //2.显示原始图像
    imshow("待评价图像", imgSrc);
    //3.图像质量评估
    double dContrastEval;
    bool bRet = ContrastCalc(imgSrc, dContrastEval);
    if (!bRet)
    {
        AfxMessageBox("选定的图像不符合处理要求，请重新选择");
    }
    else
    {
        CString str;
        str.Format("图像对比度为：%.4f", dContrastEval);
        AfxMessageBox(str);
    }
}
```

首先按照指定路径对原始图像进行读取和显示，然后调用对比度评价函数（ContrastEval）对待评价图像进行对比度计算，并将计算结果进行输出。

ContrastEval 函数的实现代码如下：

```
bool CEvaluationDlg::ContrastCalc(Mat src, double &dContrastEval)
{
    //1.对图像格式进行检查
    int iChannels = src.channels();
    Mat imgTemp;
    if (iChannels == 3) //若图像为彩色图像，则转换为灰度图像
    {
        cvtColor(src, imgTemp, COLOR_BGR2GRAY);
```

```
}
else if (iChannels == 1)
{
    imgTemp = src;
}
else
{
    return false;
}
//2. 对比度评价计算
int iSubXNum = 4; //将图像分为4×4子块，该参数可根据实际情况自行调整
int iSubYNum = 4;
Mat imgROI;
int iSubWid = imgTemp.cols / iSubXNum;
int iSubHei = imgTemp.rows / iSubYNum;
double dSum = 0;
double dSubSum = 0;
for (int j = 0; j < iSubYNum; j++)
{
    for (int i = 0; i < iSubXNum; i++)
    {
        imgROI = imgTemp(Rect(i*iSubWid, j*iSubHei, iSubWid, iSubHei)); //计算子图像块位置
        Scalar sMean = mean(imgROI);
        dSubSum = 0;
        for (int n = 0; n < iSubHei; n++)
        {
            uchar *pSrc = imgROI.ptr<uchar>(n);
            for (int m = 0; m < iSubWid; m++)
            {
                double dTmp = ((double)pSrc[m] - (double)sMean.val[0])*
                                ((double)pSrc[m] - (double)sMean.val[0]);
                dSubSum += dTmp;
            }
        }
        dSubSum /= (double)(iSubWid * iSubHei);
        dSubSum = sqrt(dSubSum);
        dSum += dSubSum;
    }
}
dContrastEval = dSum / (double)(iSubXNum * iSubYNum);
```

```
        return true;
    }
```

若打开的图像为彩色图像，需要将其转换为灰度图像后，再进行图像对比度的计算。本实例将图像分为4×4子块进行局部对比度计算，该值可根据实际需要进行设置。

运行实例9.4，点击"浏览"按钮，依次选择实例9.4路径下的"对比度拉伸图像"文件夹内图像文件，并点击"对比度评价"按钮，依次弹出待评价图像与相应的对比度评价值，如图9.38所示。

（a）"bean1"图像拉伸前（对比度10.72）

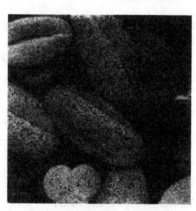

（b）"bean1"图像拉伸后（对比度31.15）

（c）"bean2"图像拉伸前（对比度9.28）

（d）"bean2"图像拉伸后（对比度34.39）

图9.38　图像对比度评价

图9.38（b）为图9.38（a）拉伸增强后的图像，从整体效果看，"bean1"图像在拉伸后对比度得到显著提高，相应地，其对比度评价值也由原来的10.72提高到31.15。图9.38（d）为图9.38（c）拉伸增强后的图像，从整体效果看，"bean2"图像在拉伸后对比度得到显著提高，相应地，其对比度评价值也由原来的9.28提高到34.39。

9.4.2　信息熵评价

9.4.2.1　算法原理

图像信息熵[21]从图像的统计特性出发，从平均意义来表示图像的整体特性，把图像中的灰度分布统计特性所包含的信息量定义为图像的一维熵，计算公式如下：

$$E = -\sum_{i=0}^{255} p_i \, \mathrm{lb}\, p_i \tag{9.55}$$

式中，p_i 为灰度图像中灰度值为 i 的像素在整幅图像中所占的比例。

p_i 与直方图 $H(i)$ 的关系如下：

$$p_i = \frac{H(i)}{MN} \tag{9.56}$$

式中，M 为图像宽度；N 为图像高度。

图像的一维信息熵虽然可以表征图像灰度分布的统计特征，但是不能反映图像的空间特征。为了进一步反映图像的空间特征，在现有的灰度分布统计特征的基础上，将像素邻域灰度均值作为图像的空间特征并加入信息熵的计算，并将这种组合的综合特征熵的计算定义为图像的二维信息熵。图像的二维信息熵 E_2 的计算公式如下：

$$E_2 = -\sum_{i=0}^{255}\sum_{j=0}^{255} p_{i,j} \, \mathrm{lb}\, p_{i,j} \tag{9.57}$$

式中，$p_{i,j}$ 为灰度图像中灰度值为 i、领域灰度均值为 j 的像素在整幅图像中所占的比例。

$p_{i,j}$ 与二维直方图 $H(i,j)$ 的关系如下：

$$p_{i,j} = \frac{H(i,j)}{MN} \tag{9.58}$$

二维直方图的统计与一维直方图的统计类似：对整幅图像进行逐像素遍历，对于灰度值为 i、领域灰度均值为 j 的像素，$H(i,j)$ 值加 1，以此类推。

图像的信息熵用于评价图像的细节信息。细节信息越丰富，信息熵越高。

9.4.2.2　编程实现

本节将结合实例 9.4 对图像信息熵评价算法的编程实现进行介绍。

为"信息熵评价"按钮响应函数添加如下代码：

```
void CEvaluationDlg::OnBnClickedBtnEntropyEval()
{
    // TODO: 在此添加控件通知处理程序代码
    if (m_strFilePath == "")
    {
        AfxMessageBox("请先选定待处理图片");
        return;
    }
    //1.读取原始图像
    Mat imgSrc;
```

```
imgSrc = imread(m_strFilePath.GetBuffer(0), IMREAD_ANYDEPTH | IMREAD_ANYCOLOR);
//2. 显示原始图像
imshow("待评价图像", imgSrc);
//3. 图像质量评估
double dEntropyEval;
bool bRet = EntropyCalc(imgSrc, dEntropyEval);
if (!bRet)
{
    AfxMessageBox("选定的图像不符合处理要求，请重新选择");
}
else
{
    CString str;
    str.Format("图像信息熵为：%.4f", dEntropyEval);
    AfxMessageBox(str);
}
}
```

首先按照指定路径对原始图像进行读取和显示，然后调用信息熵评价函数（EntropyCalc）对待评价图像进行信息熵计算，并将计算结果进行输出。

EntropyCalc 函数的实现代码如下：

```
bool CEvaluationDlg::EntropyCalc(Mat src, double &dEntropyEval)
{
    //1. 对图像格式进行检查
    int iChannels = src.channels();
    Mat imgTemp;
    if (iChannels == 3) //若图像为彩色图像，则转换为灰度图像
    {
        cvtColor(src, imgTemp, COLOR_BGR2GRAY);
    }
    else if (iChannels == 1)
    {
        imgTemp = src;
    }
    else
    {
        return false;
    }
    //2. 二维信息熵评价计算
    //2.1 图像的二维直方图统计
```

```
int m, n;
Mat Hst = Mat::zeros(Size(256, 256), CV_16UC1);
for (int j = 1; j < imgTemp.rows−1; j++)
{
    uchar *pSrc0 = imgTemp.ptr<uchar>(j − 1);
    uchar *pSrc1 = imgTemp.ptr<uchar>(j);
    uchar *pSrc2 = imgTemp.ptr<uchar>(j + 1);
    for (int i = 1; i<imgTemp.cols−1; i++)
    {
        //读取当前像素灰度
        m = pSrc1[i];
        //计算当前像素邻域均值
        n = (pSrc0[i − 1] + pSrc0[i] + pSrc0[i + 1] +
            pSrc1[i − 1] + pSrc1[i + 1] +
            pSrc2[i − 1] + pSrc2[i] + pSrc2[i + 1]) / 8;
        //二维直方图计数统计
        Hst.at<ushort>(m, n)++;
    }
}
//2.2 图像的二维信息熵计算
double dSum = 0;
int iImgSize = imgTemp.cols*imgTemp.rows;
for (int m = 0; m < 256; m++)
{
    ushort *pHist = Hst.ptr<ushort>(m);
    for (int n = 0; n < 256; n++)
    {
        double dP = (double)pHist[n] / (double)iImgSize+0.0000001;
        //防止对数变量等于0的情况
        dSum += dP * log(dP);
    }
}
dEntropyEval = dSum*(−1);
return true;
}
```

若打开的图像为彩色图像，则需要先将其转换为灰度图像，再进行图像信息熵的计算。本实例采用二维信息熵算法进行图像增强效果的评估。

运行实例9.4，点击"浏览"按钮，依次选择实例9.4路径下的"对比度拉伸图像"文件夹内图像文件，并点击"信息熵评价"按钮，依次弹出待评价图像与相应的信息熵评价值，如图9.39所示。

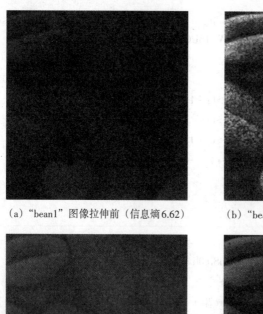

（a）"bean1"图像拉伸前（信息熵6.62） （b）"bean1"图像拉伸后（信息熵7.64）

（c）"bean2"图像拉伸前（信息熵5.41） （d）"bean2"图像拉伸后（信息熵6.67）

图9.39 图像信息熵评价

图9.39（b）为图9.39（a）拉伸增强后的图像，从整体效果看，"bean1"图像在拉伸后增强效果得到显著提高，相应地，其信息熵评价值也由原来的6.62提高到7.64。图9.39（d）为图9.39（c）拉伸增强后的图像，从整体效果看，"bean2"图像在拉伸后增强效果得到显著提高，相应地，其信息熵评价值也由原来的5.41提高到6.67。

9.4.3 点锐度评价

9.4.3.1 算法原理

点锐度评价方法[22]是由王鸿南等提出的一种图像清晰度评价方法。该方法以像素点与其八邻域一阶微分的加权均值作为评价准则，对图像的清晰度进行评价。其评价表达式如下：

$$P = \frac{\sum_{y=1}^{H-1}\sum_{x=1}^{W-1} E}{(H-2)(W-2)} \tag{9.59}$$

式中，E为单点点锐度；H为图像高度；W为图像宽度。

其中，点锐度E的计算公式如下：

$$E = \left| g(x, y) - g(x+1, y) \right| + \left| g(x, y) - g(x-1, y) \right| +$$
$$\left| g(x, y) - g(x, y+1) \right| + \left| g(x, y) - g(x, y-1) \right| +$$
$$\left| g(x, y) - g(x-1, y-1) \right| \frac{\sqrt{2}}{2} + \left| g(x, y) - g(x-1, y+1) \right| \frac{\sqrt{2}}{2} +$$
$$\left| g(x, y) - g(x+1, y-1) \right| \frac{\sqrt{2}}{2} + \left| g(x, y) - g(x-1, y+1) \right| \frac{\sqrt{2}}{2}$$

$$(9.60)$$

式中，$g(x, y)$为像素点(x, y)位置对应的灰度值。

由点锐度的定义可以看出，点锐度评价易受噪声影响。因此，利用点锐度函数进行图像清晰度评价时，应首先采用中值滤波对图像进行预处理，再利用点锐度函数进行评价。点锐度评价值越高，图像越清晰。

点锐度评价算法的另一项应用是对图像的平滑度进行评价。与清晰度评价相反，点锐度值越低，图像越平滑。

此外，可以利用点锐度评价算法对去噪效果进行评价。但是，一个性能良好的去噪算法既要求具有良好的去噪效果，又要求具有良好的保边效果；而仅通过点锐度评价算法对去噪算法进行评价，无法真实反映图像去噪算法的性能。因此，评价去噪算法时，应在点锐度评价算法的基础上，加入对图像边缘锐度的评价，将两种评价算法加权平均即可实现对去噪算法的评价。

下面仅介绍点锐度评价算法的应用，对边缘锐度评价算法感兴趣的读者可自行研究。

9.4.3.2　编程实现

本节将结合实例9.4对点锐度评价算法的编程实现进行介绍。

为"点锐度评价"按钮响应函数添加如下代码：

```
void CEvaluationDlg::OnBnClickedBtnPointsharpnessEval( )
{
    // TODO: 在此添加控件通知处理程序代码
    if (m_strFilePath == "")
    {
        AfxMessageBox("请先选定待处理图片");
        return;
    }
    //1.读取原始图像
    Mat imgSrc;
    imgSrc = imread(m_strFilePath.GetBuffer(0), IMREAD_ANYDEPTH | IMREAD_ANYCOLOR);
    //2.显示原始图像
    imshow("待评价图像", imgSrc);
    //3.图像质量评估
```

```
double dPointSharpnessEval;
bool bRet = PointSharpnessCalc(imgSrc, dPointSharpnessEval);
if (!bRet)
{
    AfxMessageBox("选定的图像不符合处理要求，请重新选择");
}
else
{
    CString str;
    str.Format("图像点锐度为：%.4f", dPointSharpnessEval);
    AfxMessageBox(str);
}
}
```

首先按照指定路径对原始图像进行读取和显示，然后调用点锐度评价函数（PointSharpnessCalc）对待评价图像进行点锐度计算，并将计算结果进行输出。

PointSharpnessCalc 函数的实现代码如下：

```
bool CEvaluationDlg::PointSharpnessCalc(Mat src, double &dPointSharpnessEval)
{
    //1.对图像格式进行检查
    int iChannels = src.channels();
    Mat imgTemp;
    if (iChannels == 3) //若图像为彩色图像，则转换为灰度图像
    {
        cvtColor(src, imgTemp, COLOR_BGR2GRAY);
    }
    else if (iChannels == 1)
    {
        imgTemp = src;
    }
    else
    {
        return false;
    }
    //2.对点锐度进行计算
    double dSum = 0;
    int iConuter = 0;
    for (int i = 1; i < imgTemp.rows - 1; i++)
    {
        for (int j = 1; j < imgTemp.cols - 1; j++)
        {
```

```
        double dE = abs(imgTemp.at<uchar>(i, j) – imgTemp.at<uchar>(i + 1, j)) +
                    abs(imgTemp.at<uchar>(i, j) – imgTemp.at<uchar>(i – 1, j)) +
                    abs(imgTemp.at<uchar>(i, j) – imgTemp.at<uchar>(i, j + 1)) +
                    abs(imgTemp.at<uchar>(i, j) – imgTemp.at<uchar>(i, j – 1)) +
                    abs(imgTemp.at<uchar>(i, j) – imgTemp.at<uchar>(i – 1, j – 1))*0.707 +
                    abs(imgTemp.at<uchar>(i, j) – imgTemp.at<uchar>(i – 1, j + 1))*0.707 +
                    abs(imgTemp.at<uchar>(i, j) – imgTemp.at<uchar>(i + 1, j – 1))*0.707 +
                    abs(imgTemp.at<uchar>(i, j) – imgTemp.at<uchar>(i + 1, j + 1))*0.707;
            dSum += dE;
            iConuter++;
        }
    }
    dPointSharpnessEval = dSum / (double)iConuter;
    return true;
}
```

若打开的图像为彩色图像，则先将其转换为灰度图像，再进行图像点锐度的计算。

运行实例9.4，点击"浏览"按钮，依次选择实例9.4路径下的"去噪图像"文件夹内图像文件，并点击"点锐度评价"按钮，依次弹出待评价图像与相应的点锐度评价值，如图9.40所示。

（a）椒盐噪声（点锐度108.22）　　　（b）均值滤波（点锐度27.48）　　　（c）中值滤波（点锐度15.32）

图9.40　图像点锐度评价

图9.40（a）为叠加有椒盐噪声的图像，图9.40（b）为图9.40（a）的均值滤波图像，图9.40（c）为图9.40（a）的中值滤波图像。经过均值滤波后，图像的椒盐噪声得到一定程度的抑制，其点锐度值由108.22降为27.48。经过中值滤波后，图像的椒盐噪声得到了明显抑制，其点锐度值由108.22降为15.32。

9.4.4　饱和度评价

9.4.4.1　算法原理

受雾、霾影响的退化图像会表现出两个方面的像质下降：对比度下降与饱和度下降（饱和度只针对彩色图像）。图像去雾的主要目的是恢复其对比度与饱和度，那么，对于去雾效果的无参考评价，可以通过对比度、饱和度进行评价。对比度评价算法在前面章节中已经介绍，以下介绍彩色图像的饱和度评价算法。

对于RGB格式的彩色图像，其色彩饱和度计算公式如下：

$$S = 1 - \frac{3}{R + G + B} \min\{R, \ G, \ B\} \tag{9.61}$$

9.4.4.2 编程实现

本节将结合实例9.4对彩色图像饱和度评价算法的编程实现进行介绍。

为"彩色图像饱和度评价"按钮响应函数添加如下代码：

```
void CEvaluationDlg::OnBnClickedBtnSaturationEval()
{
    // TODO: 在此添加控件通知处理程序代码
    if (m_strFilePath == "")
    {
        AfxMessageBox("请先选定待处理图片");
        return;
    }
    //1.读取原始图像
    Mat imgSrc;
    imgSrc = imread(m_strFilePath.GetBuffer(0), IMREAD_ANYDEPTH | IMREAD_ANYCOLOR);
    //2.显示原始图像
    imshow("待评价图像", imgSrc);
    //3.图像质量评估
    double dSaturationEval;
    bool bRet = SaturationCalc(imgSrc, dSaturationEval);
    if (!bRet)
    {
        AfxMessageBox("选定的图像不符合处理要求，请重新选择");
    }
    else
    {
        CString str;
        str.Format("图像饱和度为：%.4f", dSaturationEval);
        AfxMessageBox(str);
    }
}
```

首先按照指定路径对原始图像进行读取和显示，然后调用彩色图像饱和度评价函数（SaturationCalc）对待评价图像进行饱和度计算，并将计算结果进行输出。

SaturationCalc 函数的实现代码如下：

```
bool CEvaluationDlg::SaturationCalc(Mat src, double &dSaturationEval)
{
    //1.对图像格式进行检查
    int iChannels = src.channels();
    Mat imgTemp;
    if (iChannels != 3) //本算法仅对彩色图像进行处理
    {
        return false;
    }
    //2.色彩饱和度评价计算
    Mat matHLS;
    cvtColor(src, matHLS, COLOR_BGR2HLS);      //将图像由 RGB 空间转换为 HSI 空间
    Scalar sMean = mean(matHLS);                //分别计算色度 H、亮度 L、饱和度 S 的均值
    dSaturationEval = sMean.val[2];             //将图像饱和度均值返回
    return true;
}
```

色彩饱和度是彩色图像的一项评价指标，因此，SaturationCalc 函数只对彩色图像进行评价。图像饱和度的计算，采用 OpenCV 的 cvtColor 函数，首先将图像由 RGB 空间转换为 HSI 空间，然后调用 mean 函数计算图像饱和度通道均值，并将该值作为图像饱和度的评价指标。

运行实例 9.4，点击"浏览"按钮，依次选择实例 9.4 路径下的"去雾图像"文件夹内图像文件，并点击"彩色图像饱和度评价"按钮，依次弹出待评价图像与相应的饱和度评价值，如图 9.41 所示。

（a）去雾前图像（饱和度 46.76）　　　　　（b）去雾后图像（饱和度 80.57）

图 9.41　图像饱和度评价

图 9.41（a）为受雾影响的退化图像，图 9.41（b）为图 9.41（a）的去雾图像。经过去雾处理后，图像的色彩饱和度由原来的 46.76 提升到 80.57，图像的色彩饱和度得到显著提升。

9.4.5 峰值信噪比

9.4.5.1 算法原理

峰值信噪比[23]，又称PSNR，是一种较为典型的全参考图像质量评价方法。该方法主要用来表征增强图像后图像I'与参考图像I的对应像素灰度值的差异，属于误差敏感型指标。需要注意的是，参考图像I并不是增强前的原始图像，而是未经像质退化的理想图像。但是图像增强不等于图像复原，图像复原的目的是使复原后的图像尽量逼近于参考图像，而对于图像增强处理并不存在参考图像，只是尽量使之接近人的视觉感观。因此，在进行不同增强算法的像质提升程度比较时，如何选择参考图像是关键。

峰值信噪比的评价公式如下：

$$PSNR = 10\lg \frac{L^2}{MSE} \tag{9.62}$$

式中，L代表图像最高灰度级。

L的表达式为

$$L = 2^b - 1 \tag{9.63}$$

式中，b代表图像位深。当图像为8位灰度图像时，$L = 255$；当图像为14位灰度图像时，$L = 16383$。

MSE表示I与I'之间的均方误差，其计算公式如下：

$$MSE = \frac{1}{MN} \sum_{x=0}^{M-1} \sum_{y=0}^{N-1} \big(I'(x, y) - I(x, y) \big)^2 \tag{9.64}$$

式中，M代表图像宽度；N代表图像高度。

由峰值信噪比的评价公式可以看出，处理后的图像I'与参考图像I越接近，MSE值越小，$PSNR$值越大；反之，$PSNR$值越小。

9.4.5.2 编程实现

本节将结合实例9.4对图像峰值信噪比评价算法的编程实现进行介绍。

为"PSNR峰值信噪比"按钮响应函数添加如下代码：

```
void CEvaluationDlg::OnBnClickedBtnPsnrEval()
{
    // TODO: 在此添加控件通知处理程序代码
    //1.图像路径判定
    //选定待评价图像，若未选定则返回
    if (m_strFilePath == "")
    {
        AfxMessageBox("请先选定待处理图片");
```

```
        return;
    }
    //选定参考图像，若未选定则返回
    CString strRefFilePath = "";
    CDlgRefImgSel dlgRefImgSel;
    if (dlgRefImgSel.DoModal( ) == IDCANCEL)
    {
        AfxMessageBox("需要选定参考图像后，才能进行PSNR计算！");
        return;
    }
    else
    {
        strRefFilePath = dlgRefImgSel.m_strRefFilePath;
    }
    //2.读取原始图像及参考图像，并显示
    Mat imgSrc;
    imgSrc = imread(m_strFilePath.GetBuffer(0), IMREAD_ANYDEPTH | IMREAD_ANYCOLOR);
    imshow("待评价图像", imgSrc);
    Mat imgSrcRef;
    imgSrcRef = imread(strRefFilePath.GetBuffer(0), IMREAD_ANYDEPTH | IMREAD_ANYCOLOR);
    imshow("参考图像", imgSrcRef);
    //3.图像质量评估
    double dPSNREval;
    bool bRet = PSNRCalc(imgSrc, imgSrcRef, dPSNREval);
    if (!bRet)
    {
        AfxMessageBox("选定的图像不符合处理要求，请重新选择");
    }
    else
    {
        CString str;
        str.Format("图像峰值信噪比为：%.4f", dPSNREval);
        AfxMessageBox(str);
    }
}
```

首先按照指定路径对原始图像进行读取，然后弹出参考图像选择对话框进行参考图像的选取（如图9.42所示），最后调用峰值信噪比评价函数（PSNRCalc）对待评价图像进行峰值信噪比计算，并将计算结果进行输出。

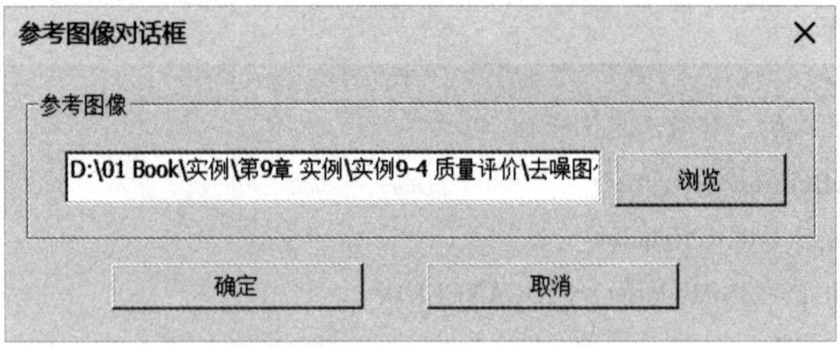

图9.42　参考图像选择对话框

PSNRCalc 函数的实现代码如下：

```cpp
int CEvaluationDlg::PSNRCalc(Mat src, Mat srcRef, double &dPSNREval)
{
    //1.对图像格式进行检查
    Mat imgTemp;
    if (src.channels() == 3) //若图像为彩色图像，则转换为灰度图像
    {
        cvtColor(src, imgTemp, COLOR_BGR2GRAY);
    }
    else if (src.channels() == 1)
    {
        imgTemp = src;
    }
    else
    {
        return -1;
    }
    Mat imgTempRef;
    if (srcRef.channels() == 3) //若图像为彩色图像，则转换为灰度图像
    {
        cvtColor(srcRef, imgTempRef, COLOR_BGR2GRAY);
    }
    else if (srcRef.channels() == 1)
    {
        imgTempRef = srcRef;
    }
    else
    {
        return -2;
    }
    if ((src.cols!=srcRef.cols)||(src.rows != srcRef.rows)) //待评价图像与参考图像尺寸要一致
    {
```

```
        return −3;
    }
    //2.PSNR 评价计算
    double dMSE = 0;
    int iImgSize = imgTemp.rows * imgTemp.cols;
    for (int j = 0; j < imgTemp.rows; j++)
    {
        uchar *pSrc = imgTemp.ptr<uchar>(j);
        uchar *pSrcRef = imgTempRef.ptr<uchar>(j);
        for (int i = 0; i< imgTemp.cols; i++)
        {
            dMSE += (double)(pSrc[i] − pSrcRef[i])*(pSrc[i] − pSrcRef[i]);
        }
    }
    dMSE /= (double)iImgSize;
    dPSNREval = 10.0 * log(255.0*255.0 / dMSE);
    return 1;
}
```

　　若打开的待评价图像及参考图像为彩色图像，则先将其转换为灰度图像，再进行图像峰值信噪比计算。此外，要检查待评价图像与参考图像的尺寸是否一致。图像格式正常后，再按照峰值信噪比计算公式进行峰值信噪比计算。

　　运行实例9.4，点击"浏览"按钮，依次选择实例9.4路径下的"去噪图像"文件夹下的待评估图像（"Lina椒盐噪声.bmp""Lina椒盐噪声均值滤波.bmp""Lina椒盐噪声中值.bmp"图像），点击"PSNR峰值信噪比"按钮，弹出参考图像选择对话框，选择"Lina原图.bmp"作为参考图像，对图像峰值信噪比进行计算。计算结束后，依次弹出参考图像、待评价图像，以及相应的峰值信噪比评价值，如图9.43所示。

(a) 参考图像　　　　　　　　　　　　(b) 加入椒盐噪声图像（PSNR 41.59）

（c）均值滤波（PSNR 66.45）　　（d）中值滤波（PSNR 81.09）

图 9.43　图像峰值信噪比评价

从图 9.43（c）和图 9.43（d）的图像效果与 *PSNR* 的计算结果对比中可以看出：从整体效果看，对于加入椒盐噪声的图 9.43（b）进行去噪滤波处理，中值滤波图像比均值滤波具有更好的去噪效果；从评价指标看，中值滤波图像的 PSNR 值（81.09）明显优于均值滤波图像的 PSNR 值（66.45）。

由于峰值信噪比算法为全参考图像质量评价，因此在计算过程中需要提供参考图像。对于有参考图像的情况，如自动调焦效果的评估，可以用手动调焦后的准焦图像作为参考图像，以对自动调焦后图像调焦的准确性进行评估。对于无法提供参考图像的情况，可以选择一幅与实际情况类似的未退化图像作为参考图像，并对该参考图像进行仿真退化处理（如人为加入噪声、图像模糊处理等），用待评价的增强算法对该仿真的退化图像进行增强处理后，再对该增强处理后的图像进行峰值信噪比计算，以实现在类似情况下对增强算法性能的客观评价。

9.4.6　结构相似性

9.4.6.1　算法原理

结构相似性[24]，又称 SSIM，是一种较为常用的全参考图像质量评价方法。其在图像质量评估中，常结合 PSNR 算法，同时进行两项指标的评价。与 PSNR 算法相比，该算法将人眼的视觉系统特征纳入考虑范围，从亮度、对比度、结构三个角度对图像质量进行综合评价。

（1）亮度相似度。

设待评价图像为 I、参考图像为 R，图像亮度相似度 $l(I, R)$ 的表达式如下：

$$l(I, R) = \frac{2\mu_I\mu_R + C_1}{\mu_I^2 + \mu_R^2 + C_1} \tag{9.65}$$

式中，μ_I 为待评价图像 I 的均值；μ_R 为参考图像 R 的均值；C_1 为调节参数。

C_1 的表达式如下：

$$C_1 = (K_1 L)^2 \tag{9.66}$$

式中，K_1 为常数，典型值为 0.01；L 代表图像最高灰度级。

L 的表达式如下：

$$L = 2^b - 1 \tag{9.67}$$

（2）对比度相似度。

图像对比度相似度 $c(I, R)$ 的表达式如下：

$$c(I, R) = \frac{2\sigma_1\sigma_R + C_2}{\sigma_1^2 + \sigma_R^2 + C_2} \tag{9.68}$$

式中，σ_1 为待评价图像 I 的标准差；σ_R 为参考图像 R 的标准差；C_2 为调节参数。

C_2 的表达式如下：

$$C_2 = (K_2 L)^2 \tag{9.69}$$

式中，K_2 为常数，典型值为 0.03。

（3）结构相似度。

图像结构相似度 $s(I, R)$ 的表达式如下：

$$s(I, R) = \frac{2\sigma_{IR} + C_3}{\sigma_1\sigma_R + C_3} \tag{9.70}$$

式中，σ_1 为待评价图像 I 的标准差；σ_R 为参考图像 R 的标准差；σ_{IR} 为图像 I 与图像 R 的协方差；C_3 为调节参数。

C_3 的表达式如下：

$$C_3 = \frac{C_2}{2} \tag{9.71}$$

（4）$SSIM$ 的计算。

$SSIM$ 的表达式如下：

$$SSIM(I, R) = l(I, R)^\alpha c(I, R)^\beta s(I, R)^\gamma \tag{9.72}$$

一般情况下，式（9.72）中的 α，β，γ 均为 1，则 $SSIM$ 的表达式可进一步简化为

$$SSIM(I, R) = \frac{(2\mu_1\mu_R + C_1)(2\sigma_{IR} + C_2)}{(\mu_1^2 + \mu_R^2 + C_1)(\sigma_1^2 + \sigma_R^2 + C_2)} \tag{9.73}$$

由 $SSIM$ 的计算公式可以看出，处理后的图像 I 与参考图像 R 越接近，$SSIM$ 值越大；反之，$SSIM$ 值越小。

9.4.6.2 编程实现

本节将结合实例 9.4 对图像结构相似性评价算法的编程实现进行介绍。

为"SSIM 结构相似性"按钮响应函数添加如下代码：

```
void CEvaluationDlg::OnBnClickedBtnSsimEval()
```

```
{
    // TODO: 在此添加控件通知处理程序代码
    //1.图像路径判定
    //选定待评价图像，若未选定则返回
    if (m_strFilePath == "")
    {
        AfxMessageBox("请先选定待处理图片");
        return;
    }
    //选定参考图像，若未选定则返回
    CString strRefFilePath = "";
    CDlgRefImgSel dlgRefImgSel;
    if (dlgRefImgSel.DoModal() == IDCANCEL)
    {
        AfxMessageBox("需要选定参考图像后，才能进行PSNR计算！");
        return;
    }
    else
    {
        strRefFilePath = dlgRefImgSel.m_strRefFilePath;
    }
    //2.读取原始图像及参考图像，并显示
    Mat imgSrc;
    imgSrc = imread(m_strFilePath.GetBuffer(0), IMREAD_ANYDEPTH | IMREAD_ANYCOLOR);
    imshow("待评价图像", imgSrc);
    Mat imgSrcRef;
    imgSrcRef = imread(strRefFilePath.GetBuffer(0), IMREAD_ANYDEPTH | IMREAD_ANYCOLOR);
    imshow("参考图像", imgSrcRef);
    //3.图像质量评估
    double dSSIMEval;
    bool bRet = SSIMCalc(imgSrc, imgSrcRef, dSSIMEval);
    if (!bRet)
    {
        AfxMessageBox("选定的图像不符合处理要求，请重新选择");
    }
    else
    {
        CString str;
        str.Format("SSIM结构相似度为：%.4f", dSSIMEval);
        AfxMessageBox(str);
```

```
            }
        }
```

　　首先按照指定路径对原始图像进行读取，然后弹出参考图像选择对话框进行参考图像的选取，最后调用结构相似性评价函数（SSIMCalc）对待评价图像进行结构相似性计算，并将计算结果进行输出。

　　SSIMCalc 函数的实现代码如下：

```
int CEvaluationDlg::SSIMCalc(Mat src, Mat srcRef, double &dSSIMEval)
{
    //1.对图像格式进行检查
    Mat imgTemp;
    if (src.channels() == 3) //若图像为彩色图像，则转换为灰度图像
    {
        cvtColor(src, imgTemp, COLOR_BGR2GRAY);
    }
    else if (src.channels() == 1)
    {
        imgTemp = src;
    }
    else
    {
        return -1;
    }
    Mat imgTempRef;
    if (srcRef.channels() == 3) //若图像为彩色图像，则转换为灰度图像
    {
        cvtColor(srcRef, imgTempRef, COLOR_BGR2GRAY);
    }
    else if (srcRef.channels() == 1)
    {
        imgTempRef = srcRef;
    }
    else
    {
        return -2;
    }
    if ((src.cols != srcRef.cols) || (src.rows != srcRef.rows)) //待评价图像与参考图像尺寸要一致
    {
        return -3;
    }
```

```
//2.计算待评价图像及参考图像统计参数
//2.1 图像均值
Scalar sMeanI = mean(imgTemp);
Scalar sMeanR = mean(imgTempRef);
double dMeanI = sMeanI.val[0];
double dMeanR = sMeanR.val[0];
//2.2 图像方差与协方差
double dSigmaI2 = 0;
double dSigmaR2 = 0;
double dSigmaIR = 0;
double dImgSize = (double)(imgTemp.rows * imgTemp.cols);
for (int j = 0; j < imgTemp.rows; j++)
{
    uchar *pSrcI = imgTemp.ptr<uchar>(j);
    uchar *pSrcR = imgTempRef.ptr<uchar>(j);
    for (int i = 0; i < imgTemp.cols; i++)
    {
        //计算待评价图像I方差
        dSigmaI2 += ((double)pSrcI[i] - dMeanI)*((double)pSrcI[i] - dMeanI);
        //计算参考图像R方差
        dSigmaR2 += ((double)pSrcR[i] - dMeanR)*((double)pSrcR[i] - dMeanR);
        //计算I与R协方差
        dSigmaIR += abs(((double)pSrcI[i] - dMeanI)*((double)pSrcR[i] - dMeanR));
    }
}
dSigmaI2 /= (dImgSize - 1.0);
dSigmaR2 /= (dImgSize - 1.0);
dSigmaIR /= (dImgSize - 1.0);
//2.3 计算调节参数
double dK1 = 0.01;
double dC1 = (dK1 * 255.0)*(dK1 * 255.0);
double dK2 = 0.03;
double dC2 = (dK2 * 255.0)*(dK2 * 255.0);
//3.SSIM计算
dSSIMEval = (2.0 * dMeanI*dMeanR + dC1)*(2.0 * dSigmaIR + dC2)
    / (dMeanI*dMeanI + dMeanR * dMeanR + dC1)
    / (dSigmaI2 + dSigmaR2 + dC2);
return 1;
}
```

若打开的待评价图像及参考图像为彩色图像，则先将其转换为灰度图像，再进行图像结构相似性计算。此外，要检查待评价图像与参考图像的尺寸是否一致。图像格式检查正常后，再按照SSIM算法的计算公式进行结构相似性计算。

运行实例9.4，点击"浏览"按钮，依次选择实例9.4路径下的"去噪图像"文件夹下的待评价图像（"Lina椒盐噪声.bmp""Lina椒盐噪声均值滤波.bmp""Lina椒盐噪声中值滤波.bmp"图像），点击"SSIM结构相似性"按钮，弹出参考图像选择对话框，选择"Lina原图.bmp"作为参考图像，对图像结构相似性进行计算。计算结束后，依次弹出参考图像、待评价图像，以及相应的结构相似性评价值，如图9.44所示。

(a) 参考图像 　　　　　　　　 (b) 加入椒盐噪声图像（SSIM 0.86）

(c) 均值滤波（SSIM 0.98） 　　　　　　　　 (d) 中值滤波（SSIM 0.99）

图9.44　图像峰值信噪比评价

从图9.44（b）至图9.44（d）的图像效果与SSIM值的计算结果对比中可以看出：从整体效果看，3幅待评价图像与参考图像的相似性逐渐提高，相应的SSIM值也逐渐提高。

10 目标检测

对观测图像中感兴趣目标的准确提取，是后续图像分析的重要前提。例如，光电测控仪器中，对运动目标位置的准确提取，可以对目标的运行轨迹进行分析；红外测温仪器中，对待测温区域的准确提取，可以对测温区域的温度、辐射量进行分析；医学仪器中，对病灶位置的准确识别，可以成为患者病情分析的重要依据。

目标检测一般分为3个步骤，即图像预处理、阈值分割、目标检测。

图像预处理是在目标检测处理之前进行的准备工作，包括干扰信息的去除（如噪声抑制）、无效区域的清理、图像格式的调整等。

阈值分割是指结合目标的某种特性，将目标区域与背景区域进行初步划分，它是后续目标位置提取的计算前提。阈值分割因阈值计算方法的不同而形成不同的分割方法。

目标检测是将阈值分割后图像的目标区域进行目标中心位置、目标覆盖区域的提取，以及有效目标的筛选等。

图像预处理的内容需结合项目的具体情况进行相应的适配处理，本章不再详细阐述。本章主要介绍图像阈值分割算法、目标检测算法中常用算法的算法原理及编程实现。

10.1 阈值分割

阈值分割即根据计算得到的图像阈值将目标区域与背景区域进行初步划分。根据阈值计算方法的不同，衍生出不同的阈值分割算法。经典的阈值分割算法包括双峰直方图阈值分割算法、最小阈值分割算法、最大类间方差阈值分割算法、最大熵分割算法、聚类方法等。不同的算法在应用场景、实时性、适应性方面各不相同，因此应结合具体的使用需求合理选择算法。以下仅对双峰直方图阈值分割算法和最大类间方差阈值分割算法进行介绍。

10.1.1 双峰直方图阈值分割

10.1.1.1 算法原理

当目标与背景的灰度区间存在明显差异时，图像的直方图会呈现双峰形，如图10.1所示。在此种情况下，将两个峰值之间的谷值作为阈值，可以将目标与背景较好的分开。这种分割方法称为双峰直方图阈值分割[25]。

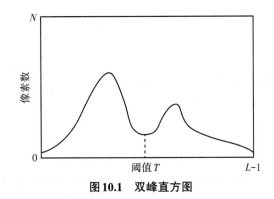

图10.1 双峰直方图

双峰直方图的实现步骤如下。

（1）将图像的均值m作为图像初始阈值T。

（2）计算图像中小于阈值T的像素均值m_1。

（3）计算图像中大于阈值T的像素均值m_2。

（4）根据m_1与m_2，按照式（10.1）计算新的阈值T。

$$T = \frac{m_1 + m_2}{2} \tag{10.1}$$

（5）重复步骤（2）至步骤（4），直至当前阈值T与上一次迭代的阈值的差小于设定值ΔT，停止迭代，当前阈值T即所求阈值。

10.1.1.2　编程实现

本节将结合实例10.1对双峰直方图阈值分割算法的编程实现进行介绍。

按照图10.2所示创建实例界面。界面顶部的组合框用于待分割图像路径的选择与路径显示，组合框下面的按钮用于实现多种分割算法的处理与显示。此处主要介绍双峰直方图阈值分割算法的编程实现。

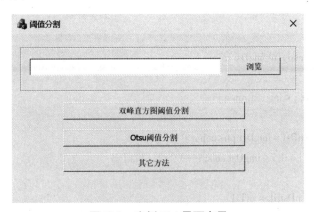

图10.2　实例10.1界面布局

为"双峰直方图阈值分割"按钮响应函数添加如下代码：

```
void CThresholdCalcDlg::OnBnClickedBtnDblpeak()
{
```

```
// TODO: 在此添加控件通知处理程序代码
if (m_strFilePath == "")
{
    AfxMessageBox("请先选定待处理图片");
    return;
}
//1.读取原始图像
Mat imgSrc;
imgSrc = imread(m_strFilePath.GetBuffer(0), IMREAD_ANYDEPTH | IMREAD_ANYCOLOR);
//2.显示原始图像
imshow("原始图像", imgSrc);
//3.阈值计算
unsigned int uiTH = 0;
unsigned int uiDeltaTH = 2;
bool bRet = DblPeakSegmentation(imgSrc, uiDeltaTH, uiTH);
if (!bRet)
{
    AfxMessageBox("选定的图像不符合处理要求，请重新选择");
}
//4.图像二值化处理
Mat imgDst;
imgDst.create(imgSrc.size(), CV_8UC1);
if (imgSrc.channels() == 3) //若打开图像为彩色图像，则首先转换为灰度图像
{
    cvtColor(imgSrc, imgDst, COLOR_GRAY2BGR);
}
else
{
    imgSrc.copyTo(imgDst);
}
for (int j = 0; j < imgDst.rows; j++)
{
    uchar *pDst = imgDst.ptr<uchar>(j);
    for (int i = 0; i < imgDst.cols; i++)
    {
        if (pDst[i]>= uiTH)
        {
            pDst[i] = 255;
        }
        else
        {
```

```
                pDst[i] = 0;
            }
        }
    }
    //5.显示处理后图像
    imshow("二值化图像", imgDst);
    //6.输出阈值提示
    CString str;
    str.Format("阈值为：%d", uiTH);
    AfxMessageBox(str);
}
```

首先按照指定路径对原始图像进行读取和显示；然后调用双峰直方图阈值计算函数（DblPeakSegmentation）对原始图像进行阈值计算；最后根据阈值计算结果对图像进行二值化处理，再次调用imshow函数对二值化图像进行显示，并弹出求得的阈值结果。

DblPeakSegmentation 函数的实现代码如下：

```
bool CThresholdCalcDlg::DblPeakSegmentation(Mat src, unsigned int uiDeltaTH, unsigned int &uiTH)
{
    //1.对图像格式进行检查
    int iChannels = src.channels();
    Mat imgTemp;
    if (iChannels == 3) //若打开图像为彩色图像，则首先转换为灰度图像
    {
        cvtColor(src, imgTemp, COLOR_GRAY2BGR);
    }
    else if (iChannels == 1)
    {
        imgTemp = src;
    }
    else
    {
        return false;
    }
    //2.将图像均值作为阈值初始值
    Scalar sMean = mean(src);
    unsigned int uiTempTH = (unsigned int)sMean.val[0];
    unsigned int uiTempTH_Pre = 255;
    //3.阈值迭代计算
    while (abs(uiTempTH - uiTempTH_Pre) > uiDeltaTH)
    {
```

```
            unsigned int uiSum1 = 0;
            unsigned int uiSum2 = 0;
            unsigned int uiCounter1 = 0;
            unsigned int uiCounter2 = 0;
            unsigned int uiMean1 = 0;
            unsigned int uiMean2 = 0;
            for (int j = 0; j < imgTemp.rows; j++)
            {
                uchar *pSrc = imgTemp.ptr<uchar>(j);
                for (int i = 0; i < imgTemp.cols; i++)
                {
                    if (pSrc[i] < uiTempTH)
                    {
                        uiSum1 += pSrc[i];
                        uiCounter1++;
                    }
                    else
                    {
                        uiSum2 += pSrc[i];
                        uiCounter2++;
                    }
                }
            }
            if (uiCounter1 == 0)
            {
                uiCounter1 = 1;
            }
            uiMean1 = uiSum1 / uiCounter1;
            if (uiCounter2 == 0)
            {
                uiCounter2 = 1;
            }
            uiMean2 = uiSum2 / uiCounter2;
            uiTempTH_Pre = uiTempTH;
            uiTempTH = (uiMean1 + uiMean2) / 2;
        }
        //4.阈值迭代计算完成，返回阈值
        uiTH = uiTempTH;
        return true;
    }
```

DblPeakSegmentation 函数主要实现图像的双峰直方图阈值分割。对于彩色图像，首先将其转换为灰度图像；然后将图像均值作为阈值的初始值；接下来进行阈值的迭代计算，当两次阈值之差小于设定值 uiDeltaTH（本实例中该值为 2）时，停止迭代，完成阈值计算，并将结果返回。

运行实例 10.1，点击"浏览"按钮，选择实例 10.1 路径下的"planeIR.bmp"图像文件，点击"双峰直方图阈值分割"按钮，依次弹出原始图像与阈值分割后图像，以及相应的分割阈值，如图 10.3 所示。

（a）原始图像

（b）阈值分割后图像（阈值 80）

图 10.3 "planeIR"图像阈值分割效果

对于图 10.3（a）所示图像，目标与背景存在明显差异，其直方图呈现明显的双峰形，如图 10.4 所示。经过阈值分割后的二值图像，分割效果良好，机翼等细节部分也被准确分割，如图 10.3（b）所示。

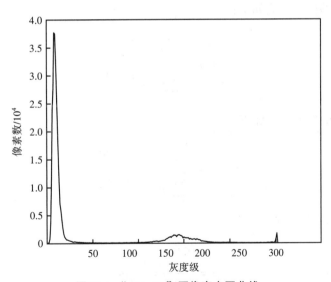

图 10.4 "planeIR"图像直方图曲线

10.1.2 最大类间方差阈值分割

10.1.2.1 算法原理

最大类间方差法是由日本大律展之在1979年提出的,简称Otsu方法[26],也称为大律法。该方法是一种不依赖于物体与背景像素的概率密度分布模型的方法。

假设将具有双峰特性的图像按照阈值t将图像分为C1与C2两类。C1类的灰度级范围为$[0, t]$,C2类的灰度级范围为$[t+1, L-1]$。其中,L为图像的最大灰度级数,对于8位图像,$L = 256$。若图像为亮目标、暗背景,则C1为背景区域,C2为目标区域;反之,C1为目标区域,C2为背景区域。

设灰度级为i的像素的概率密度为p_i,那么,当阈值为t时,像素属于C1类的概率$P_1(t)$的计算公式如下:

$$P_1(t) = \sum_{i=0}^{t} p_i \tag{10.2}$$

像素属于C2类的概率$P_2(t)$的计算公式如下:

$$P_2(t) = \sum_{i=t+1}^{L-1} p_i \tag{10.3}$$

且$P_1(t)$与$P_2(t)$存在如下关系:

$$P_1(t) + P_2(t) = 1 \tag{10.4}$$

属于C1类的像素均值如下:

$$\mu_1(t) = \frac{\sum_{i=0}^{t} i p_i}{\sum_{i=0}^{t} p_i} = \frac{\sum_{i=0}^{t} i p_i}{P_1(t)} \tag{10.5}$$

属于C2类的像素均值如下:

$$\mu_2(t) = \frac{\sum_{i=t+1}^{L-1} i p_i}{\sum_{i=t+1}^{L-1} p_i} = \frac{\sum_{i=t+1}^{L-1} i p_i}{P_2(t)} \tag{10.6}$$

整幅图像的均值如下:

$$\mu = \frac{\sum_{i=0}^{L-1} i p_i}{\sum_{i=0}^{L-1} p_i} = \sum_{i=0}^{L-1} i p_i \tag{10.7}$$

根据式(10.2)~式(10.7),$P_1(t)$,$P_2(t)$,$\mu_1(t)$,$\mu_2(t)$,μ这5个变量存在如下关系:

$$P_1(t)\mu_1(t) + P_2(t)\mu_2(t) = \mu \tag{10.8}$$

根据Otsu方法定义，C1类与C2类的类间方差定义式如下：

$$\sigma_B^2(t) = P_1(t)P_2(t)\big(\mu_1(t) - \mu_2(t)\big)^2$$
$$= \frac{\big(\mu P_1(t) - m(t)\big)^2}{P_1(t)\big(1 - P_1(t)\big)} \tag{10.9}$$

其中，$m(t)$的表达式如下：

$$m(t) = \sum_{i=0}^{t} i p_i \tag{10.10}$$

类间方差$\sigma_B^2(t)$越大，表明两个类之间距离越远，采用阈值t进行图像分割时，分割效果越好。那么，最佳阈值t的求取方法，就是在$[0, L-1]$内寻找阈值t，使类间方差$\sigma_B^2(t)$达到最大值。可以采用式（10.11）表述上述过程：

$$\sigma_{B\max}^2 = \max_{0 \leqslant t \leqslant L-1} \sigma_B^2(t) \tag{10.11}$$

综上所述，采用最大类间方差法求解阈值t的步骤如下。

（1）统计图像直方图，计算各灰度级$[0, L-1]$对应的概率密度p_i。

（2）计算图像均值μ。

（3）将阈值t依次取值为$[0, L-1]$的值，按照上述定义分别计算相应的$P_1(t)$，$m(t)$值。

（4）将每个t值对应的$P_1(t)$与$m(t)$代入类间方差公式［如式（10.9）］，计算类间方差$\sigma_B^2(t)$。

（5）最大类间方差$\sigma_B^2(t)$对应的阈值t即所求阈值。当存在多个类间方差最大值时，将其对应的阈值t的均值作为最终阈值。

10.1.2.2　编程实现

本节将结合实例10.1对最大类间方差阈值分割算法的编程实现进行介绍。

为"Otsu阈值分割"按钮响应函数添加如下代码：

```
void CThresholdCalcDlg::OnBnClickedBtnOtsu()
{
    // TODO: 在此添加控件通知处理程序代码
    if (m_strFilePath == "")
    {
        AfxMessageBox("请先选定待处理图片");
        return;
    }
    //1.读取原始图像
    Mat imgSrc;
```

```
imgSrc = imread(m_strFilePath.GetBuffer(0), IMREAD_ANYDEPTH | IMREAD_ANYCOLOR);
//2.显示原始图像
imshow("原始图像", imgSrc);
//3.阈值计算
unsigned int uiTH = 0;
bool bRet = OtsuSegmentation(imgSrc, uiTH);
if (!bRet)
{
    AfxMessageBox("选定的图像不符合处理要求，请重新选择");
}
//4.图像二值化处理
Mat imgDst;
imgDst.create(imgSrc.size(), CV_8UC1);
if (imgSrc.channels() == 3) //若打开图像为彩色图像，则应首先转换为灰度图像
{
    cvtColor(imgSrc, imgDst, COLOR_GRAY2BGR);
}
else
{
    imgSrc.copyTo(imgDst);
}
for (int j = 0; j < imgDst.rows; j++)
{
    uchar *pDst = imgDst.ptr<uchar>(j);
    for (int i = 0; i < imgDst.cols; i++)
    {
        if (pDst[i] >= uiTH)
        {
            pDst[i] = 255;
        }
        else
        {
            pDst[i] = 0;
        }
    }
}
//5.显示处理后图像
imshow("二值化图像", imgDst);
//6.输出阈值提示
CString str;
str.Format("阈值为：%d", uiTH);
```

```
    AfxMessageBox(str);
}
```

首先按照指定路径对原始图像进行读取和显示；然后调用最大类间方差阈值计算函数（OtsuSegmentation）对原始图像进行阈值计算；最后根据阈值计算结果对图像进行二值化处理，再次调用imshow函数对二值化图像进行显示，并弹出求得的阈值结果。

OtsuSegmentation函数的实现代码如下：

```
bool CThresholdCalcDlg::OtsuSegmentation(Mat src, unsigned int &uiTH)
{
    //1.对图像格式进行检查
    int iChannels = src.channels();
    Mat imgTemp;
    if (iChannels == 3) //若打开图像为彩色图像，则首先转换为灰度图像
    {
        cvtColor(src, imgTemp, COLOR_BGR2GRAY);
    }
    else if (iChannels == 1)
    {
        imgTemp = src;
    }
    else
    {
        return false;
    }
    //2.计算图像均值
    Scalar sMean = mean(imgTemp);
    double du = sMean.val[0];
    //3.统计图像的直方图并计算概率密度
    //统计直方图
    unsigned int uiHist[256];
    memset(uiHist, 0, 256*sizeof(unsigned int));
    for (int j = 0; j < imgTemp.rows; j++)
    {
        uchar *pSrc = imgTemp.ptr<uchar>(j);
        for (int i = 0; i < imgTemp.cols; i++)
        {
            uiHist[pSrc[i]]++;
        }
    }
```

```
unsigned int uiImgSize = imgTemp.rows*imgTemp.cols;
if (uiImgSize == 0)
{
    uiImgSize = 1;
    return false;
}
//计算概率密度
double dp[256];
for (int i = 0; i<256; i++)
{
    dp[i] = (double)uiHist[i] / (double)uiImgSize;
}
//4.类间方差统计
double dDeltaB2[256];
for (int t = 0; t < 256; t++)
{
    //4.1 计算 P1(t) 与 m(t)
    double dP1 = 0.0;
    double dm = 0.0;
    for (int i = 0; i<t; i++)
    {
        dP1 += dp[i];
        dm += i * dp[i];
    }

    //4.2 计算类间方差
    dDeltaB2[t] = (du*dP1 - dm)*(du*dP1 - dm)
        / (dP1 + 0.01) / (1 - dP1 + 0.01); //0.01为修正值，防止出现分母为0的情况
}
//5.计算类间方差最大值
double dDeltaB2Max = dDeltaB2[0];
for (int t = 1; t < 256; t++)
{
    if (dDeltaB2[t] > dDeltaB2Max)
    {
        dDeltaB2Max = dDeltaB2[t];
    }
}
//6.计算最大类间方差阈值
int iSumt = 0;
int iCounter = 0;
```

```
for (int t = 0; t < 256; t++)
{
    if (dDeltaB2[t]== dDeltaB2Max)
    {
        iSumt += t;
        iCounter++;
    }
}
uiTH = (unsigned int)((double)iSumt / (double)iCounter + 0.5);
return true;
}
```

OtsuSegmentation 函数主要实现图像的最大类间方差阈值分割。对于彩色图像，首先将其转换为灰度图像，然后按照 Otsu 步骤依次进行图像均值计算、图像直方图统计、图像概率密度统计、类间方差计算、最大类间方差阈值计算，并将结果返回。

运行实例 10.1，点击"浏览"按钮，选择实例 10.1 路径下的"planeIR.bmp"图像文件，点击"Otsu 阈值分割"按钮，依次弹出原始图像与阈值分割后图像，以及相应的分割阈值，如图 10.5 所示。

（a）原始图像　　　　　　　　　　（b）阈值分割后图像（阈值 79）

图 10.5　"planeIR"图像阈值分割效果

对于图 10.5（a）所示图像，目标与背景存在明显差异，其直方图呈现明显的双峰形，且目标与背景区域比例接近。在此种情况下，经过阈值分割后的二值图像分割效果良好，目标细节轮廓分割较为准确，如图 10.5（b）所示。

10.1.3　基于先验信息的阈值分割

本章介绍的双峰直方图阈值分割法与最大类间方差阈值分割法是图像分割阈值计算中应用较多的方法。以上两种方法及其他常用的阈值分割方法，大多以图像直方图的双峰性为基本前提，即一是要求目标区域与背景区域的灰度级具有较为明显的差异，二是要求目标区域与背景区域在图像中的比例相近。若不满足上述条件，将难以实现准确分割，分割效果如图 10.6 和图 10.7 所示。

（a）原始图像 （b）阈值分割图像

图10.6 目标与背景区域比例差异较大的情况

（a）原始图像 （b）阈值分割图像

图10.7 目标与背景区域灰度级差异不大的情况

在此种情况下，应结合图像的先验信息，寻找目标与背景的特征差异，利用特征差异进行目标与背景的分割。

以红外图像为例，对于高于环境温度的辐射体，其在图像中的灰度值要高于背景区域灰度值。由于红外目标的灰度与其辐射温度有关，因此温度越高，灰度值越高。当期辐射温度恒定时，在光学参数及相机参数不变的情况下，其灰度值范围相对固定。在此种情况下，可以通过实现统计的先验信息，对分割阈值进行经验设定。对于图10.5、图10.6所示的红外图像，根据灰度统计可以将阈值设为60，对红外图像进行分割，即可达到良好的分割效果。例如，实例10.1的"其他方法"按钮的响应函数，即可同时实现对实例中提供的"planeIR.bmp""SmallplaneIR.bmp"红外飞机的准确分割，分割效果如图10.8和图10.9所示。

（a）原始图像 （b）阈值分割图像

图10.8 红外飞机大目标（阈值固定为60）

（a）原始图像　　　　　　　　　　　　（b）阈值分割图像

图10.9　红外飞机小目标（阈值固定为60）

此外，可以借助深度学习等手段，对典型目标进行分类识别，以实现更为复杂的分割处理。此部分内容本节不再详细阐述，感兴趣的读者可自行研究。

10.2　形心检测

10.2.1　算法原理

目标检测[27]的基本目的是根据待提取目标的先验特征（如亮度特征、结构特征、颜色特征、运动轨迹特征等），在图像中对目标的中心位置及覆盖区域进行计算。目标识别则是基于目标检测结果的上层理解，以及进一步的高层次特征信息，对目标检测结果进行进一步判定与筛选。

目标识别的判定规则应视具体情况而定，不具有一般性，本章不再系统介绍。而本节提及的"形心检测"及后续即将介绍的"重心检测""相关匹配提取"均属于更具一般性的目标检测范畴。

形心检测是根据目标区域的覆盖位置信息，对目标的中心位置及覆盖区域进行计算的过程。注意：形心检测时，只有目标的覆盖位置坐标参与计算，而与覆盖区域对应的像素灰度值无关，这与重心检测有本质上的区别。

形心检测的一般过程如图10.10所示。

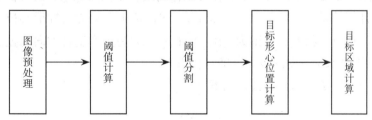

图10.10　形心检测的一般过程

（1）图像预处理。

图像预处理的目的是通过一系列预处理手段，初步去除图像中不利于目标检测的干扰因素（如干扰噪声、图像边缘等目标无效区域），并将其转换为符合阈值计算的统一图像格式（如可将图像通道数统一为单通道图像，可将图像位数统一为8位图像，等等）。

（2）阈值计算。

阈值计算是根据某种选定的阈值计算方法（如10.1节所述方法），对能够把目标从背景中区分出来的阈值 T 进行计算。

（3）阈值分割。

根据步骤（2）计算得到的阈值 T，对预处理后的图像进行二值化处理。

① 对于亮目标、暗背景的情况，其二值化处理表达式如下：

$$f(i,\ j) = \begin{cases} 1, & g(i,\ j) \geq T \\ 0, & g(i,\ j) < T \end{cases} \tag{10.12}$$

② 对于暗目标、亮背景的情况，其二值化处理表达式如下：

$$f(i,\ j) = \begin{cases} 1, & g(i,\ j) < T \\ 0, & g(i,\ j) \geq T \end{cases} \tag{10.13}$$

式中，$g(i,\ j)$ 为待处理图像中位置为 $(i,\ j)$ 的像素灰度；$f(i,\ j)$ 为阈值分割处理后的二值化图像。

（4）目标形心位置计算。

完成图像的二值化阈值分割后，即可调用形心计算公式对目标的中心位置（即形心位置）进行计算，计算表达式如下：

$$\begin{cases} x_c = \dfrac{\displaystyle\sum_{i=0}^{M-1} iV(i)}{\displaystyle\sum_{i=0}^{M-1} V(i)} \\[4mm] y_c = \dfrac{\displaystyle\sum_{j=0}^{N-1} jH(j)}{\displaystyle\sum_{j=0}^{N-1} H(j)} \end{cases} \tag{10.14}$$

式中，M 为图像宽度，单位为像素；N 为图像高度，单位为像素；x_c 为目标形心位置的水平坐标计算结果，单位为像素，范围为 $[0,\ M-1]$；y_c 为目标形心位置的垂直坐标计算结果，单位为像素，范围为 $[0,\ N-1]$；$V(i)$ 为图像垂直方向的投影（即列投影）；$H(i)$ 为图像水平方向的投影（即行投影）。

其中，$V(i)$ 和 $H(i)$ 的计算公式如下：

$$V(i) = \sum_{j=0}^{N-1} f(i,\ j) \tag{10.15}$$

$$H(i) = \sum_{i=0}^{M-1} f(i,\ j) \tag{10.16}$$

（5）目标区域计算。

① 目标区域水平方向范围的确定。首先以 x_c 为起始点，依次向左寻找使列投影

$V(x)$ 大于 0 的最小值 x_1；然后以 x_c 为起始点，依次向右寻找使列投影 $V(x)$ 大于 0 的最大值 x_2。

②目标区域垂直方向范围的确定。首先以 y_c 为起始点，依次向上寻找使行投影 $H(x)$ 大于 0 的最小值 y_1；然后以 y_c 为起始点，依次向下寻找使行投影 $H(x)$ 大于 0 的最大值 y_2。

由此可以得到以 $(x_1，y_1)$ 为左上角、以 $(x_2，y_2)$ 为右下角的目标矩形区域位置。

形心计算的原理图如图 10.11 所示。

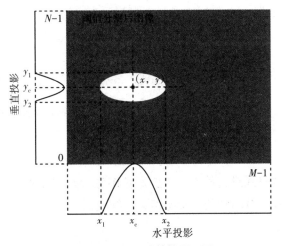

图 10.11　形心计算的原理图

本节所述的形心计算仅涉及单目标检测的简单情况。当图像中存在多个目标时，应先按照某种准则对图像进行区域划分，再在某个子区域中进行目标的形心检测。

10.2.2　编程实现

本节将结合实例 10.2 对形心检测算法的编程实现进行介绍。

按照图 10.12 所示创建实例界面。界面顶部的组合框用于待目标检测图像路径的选择与路径显示，组合框下面的按钮用于实现多种目标检测算法的处理与显示。此处主要介绍形心检测算法的编程实现。

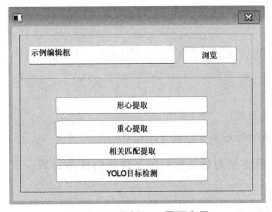

图 10.12　实例 10.2 界面布局

为"形心提取"按钮响应函数添加如下代码。

读取并显示原始图像。

```
void CObjDetectDlg::OnBnClickedBtnCentroid( )
{
    // TODO: 在此添加控件通知处理程序代码
    if (m_strFilePath == "")
    {
        AfxMessageBox("请先选定待处理图片");
        return;
    }
    //1.读取原始图像
    Mat imgSrc;
    imgSrc = imread(m_strFilePath.GetBuffer(0), IMREAD_ANYDEPTH | IMREAD_ANYCOLOR);
    //2.显示原始图像
    imshow("原始图像", imgSrc);
```

对待检测图像的格式进行检查，若为彩色图像，则首先将其转换为灰度图像，然后调用中值滤波算法，对图像的干扰噪声进行抑制。

```
    //3.图像预处理
    //3.1 图像格式检查与预处理
    Mat imgPreProcess;
    if (imgSrc.channels( )==3)
    {
        cvtColor(imgSrc, imgPreProcess, COLOR_BGR2GRAY);
    }
    else if (imgSrc.channels( ) == 1)
    {
        imgSrc.copyTo(imgPreProcess);
    }
    else
    {
        AfxMessageBox("选定的图像不符合处理要求，请重新选择");
        return;
    }
    //3.2 图像去噪预处理
    Medianfilter(imgPreProcess, imgPreProcess, 3);
```

采用Otsu阈值计算方法对预处理后的图像进行阈值计算。

```
    //4.阈值计算
    unsigned int uiTH = 0;
```

```
bool bRet = OtsuSegmentation(imgPreProcess, uiTH);
if (!bRet)
{
    AfxMessageBox("选定的图像不符合处理要求，请重新选择");
}
```

利用计算得到的阈值对图像进行分割处理。这里假设要处理的图像是亮目标、暗背景，则将高于阈值的像素赋值为1、低于阈值的像素赋值为0。

```
//5.阈值分割
for (int j = 0; j < imgPreProcess.rows; j++)
{
    uchar *pDst = imgPreProcess.ptr<uchar>(j);
    for (int i = 0; i < imgPreProcess.cols; i++)
    {
        if (pDst[i] >= uiTH)
        {
            pDst[i] = 1;
        }
        else
        {
            pDst[i] = 0;
        }
    }
}
```

调用CentroidCalc函数，对图像的形心位置及目标覆盖的矩形区域进行计算。

```
//6.目标形心计算
Point2f ptCenter = Point2f(0, 0);
Rect rtRegion = Rect(0, 0, 0, 0);
bool bValid = false;
bRet = CentroidCalc(imgPreProcess, ptCenter, rtRegion, bValid);
if (!bRet)
{
    AfxMessageBox("未检测到目标");
    return;
}
```

将计算得到的目标区域用矩形框标识，目标的形心位置用黑色十字丝标识，并将带有标识的图像显示出来。

```
//7.目标提取结果显示
rectangle(imgSrc, rtRegion, Scalar(255, 255, 255), 2);        //绘制目标区域
```

```
    line(imgSrc, Point(ptCenter.x - 10, ptCenter.y), Point(ptCenter.x + 10, ptCenter.y),
        Scalar(0, 0, 0), 2);
    line(imgSrc, Point(ptCenter.x, ptCenter.y - 10), Point(ptCenter.x, ptCenter.y + 10),
        Scalar(0, 0, 0), 2);
    imshow("目标检测结果", imgSrc);
    CString str;
    str.Format("目标重心(%.1f,%.1f)", ptCenter.x, ptCenter.y);
    AfxMessageBox(str);
}
```

对中值滤波函数、Otsu分割函数，在前面章节中进行了相应的介绍，以下介绍形心检测函数（CentroidCalc）的代码实现。

CentroidCalc 函数的参数 Mat src 为待目标检测的单通道灰度图像，为输入参数。后面三个参数均为输出参数，分别代表目标形心计算结果、目标区域的矩形位置计算结果、目标检测的有效性（true 为检测到目标，false 为未检测到目标）。

在进行目标形心计算前，首先对图像的垂直投影、水平投影进行计算。

```
bool CObjDetectDlg::CentroidCalc(Mat src, Point2f &ptCenter, Rect &rtRegion, bool &bValid)
{
    if (src.channels() != 1) //只处理单通道图像
    {
        return false;
    }
    //1.投影计算
    Mat Vadd = Mat::zeros(Size(1, src.cols), CV_64FC1);        //存放垂直投影(列投影)
    Mat Hadd = Mat::zeros(Size(1, src.rows), CV_64FC1);        //存放水平投影(行投影)
    for (int j = 0; j < src.rows; j++)
    {
        uchar *pSrc = src.ptr<uchar>(j);
        for (int i = 0; i < src.cols; i++)
        {
            Vadd.at<double>(i, 0) += (double)pSrc[i];          //计算垂直投影(列投影)
            Hadd.at<double>(j, 0) += (double)pSrc[i];          //计算水平投影(行投影)
        }
    }
```

利用形心计算公式，对目标形心位置进行计算。

```
    //2.形心计算
    //2.1 计算形心 x 坐标
    double fSumIV = 0;
    double fSumV = 0;
    for (int i = 0; i < src.cols; i++)
```

```
{
    fSumIV += (double)i *Vadd.at<double>(i, 0);
    fSumV  += Vadd.at<double>(i, 0);
}
if (fSumV < MIN_PIXELNUM)     //未检测出目标
{
    ptCenter = Point2f(0, 0);
    rtRegion = Rect(0, 0, 0, 0);
    bValid = false;
    return false;
}
float fCenterX = fSumIV / fSumV;
//2.2 计算形心 y 坐标
double fSumJH = 0;
double fSumH = 0;
for (int j = 0; j < src.rows; j++)
{
    fSumJH += (double)j * Hadd.at<double>(j, 0);
    fSumH += Hadd.at<double>(j, 0);
}
if (fSumH < MIN_PIXELNUM)     //未检测出目标
{
    ptCenter = Point2f(0, 0);
    rtRegion = Rect(0, 0, 0, 0);
    bValid = false;
    return false;
}
float fCenterY = fSumJH / fSumH;
```

对目标区域的矩形区域进行计算。

```
//3. 目标区域计算
unsigned int uiX1 = 0;
for (int i = (int)fCenterX; i>0 ; i--)
{
    uiX1 = i;
    if (Vadd.at<double>(i, 0)< MIN_PROJECT_PIXELNUM)
    {
        break;
    }
}
unsigned int uiX2 = src.cols;
```

```
        for (int i = (int)fCenterX+1; i<src.cols; i++)
        {
            uiX2 = i;
            if (Vadd.at<double>(i, 0) < MIN_PROJECT_PIXELNUM)
            {
                break;
            }
        }
        unsigned int uiY1 = 0;
        for (int j = (int)fCenterY; j >0; j--)
        {
            uiY1 = j;
            if (Hadd.at<double>(j, 0) < MIN_PROJECT_PIXELNUM)
            {
                break;
            }
        }
        unsigned int uiY2 = src.rows;
        for (int j = (int)fCenterY+1; j <src.rows; j++)
        {
            uiY2 = j;
            if (Hadd.at<double>(j, 0) < MIN_PROJECT_PIXELNUM)
            {
                break;
            }
        }
```

将计算结果赋值给输出参数，完成形心检测计算。

```
//4.输出参数赋值
ptCenter.x = fCenterX;
ptCenter.y = fCenterY;
rtRegion.x = uiX1;
rtRegion.y = uiY1;
rtRegion.width = abs(uiX2 − uiX1);
rtRegion.height = abs(uiY2 − uiY1);
bValid = true;
return true;
}
```

运行实例10.2，点击"浏览"按钮，选择实例10.2路径下的"图像序列"文件夹下的红外民航飞机图像（图像尺寸为640×512），点击"形心提取"按钮，依次对该路径下的图像进行目标形心检测，图像的提取结果如图10.13所示。

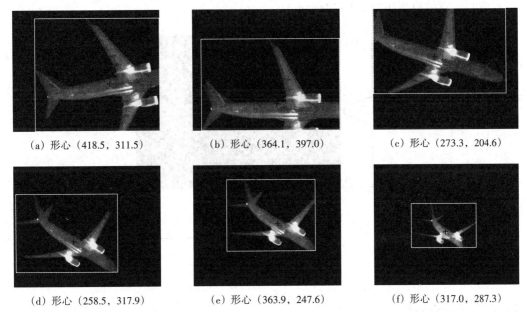

(a) 形心（418.5，311.5）　　　　(b) 形心（364.1，397.0）　　　　(c) 形心（273.3，204.6）

(d) 形心（258.5，317.9）　　　　(e) 形心（363.9，247.6）　　　　(f) 形心（317.0，287.3）

图10.13　红外民航飞机图像的目标形心检测效果

10.3　重心检测

10.3.1　算法原理

重心检测[28]与形心检测本质上的区别是，利用重心检测进行目标中心位置计算时，目标区域内各像素的灰度值要参与加权计算。也就是说，形心检测的目标中心位置位于目标区域的形状中心，而重心检测的目标中心位置位于目标区域的灰度中心。

重心检测与形心检测的计算过程基本一致，只是阈值分割的处理方式存在差异，处理流程与处理步骤可参考10.2节介绍的内容。

重心检测的阈值分割表达式如下。

（1）对于亮目标、暗背景的情况，其二值化处理表达式如下：

$$f(i, j) = \begin{cases} g(i, j), & g(i, j) \geqslant T \\ 0, & g(i, j) < T \end{cases} \tag{10.17}$$

（2）对于暗目标、亮背景的情况，其二值化处理表达式如下：

$$f(i, j) = \begin{cases} L - 1 - g(i, j), & g(i, j) < T \\ 0, & g(i, j) \geqslant T \end{cases} \tag{10.18}$$

对比重心阈值分割表达式与中心阈值分割表达式可以看出，形心算法按照计算阈值对图像进行了二值化处理；重心算法按照计算阈值将背景区域设置为0，而目标区域保持原有的灰度值不变，以参与后续的中心位置计算。

重心计算的原理图如图10.14所示。

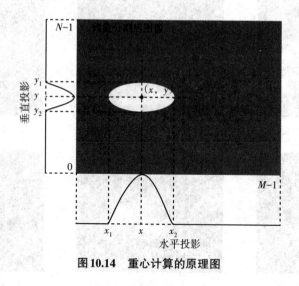

图10.14 重心计算的原理图

10.3.2 编程实现

本节将结合实例10.2对重心检测算法的编程实现进行介绍。

重心检测的代码实现与形心检测的代码实现基本一致，仅在阈值分割代码段存在差别（以下代码仅针对暗背景、亮目标的情况），其他部分代码与形心检测代码一致，此处不再详细介绍，具体实现可参考实例10.2的"重心检测"部分。

```
//5.阈值分割
for (int j = 0; j < imgPreProcess.rows; j++)
{
    uchar *pDst = imgPreProcess.ptr<uchar>(j);
    for (int i = 0; i < imgPreProcess.cols; i++)
    {
        if (pDst[i] < uiTH) //将小于阈值的背景设为0，高于阈值的目标区域像素保持不变
        {                   //该部分是重心提取与形心提取的唯一区别，其他部分均相同
            pDst[i] = 0;
        }
    }
}
```

运行实例10.2，点击"浏览"按钮，选择实例10.2路径下的"图像序列"文件夹下的红外民航飞机图像（图像尺寸为640×512），点击"重心提取"按钮，依次对该路径下的图像进行目标重心检测，图像的提取结果如图10.15所示。

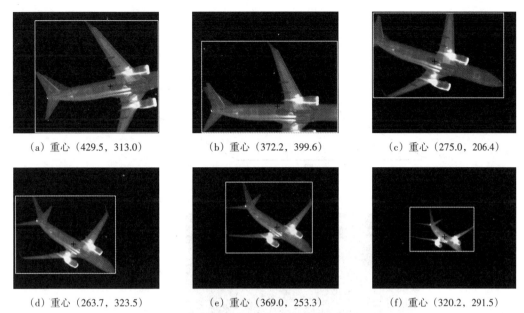

（a）重心（429.5，313.0）　　　（b）重心（372.2，399.6）　　　（c）重心（275.0，206.4）

（d）重心（263.7，323.5）　　　（e）重心（369.0，253.3）　　　（f）重心（320.2，291.5）

图10.15　红外民航飞机图像的目标重心检测效果

对比图10.13与图10.15目标检测结果可以看出，两种方法均能够较好地提取出目标区域与中心位置。但是两种方法的中心位置提取结果略有偏差，见表10.1。

表10.1　形心坐标与重心坐标位置比较

序号	目标形心坐标	目标重心坐标
1	（418.5，311.5）	（429.5，313.0）
2	（364.1，397.0）	（372.2，399.6）
3	（273.3，204.6）	（275.0，206.4）
4	（258.5，317.9）	（263.7，323.5）
5	（363.9，247.6）	（369.0，253.3）
6	（317.0，287.3）	（320.2，291.5）

由于受到飞机发动机发热影响，飞机红外图像的灰度不再呈均匀分布，而是向其发动机位置偏移，因此，两种目标中心位置的提取结果发生了小量偏差。

10.4　相关匹配检测

10.4.1　算法原理

相关匹配检测[1]是利用图像间的相关度评价函数，将指定的模板图像与待检测区内的图像子块进行逐块相关匹配计算，相关度最大值对应的图像子块即目标检测位置。相关匹配检测示意图如图10.16所示。

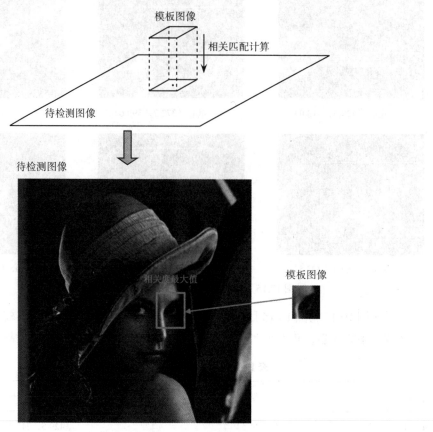

图10.16 相关匹配检测示意图

用于评价两幅图像之间相似度的函数有多种，本节仍采用第9章介绍的SSIM相似度评价函数作为相关匹配的相关函数。其计算公式如下：

$$SSIM(I, R) = \frac{(2\mu_I\mu_R + C_1)(2\sigma_{IR} + C_2)}{(\mu_I^2 + \mu_R^2 + C_1)(\sigma_I^2 + \sigma_R^2 + C_2)} \qquad (10.19)$$

式中，R为预先指定的模板图像；I为待检测图像S中以(x, y)点为中心、尺寸与R相同的图像子块；μ_I为图像I的均值；μ_R为图像R的均值；C_1为第一调节参数；σ_I为图像I的标准差；σ_R为图像R的标准差；C_2为第二调节参数；σ_{IR}为图像I与图像R的协方差。以上各参数的计算公式详见第9章9.4.6节。

需要说明的是，由于相关度计算算法运算量较大，直接采用该算法进行相关匹配计算的实时性较差，因此，在实际使用中可采取如下策略来提高算法的实时性。

（1）对于匹配精度要求不高的情况，可将模板图像R与待检测图像S同时进行降采样处理后再进行相关匹配计算，可大幅降低运算量。

（2）若既要保证算法的实时性，又要保证匹配精度，可将R与S先进行降采样的粗匹配，再在降采样前的图像R与S中粗匹配位置附近的小范围内进行精匹配计算。

以此类推，对于分辨率较高的图像，可采用多层降采样相关匹配策略，来保证算法的实时性与精度。

（3）对于涉及重复计算的变量（如模板图像的均值μ_R、标准差σ_R等），可在循环外部提前完成计算。

（4）可结合实际使用场景，对SSIM计算公式进行进一步简化。

10.4.2　编程实现

本节将结合实例10.2对相关匹配提取算法的编程实现进行介绍。

为"相关匹配提取"按钮响应函数添加如下代码。

读取指定路径下的待检测图像、模板图像，并对两幅图像进行显示。

```
void CObjDetectDlg::OnBnClickedBtnCorrelation()
{
    // TODO: 在此添加控件通知处理程序代码
    if (m_strFilePath == "")
    {
        AfxMessageBox("请先选定待处理图片");
        return;
    }
    //1.读取原始图像及模板图像
    Mat imgSrc;
    imgSrc = imread(m_strFilePath.GetBuffer(0), IMREAD_ANYDEPTH | IMREAD_ANYCOLOR);
    //选定参考图像，若未选定则返回
    CString strTmpFilePath = "";
    CDlgTmpSel dlgTmpImgSel;
    if (dlgTmpImgSel.DoModal() == IDCANCEL)
    {
        AfxMessageBox("需要选定模板图像后，才能进行相关计算！");
        return;
    }
    else
    {
        strTmpFilePath = dlgTmpImgSel.m_strFilePath;
    }
    Mat imgTmp;
    imgTmp = imread(strTmpFilePath.GetBuffer(), IMREAD_ANYDEPTH | IMREAD_ANYCOLOR);
    //2.显示原始图像与模板图像
    imshow("原始图像", imgSrc);
    imshow("模板图像", imgTmp);
```

对待检测图像、模板图像进行检测前的预处理，包括图像格式检查（若为彩色图像，则转换为灰度图像）、中值滤波处理（降低噪声干扰）、降采样处理（降低算法耗时，本实例中降采样倍率为4）。

```
//3.图像预处理
//3.1 图像格式检查与预处理
Mat imgPreProcess;
if (imgSrc.channels( ) == 3)
{
    cvtColor(imgSrc, imgPreProcess, COLOR_BGR2GRAY);
}
else if (imgSrc.channels( ) == 1)
{
    imgSrc.copyTo(imgPreProcess);
}
else
{
    AfxMessageBox("选定的图像不符合处理要求，请重新选择");
    return;
}
Mat imgPreProcessT;
if (imgTmp.channels( ) == 3)
{
    cvtColor(imgTmp, imgPreProcessT, COLOR_BGR2GRAY);
}
else if (imgTmp.channels( ) == 1)
{
    imgTmp.copyTo(imgPreProcessT);
}
else
{
    AfxMessageBox("选定的图像不符合处理要求，请重新选择");
    return;
}
//3.2 图像去噪预处理
Medianfilter(imgPreProcess, imgPreProcess, 3);
Medianfilter(imgPreProcessT, imgPreProcessT, 3);
//3.3 降采样处理
resize(imgPreProcess, imgPreProcess,
    Size(imgPreProcess.cols/ DIV_FACTOR, imgPreProcess.rows/ DIV_FACTOR));
resize(imgPreProcessT, imgPreProcessT,
    Size(imgPreProcessT.cols / DIV_FACTOR, imgPreProcessT.rows / DIV_FACTOR));
```

调用相关匹配函数（CorrelationCalc）对待检测图像进行相关匹配结果计算。注意：需要将匹配结果按照降采样倍率进行修正。

```
//4.目标相关匹配计算
Point2f ptCenter = Point2f(0, 0);
Rect rtRegion = Rect(0, 0, 0, 0);
double dRCoeff = 0;
int iRet = CorrelationCalc(imgPreProcess, imgPreProcessT, ptCenter, rtRegion, dRCoeff);
ptCenter.x *= DIV_FACTOR;
ptCenter.y *= DIV_FACTOR;
rtRegion.x = ptCenter.x − imgTmp.cols / 2;
rtRegion.y = ptCenter.y − imgTmp.rows / 2;
rtRegion.width = imgTmp.cols;
rtRegion.height = imgTmp.rows;
if (iRet!=1)
{
    AfxMessageBox("输入的图像格式不符合处理要求");
    return;
}
```

将检测结果进行标注与显示。

```
//5.目标提取结果显示
if (dRCoeff<0.5)
{
    AfxMessageBox("与模板相关匹配度过低，未检测到图像!");
}
else
{
    rectangle(imgSrc, rtRegion, Scalar(255, 255, 255), 2);        //绘制目标区域
    line(imgSrc, Point(ptCenter.x − 10, ptCenter.y),
        Point(ptCenter.x + 10, ptCenter.y), Scalar(0, 0, 0), 2);
    line(imgSrc, Point(ptCenter.x, ptCenter.y − 10),
        Point(ptCenter.x, ptCenter.y + 10), Scalar(0, 0, 0), 2);
    imshow("目标检测结果", imgSrc);
}

    CString str;
    str.Format("相关匹配中心(%.1f,%.1f),最大相关系数：%.2f", ptCenter.x, ptCenter.y, dRCoeff);
    AfxMessageBox(str);
}
```

CorrelationCalc 函数用于实现在待检测图像中进行各像素点对应图像子块的相关

度的计算，以及最大相关度位置的查找。本函数以SSIM为相关度评价函数，相关实现代码如下。

图像输入参数边界条件检查。

```
int  CObjDetectDlg:: CorrelationCalc (Mat  src, Mat  Tmp, Point2f &ptCenter, Rect &rtRegion, double
&dRCoeff)
{
    //1.输入参数检查
    if (src.channels()!=1) //待匹配图像应为单通道图像
    {
        return −1;
    }
    if (Tmp.channels()!=1) //模板应为单通道图像
    {
        return −2;
    }
    if ((src.rows<Tmp.rows)||(src.cols < Tmp.cols)) //待匹配图像尺寸应大于模板尺寸
    {
        return −3;
    }
```

上述代码中，src 为待检测图像；Tmp 为模板图像；ptCenter 为最大相关匹配点坐标；rtRegion 为目标区域；dRCoeff 为最大相关度计算结果。

模板相关参数（均值、均方差）计算。

```
    //2.模板相关参数计算
    int iTW = Tmp.cols;        //模板图像宽度
    int iTH = Tmp.rows;        //模板图像高度
    //2.1 图像均值
    Scalar sMeanR = mean(Tmp);
    double dMeanR = sMeanR.val[0];
    //2.2 图像方差
    double dSigmaR2 = 0;
    double dImgSize = (double)(iTW*iTH);
    for (int j = 0; j < Tmp.rows; j++)
    {
        uchar *pSrcR = Tmp.ptr<uchar>(j);
        for (int i = 0; i < Tmp.cols; i++)
        {
            //计算参考图像R方差
            dSigmaR2 += ((double)pSrcR[i] − dMeanR)*((double)pSrcR[i] − dMeanR);
        }
```

```
        }
        dSigmaR2 /= (dImgSize − 1.0);
```

在待检测图像中，将以每个像素点为中心的图像子块分别与模板图像进行相关度计算。注意：待检测图像的边缘区域不参与计算。

```
//3.遍历待检测图像，逐像素进行相关匹配
Mat mtRCoeff = Mat::zeros(src.size(), CV_64FC1);  //相关系数矩阵
Mat SubImg = Mat::zeros(Tmp.size(), CV_8UC1);    //存放模板覆盖子图
for (int j = iTH/2+ INVALID_EDGE_WID; j < src.rows−(iTH / 2 + INVALID_EDGE_WID); j++)
{
        double *pRCoeff = mtRCoeff.ptr<double>(j);
        for (int i = iTW / 2 + INVALID_EDGE_WID; i < src.cols −
            (iTW / 2 + INVALID_EDGE_WID); i++)
        {
                //3.1   获取模板覆盖区域的图像子块
                Rect rtROI = Rect(i − iTW / 2, j − iTH / 2, iTW, iTH);
                Mat srcROI = src(rtROI);
                //3.2   计算图像子块与模板的相似度
                SSIMCalc(srcROI, Tmp, dSigmaR2, dMeanR, pRCoeff[i]);
        }
}
```

将相关度矩阵中的最大值作为最终的相关匹配结果，并进行赋值输出。

```
//寻找相关系数矩阵最大值及对应像素位置
double dMin, dMax = 0;
Point ptMinLoc;
Point ptMaxLoc;
minMaxLoc(mtRCoeff, &dMin, &dMax,&ptMinLoc,&ptMaxLoc);
//输出参数赋值
ptCenter = ptMaxLoc;
dRCoeff = dMax;
rtRegion.x = ptMaxLoc.x − iTW / 2;
rtRegion.y = ptMaxLoc.y − iTH / 2;
rtRegion.width = iTW;
rtRegion.height = iTH;
return 1;
}
```

运行实例10.2，点击"浏览"按钮，选择实例10.2路径下的"相关匹配"文件夹下的待匹配图像（图像尺寸为512×512），点击"相关匹配提取"按钮，弹出模板选择对话框，选定"Lina模板.bmp"作为匹配模板，依次对该路径下的图像进行目标相关

匹配计算，图像的提取结果如图10.17所示。

（a）模板图像

（b）中心位置（300，364）、相关度0.95

（c）中心位置（300，364）、相关度0.93

（d）中心位置（300，364）、相关度0.94

（e）中心位置（300，364）、相关度0.95

图10.17　相关匹配提取结果

从图10.17中可以看出，本实例采用的SSIM相关匹配算法，对于图像中的噪声、亮度变化均具有一定的适应性。

形心检测、重心检测两种目标检测算法，由于算法简单、实时性好，因此在目标快速识别中应用较多。但是这两种算法要求目标与背景存在较为明显的灰度差，对于背景较为复杂或目标与背景难以通过阈值进行区分的场景，适应性较差。

相关匹配提取算法由于直接采用了模板图像进行相关度计算，因而不依赖于阈值分割结果，对于背景较为复杂或目标与背景难以通过阈值进行区分的场景，具有较好的适应性。但是该算法也存在如下局限：一是算法运算量较大，需要根据实际使用需要对评价函数、运算效率、运算策略进行适应性调整；二是对模板具有较为严重的依赖性，当目标发生姿态变化或尺寸变化时，会出现匹配失败的问题，此时就需要按照某种策略抵御形变影响，或者及时更换模板图像。

10.5　YOLO目标检测

10.5.1　算法原理

基于深度学习的目标检测方法，是近二十年来目标检测领域发展起来的一个重要分支。这类算法的一个典型代表是Girshick提出的R-CNN算法模型。但是R-CNN算法模型具有如下问题：多阶段训练步骤烦琐、检索特征耗时、特征存储占用资源大等。针对上述问题，众多学者相继提出了支持任意图像尺寸输入的SPP-net模型，将分离的特征提取、目标分类和位置回归步骤进行合并的Fast-RCNN模型，引入共享计算的Faster-RCNN模型，适应于多尺度的目标检测框架的TridentNet模型，等等。尽管经过了多方面的适应性优化，R-CNN算法仍存在计算量大、难以实现实时检测的问题。

相比于R-CNN算法实时性差的问题，YOLO（you only look once）算法采用了One-Stage检测方式，可直接在一个神经网络中完成目标的定位与分类，且具有较快的运算速度，在实时检测领域发挥着越来越重要的作用[29]。

YOLO算法的基本思路是，首先将待检测图像划分为$S×S$的图像网格，如图10.18所示；然后以每个网格子图为中心，进行边界框的预测；最后整幅图会输出一个含有$S×S×(B×5+C)$个参数的一维向量，即每个子图对应$B×5+C$个预测参数。其中，B为模型规定的每个网格子图的预测框数（YOLOV1中，$B = 2$）；5为每个预测框的表征参数，即预测框中心x坐标、预测框中心y坐标、预测框宽度w、预测框高度h、预测框中包含典型目标的置信度c；C为模型数据集中包含的目标分类数。

图10.18　YOLO图像划分

得到YOLO的预测结果后，即可根据处理需要进行YOLO模型参数训练或目标预测。

模型参数训练过程如下：将已标注图片作为图像并输入，输入YOLO网络模型；将YOLO的预测结果与标注真值通过损失函数进行损失计算，然后通过反向传播，对

YOLO的网络参数进行反复调整，最终达到模型参数训练的目的。YOLO模型参数训练过程如图10.19所示。

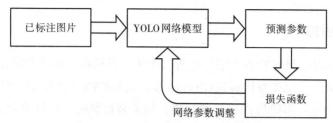

图10.19　YOLO模型参数训练过程

目标预测过程如下：将待检测图片作为图像并输入，输入已经训练好的YOLO网络模型，得到预测参数（预测结果包括检测到的目标位置信息、目标置信度、目标分类信息）；利用非极大值抑制算法等筛选算法，对置信度低的目标或重复提取的目标进行去除，最终输出预测结果。目标预测过程如图10.20所示。

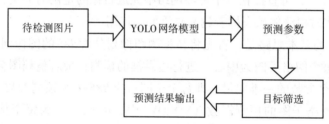

图10.20　目标预测过程

YOLOV1网络借鉴了GoogLeNet分类网络结果，与GoogLeNet不同的是，它使用1×1卷积层和3×3卷积层替代了inception module。YOLOV1网络共包含24个卷积层和2个全连接层。卷积层用来提取图像特征，全连接层用来预测图像位置和类别。YOLOV1网络模型如图10.21所示。

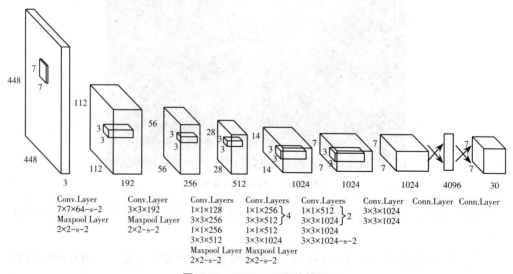

图10.21　YOLOV1网络模型

经过多年发展，YOLO算法在检测精度、检测速度方面得到不断提高，从最初的YOLOV1衍生出多个版本，目前已逐渐成为深度学习领域用于实时目标检测的主流算法。YOLO模型的发展改进过程如图10.22所示。

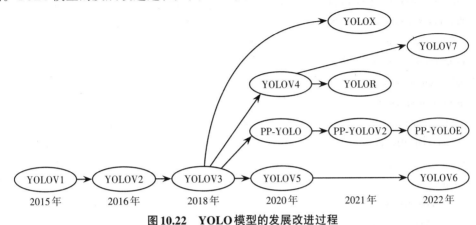

图10.22　YOLO模型的发展改进过程

由于深度学习领域涉及的专业知识、技术体系较为庞大，鉴于本书篇幅有限，本节只是以YOLO模型为技术切入点，得以初探深度学习在图像处理领域展现出的神奇魅力。至于更为深入的技术讲解，感兴趣的读者可查阅相关资料自行研究。

10.5.2　编程实现

如前所述，YOLO模型的使用涉及模型训练与目标预测两方面内容。本书侧重于图像处理技术的工程应用，因此，本节给出的实例展示的是利用YOLO模型进行目标预测。

为了与本书工程实例架构兼容，实例10.2仍沿用已有的Visual Studio与OpenCV相结合的代码架构，实现YOLO相关函数的调用。选用经典的YOLOV4为目标检测模型，考虑到读者硬件平台配置的差异，实例10.2仅采用CPU进行模型运算。在此种使用情况下，只需下载与模型相关的配置、参数文件，无须对GPU驱动、CUDA进行选型安装，以及对OpenCV进行重新编译等操作。

本节将结合实例10.2对YOLO目标检测算法的编程实现进行介绍。

10.5.2.1　编程前的准备

下载与YOLOV4模型相关的配置文件（"yolov4.cfg"文件）、权重参数文件（"yolov4.weights"文件）、模型分类文件（"coco.names"文件）。将上述3个文件放置在指定路径下，本实例将文件放置在"实例10.2　目标检测\ObjDetect\model4\"路径下。

10.5.2.2　代码实现

为实例10.2添加YOLO处理类CYOLODetect。该类主要涵盖了YOLO初始化函数（Init_YOLO）、目标检测函数（Detect_YOLO）及检测结果标识函数（DrawResult）。CYOLODetect类的代码主要是参考链接"https://blog.csdn.net/nihate/article/details/

108850477"进行的代码整理与修改，特此声明。

头文件CYOLODetect.h的实现代码如下：

```
#include<opencv2/opencv.hpp>
#include <opencv2/dnn.hpp>
#include <fstream>
using namespace cv;
using namespace dnn;
using namespace std;
#pragma once
class CYOLODetect
{
public:
    CYOLODetect();
    ~CYOLODetect();
    int Init_YOLO(String strCfgPath, String strWeightPath, String strclassNamesPath);
                                                        //YOLO模型初始化
    int Detect_YOLO(Mat src, float fConfidenceThreshold, vector<int>& res_classID,
                                                        //YOLO模型目标检测
        vector<float>& res_confidences, vector<Rect>& res_boxes, vector<int>& indices);
private:
    void DrawResult(int iClassID, float fConfidence, Rect box, Mat& frame);
    vector<String> getDetectNames(const Net& net);
    vector<String> m_ClassNamesList;
    Net m_YOLOnet;
    bool m_bYOLOinit;
}
```

源文件CYOLODetect.cpp的实现代码如下：

```
#include "pch.h"
#include "CYOLODetect.h"
CYOLODetect::CYOLODetect()
{
    m_bYOLOinit = false; //是否已初始化
}
CYOLODetect::~CYOLODetect()
{
}
/***************************************************************************
函数功能：    YOLO参数初始化
```

参数:

　　String modelConfiguration: 　　YOLO模型cfg文件

　　String modelWeight: 　　　　　YOLO模型weights文件

　　String classNames: 　　　　　　YOLO模型names文件

返回值:

　　1: 　　　初始化成功

　　−1: 　　未找到模型文件

　　−2: 　　readNetFromDarknet函数调用失败

**/

```
int CYOLODetect::Init_YOLO(String strCfgPath, String strWeightPath, String strclassNamesPath)
{
    //1.YOLO模型相关文件路径检查
    if (strCfgPath.empty() || strWeightPath.empty() || strclassNamesPath.empty())
    {
        return −1;
    }
    //2.读取数据集类名
    ifstream ifsClassNamesFile(strclassNamesPath);
    if (ifsClassNamesFile.is_open())
    {
        String className = "";
        while (getline(ifsClassNamesFile, className))
        {
            m_ClassNamesList.push_back(className);
        }
    }
    //3.读取模型文件
    m_YOLOnet = readNetFromDarknet(strCfgPath, strWeightPath);
    if (m_YOLOnet.empty())
    {
        return −2;
    }
    //4.硬件支持设置
    m_YOLOnet.setPreferableBackend(DNN_BACKEND_OPENCV);
    //要求网络使用其支持的特定计算后端
    m_YOLOnet.setPreferableTarget(DNN_TARGET_CPU);
    //要求网络在特定目标设备上进行计算: 本实例仅使用CPU
    m_bYOLOinit = true;
    return 1;
}
```

```
/*************************************************************************
函数功能：      YOLO目标检测

参数：
    Mat image：                     待检测图像，输入&输出参数
    float fConfidenceThreshold：     目标检测阈值，输出参数
    vector<int>& res_classID：       检测到的每个对象对应的分类ID，输出参数
    vector<float>& res_confidences： 检测到的每个对象对应的评分范围[0, 1]，输出参数
    vector<cv::Rect>& res_boxes：    检测到的每个对象的目标位置矩形框，输出参数
    vector<int>& indices：           经过极大值抑制后的对象的索引
返回值：
     1: 函数调用成功
    -1: 未进行模型初始化
    -2: 输入图像为空
    -3: blobFromImage 函数调用错误
*************************************************************************/
int CYOLODetect::Detect_YOLO(Mat src,
                float fConfidenceThreshold,
                vector<int>& res_classID,
                vector<float>& res_confidences,
                vector<Rect>& res_boxes,
                vector<int>& indices)
{
    if (!m_bYOLOinit)
    {
        return -1;
    }
    if (src.empty())
    {
        return -2;
    }
    Mat dst;
    blobFromImage(src, dst, 1 / 255.F, Size(416, 416), Scalar(0, 0, 0), true, false);
    //根据图像创建4维斑点
    if (dst.empty())
    {
        return -3;
    }
    m_YOLOnet.setInput(dst);
    Mat mtDetect;
```

```
vector<Mat> outs;
m_YOLOnet.forward(outs, getDetectNames(m_YOLOnet));
for (size_t i = 0; i < outs.size(); ++i)
{
    //扫描网络输出的所有边界框，只保留置信度得分高的边界框
        //将矩形框的类标签指定为该矩形框得分最高的类
    float* data = (float*)outs[i].data;
    for (int j = 0; j < outs[i].rows; ++j, data += outs[i].cols)
    {
        Mat scores = outs[i].row(j).colRange(5, outs[i].cols);
        Point classIdPoint;
        double confidence;
        minMaxLoc(scores, 0, &confidence, 0, &classIdPoint);
        //如果大于置信度阈值
        if (confidence > fConfidenceThreshold)
        {
            //获取坐标
            int centerX = (int)(data[0] * src.cols);
            int centerY = (int)(data[1] * src.rows);
            int width = (int)(data[2] * src.cols);
            int height = (int)(data[3] * src.rows);
            int left = centerX - width / 2;
            int top = centerY - height / 2;
            res_classID.push_back(classIdPoint.x);
            res_confidences.push_back((float)confidence);
            res_boxes.push_back(Rect(left, top, width, height));
        }
    }
}
if (res_boxes.empty())
{
    return -4;
}
NMSBoxes(res_boxes, res_confidences, fConfidenceThreshold, fConfidenceThreshold, indices);
                                                                //非极大值抑制
//在图像上绘制检测结果
for (size_t i = 0; i < indices.size(); ++i)
{
    int idx = indices[i];
    DrawResult(res_classID[idx],
```

```
                                res_confidences[idx],
                                res_boxes[idx],
                                src);
            }
            return 1;
    }
    vector<String> CYOLODetect::getDetectNames(const Net& net)
    {
            vector<String> strClassNames;
            if (strClassNames.empty())
            {
                //1.得到输出层的索引号
                vector<int> out_layer_indx = net.getUnconnectedOutLayers();
                //2.得到网络中所有层的名称
                vector<String> strLayersnamesVec = net.getLayerNames();
                //3.在名称中获取输出层的名称
                strClassNames.resize(out_layer_indx.size());
                for (int i = 0; i < out_layer_indx.size(); i++)
                {
                    strClassNames[i] = strLayersnamesVec[out_layer_indx[i] - 1];
                }
            }
            return strClassNames;
    }
    void CYOLODetect::DrawResult(int iClassID, float fConfidence, Rect rtBox, cv::Mat& frame)
    {
            rectangle(frame, Point(rtBox.x, rtBox.y), Point(rtBox.x+rtBox.width, rtBox.y + rtBox.height),
                    Scalar(0, 255, 0));
            String strLabel = format("%.2f", fConfidence);
            if (!m_ClassNamesList.empty())
            {
                strLabel = m_ClassNamesList[iClassID] + ": " + strLabel;
            }
            putText(frame, strLabel, Point(rtBox.x, rtBox.y), cv::FONT_HERSHEY_SIMPLEX,
                    0.5, Scalar(0, 0, 255));
    }
```

为"YOLO目标检测"按钮响应函数添加如下代码：

```
void CObjDetectDlg::OnBnClickedBtnYolo()
{
    // TODO: 在此添加控件通知处理程序代码
```

```
if (m_strFilePath == "")
{
        AfxMessageBox("请先选定待处理图片");
        return;
}
//1.读取原始图像
Mat imgSrc = imread(m_strFilePath.GetBuffer(0), IMREAD_COLOR);
//2.YOLO模型初始化
CYOLODetect yoloNet;
//YOLO V3
//String modelConfiguration = "../model3/yolov3.cfg";    //模型 cfg 文件路径
//String modelWeights = "../model3/yolov3.weights";      //模型 weights 文件路径
//String classesFile = "../model3/coco.names";           //模型 names 文件路径
    //YOLO V4
    String modelConfiguration = "../model4/yolov4.cfg";    //模型 cfg 文件路径
    String modelWeights = "../model4/yolov4.weights";      //模型 weights 文件路径
    String classesFile = "../model4/coco.names";           //模型 names 文件路径
    yoloNet.Init_YOLO(modelConfiguration, modelWeights, classesFile);    //模型初始化
//3.目标检测
float fConfidenceThreshold = 0.5;                          //目标检测阈值
vector<int> res_classID;                                   //目标所属分类
vector<float> res_confidences;                             //目标置信度
vector<Rect> res_boxes;                                    //目标位置
vector<int> indices;                                       //目标索引
yoloNet.Detect_YOLO(imgSrc, fConfidenceThreshold, res_classID,
                    res_confidences, res_boxes, indices);  //模型检测
//4.检测结果显示
imshow("YOLO检测结果", imgSrc);
}
```

　　读取指定路径下的待检测图像（若为灰度图像，通过 imread 函数的 IMREAD_
COLOR 参数将其自动转换为彩色图像）。对 YOLO 模型所需的配置、参数文件进行路
径配置。调用 Detect_YOLO 函数进行目标检测及检测结果标识。最后调用 imshow 函数
进行检测结果显示。

　　运行实例 10.2，点击"浏览"按钮，选择实例 10.2 路径下的"YOLO 图片"文件
夹下的待检测图像，点击"YOLO 目标检测"按钮，依次对该路径下的图像进行目标
位置预测，图像的提取结果如图 10.23 所示。

图10.23　YOLOV4目标检测结果

　　从图10.23的检测结果可知，YOLO算法对于已标注目标的姿态、尺寸、颜色的变化均具有良好的适应性。本实例仅在CPU处理器上进行目标检测功能验证，实时性较差，但在GPU上进行目标检测，处理速度可优于60帧/秒（如图10.24所示），完全可以达到实时处理的要求。

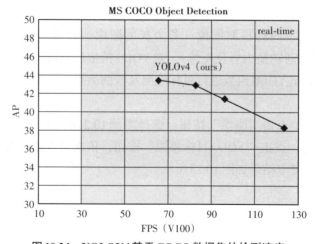

图10.24　YOLOV4基于COCO数据集的检测速度

虽然以YOLO算法为代表的基于深度学习的图像处理算法在目标检测方面发挥了令人瞩目的优良性能，但是在如下方面还存在一定的局限性。

（1）虽然在已有的数据集中YOLO算法具有良好的目标检测性能，但是对于非常规类型目标无法实现目标分类与检测，如图10.25所示。而建立有针对性的数据集，往往需要数量庞大的图像数据作支撑。

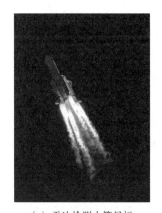 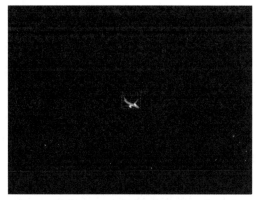

（a）无法检测火箭目标　　　　　　（b）将红外飞机误识别为鸟

图10.25　YOLOV4目标错误检测结果

（2）对于缺乏结构特性的目标（如星点），即使有大量的图像数据支撑，也会因目标特性不明显而难以通过该类方法进行目标识别。

（3）即使YOLO算法及后续版本在算法实时性方面具有良好的实时性，但是在算法复杂度及对硬件的依赖性方面，仍高于形心检测、重心检测等经典的目标检测算法。

针对上述问题，可以采取如下措施进行算法优势整合，以更好地发挥深度学习相关算法在工程实践中的有效应用。

（1）对于工业用途的非常规目标，可以尽量收集相关图像数据，建立自己的数据集，并有针对性地进行模型参数训练。

（2）对于缺乏结构特性的目标，可以采用形心检测、重心检测等方法进行替代。

（3）对于深度学习算法实时性难以满足使用要求的情况，可以采用深度学习检测算法与形心检测、重心检测等高实时性算法相结合的方式进行优势互补。

11 图像实时存储

图像数据的实时存储是成像仪器的一项重要功能，可用于实时记录设备在观测过程中的关键过程，便于事后的回放分析与数据存档。图像实时存储一般有2种方式：一是以视频方式存储；二是以图片序列方式存储。两种存储方式各有优缺点，具体如下。

视频存储方式便于快速回放观测的关键过程，但是无法存储每帧图像的全部原始信息（如每帧图像对应的附加测量信息，以及非标准格式图像的原始图像数据），不利于事后的数据分析。

图片序列存储方式可以按照指定存储格式将图像的原始数据、每帧图像对应的附加测量信息等全部数据逐帧写入，便于事后的数据分析，但是图像数据的连续回放需要依赖与图像存储格式相适应的图像处理软件，常规的播放器无法进行图像过程回放。

在图像处理软件开发过程中，可根据需要进行图像存储方式的选择，或者将2种存储方式结合使用。本章将结合成像仪器图像实时存储的常用实现方式对图像实时存储进行介绍。

11.1 图像视频存储

11.1.1 实现方法

图像的视频存储是将检测到的实时图像，按照指定的编码格式逐帧写入同一个视频文件。OpenCV通过VideoWriter类对视频存储实现进行了良好的封装，使视频存储的编程实现过程得到大大简化。

采用OpenCV VideoWriter类进行视频存储主要通过以下2个函数实现。

（1）VideoWriter::Open（初始化函数）。

VideoWriter::Open函数用于实现待保存视频文件的创建与视频参数的初始化。其函数原型如下：

```
bool open(const String& filename,
        int fourcc,
        double fps,
        Size frameSize,
        bool isColor = true);
```

各参数含义如下。

① filename 为待保存图像的全路径名，包含视频文件名称及扩展名。

② fourcc 为视频编码格式，其值由 VideoWriter::fourcc 函数实现由4字符到格式编码值的转换。常用的4字符编码与对应的编码格式对应表见表11.1。

表11.1 常用4字符编码与编码格式对应表

序号	VideoWriter::fourcc 函数参数取值	编码格式
1	'P'，'I'，'M'，'1'	MPEG-1
2	'M'，'J'，'P'，'G'	Motion-jpeg
3	'M'，'P'，'4'，'2'	MPEG-4.2
4	'D'，'I'，'V'，'3'	MPEG-4.3
5	'D'，'I'，'V'，'X'	MPEG-4
6	'U'，'2'，'6'，'3'	H263
7	'I'，'2'，'6'，'3'	H263I
8	'F'，'L'，'V'，'1'	FLV1

③ fps 为视频保存帧频，视频流典型帧频为25帧/秒。

④ frameSize 为图像尺寸。

⑤ isColor 为 TRUE 时，编码为彩色视频；isColor 为 FALSE 时，编码为灰度视频。需要注意的是，当写入图像为彩色图像时，该值必须为 TRUE，否则视频无法正常存储。

⑥ 若函数调用成功，则返回 TRUE，可以进行后续的图像写入；若函数调用失败，则返回 FALSE，无法进行后续的图像写入。

（2）VideoWriter::Write（图像写入函数）。

VideoWriter::Write 函数用于将单帧图像数据写入创建好的视频文件。其函数原型如下：

```
void write(InputArray image);
```

其中，参数 image 为待写入的单帧图像数据。该函数无返回值。

基于 OpenCV 的视频存储实现过程如图11.1所示。

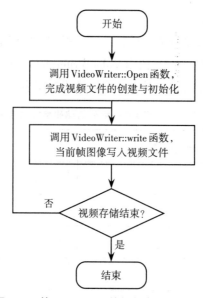

图11.1　基于OpenCV的视频存储实现过程

11.1.2　编程实现

本节将结合实例11.1对基于OpenCV的视频保存方法的编程实现进行介绍。

按照图11.2所示创建实例界面。界面上部的图像显示窗口用于实现显示计算机自带摄像头实时采集的图像。界面底部控件用于存储文件路径的选择，以及开始或停止存储。

图11.2　实例11.1界面布局

为了向存储视频提供连续的图像源，调用 OpenCV 的 VideoCapture::Open 函数开启计算机自带摄像头。

```
//1.开启摄像头
int iApiId = CAP_ANY;
int iDevice_id = 0;
m_cap.open(iDevice_id, iApiId);
if (!m_cap.isOpened())
{
    m_bCamOpenSuccess = false;
    AfxMessageBox("摄像头打开失败");
}
else
{
    m_bCamOpenSuccess = true;
}
```

为"浏览"按钮响应函数添加如下代码，进行图像存储路径的选择。

```
void CImgSerialReadDlg::OnBnClickedBtnBrowser()
{
    // TODO: 在此添加控件通知处理程序代码
    //选择保存路径
    CString strDirPath;
    BROWSEINFO bi;
    LPITEMIDLIST pidl;
    LPMALLOC pMalloc = NULL;
    ZeroMemory(&bi, sizeof(bi));
    bi.hwndOwner = NULL;
    bi.pszDisplayName = NULL;
    bi.lpszTitle = "请选择存储路径:";
    bi.ulFlags = BIF_EDITBOX | BIF_RETURNFSANCESTORS;
    bi.lParam = NULL;
    bi.iImage = 0;
    pidl = SHBrowseForFolder(&bi);
    if (pidl)
    {
        SHGetPathFromIDList(pidl, (char*)(LPCTSTR)strDirPath);
        CStringA strTmp = strDirPath + L"\\"; //防止路径叠加异常
        m_strFilePath = strTmp;
        UpdateData(false);
    }
}
```

创建并初始化视频文件。视频编码格式设置为 Motion-jpeg 格式，帧频设置为 25 帧/秒。

```
if (m_VideoWriter.isOpened())
{
    m_VideoWriter.release();
}
int iEncodeMode = VideoWriter::fourcc('M', 'J', 'P', 'G');      //视频编码格式
int iFPS = 25;                                                  //视频保存帧频
CString strFileFullname = m_strFilePath + "Video.avi";
bool bIsColor = true;
if (!m_VideoWriter.open(strFileFullname.GetBuffer(),            //创建待保存的视频文件
    iEncodeMode,
    iFPS,
    m_imgSrc.size(),
    bIsColor))
{
    s_bSaveState = false;
    AfxMessageBox("视频创建失败");
    return;
}
```

创建 SaveThread 图像存储线程，进行图像采集、存储与显示。该线程采用等待时间触发，触发时间间隔为 40 ms。

```
UINT CImgSerialReadDlg::SaveThread(LPVOID pParam)          //线程入口函数
{
    CImgSerialReadDlg* pApp = (CImgSerialReadDlg*)pParam;
    CString strTemp;
    while (true)
    {
        WaitForSingleObject(pApp->m_EventRun.m_hObject, 40);
        ResetEvent(pApp->m_EventRun.m_hObject);
        if (pApp->m_bCamOpenSuccess)
        {
            pApp->m_cap >> pApp->m_imgSrc;                 //图像采集
            if (!pApp->m_imgSrc.empty())                   //图像读取成功
            {
                if (pApp->m_bRecordImg)
                {
                    pApp->m_VideoWriter.write(pApp->m_imgSrc);
                }
                imshow(pApp->m_strWinName.GetBuffer(0), pApp->m_imgSrc);
```

```
            }
        }
    }
    return 0;
}
```

设置好视频存储路径后，点击"开始存储"按钮，开始视频存储；点击"停止存储"按钮，结束视频存储。

11.2　图片序列存储OpenCV方式

11.2.1　实现方法

当待存储的图像源为标准8位、24位、32位图像时，直接调用OpenCV的imwrite函数即可完成图像序列的连续存储。由于该方法实现较为简单，以下直接结合实例11.2进行讲解。

11.2.2　编程实现

本节将结合实例11.2对基于OpenCV方式进行图片序列存储的编程实现进行介绍。

按照图11.3所示创建实例界面。界面上部的图像显示窗口用于实现显示计算机自带摄像头实时采集的图像。界面底部控件用于存储文件路径的选择，以及开始或停止存储。

图11.3　实例11.2界面布局

为了向存储图像提供连续的图像源，同样调用OpenCV的VideoCapture::open函数开启计算机自带摄像头，代码实现详见11.1节，此处不再重复介绍。

在"开始存储"响应函数中添加如下代码，以实现图像序列存储路径的创建，后续存储的图像序列均存储在本路径下。本实例的存储路径的创建方法是，在已选定的存储路径下，通过调用_mkdir函数自动创建以当前系统时间命名的文件夹作为最终的图像序列存储路径。

```
m_uiCurImgNo = 0;
SYSTEMTIME st;
GetLocalTime(&st);
CStringA strTmp;
strTmp.Format("IMG_%02d_%02d_%02d_%02d_%02d", st.wMonth, st.wDay, st.wHour,
            st.wMinute, st.wSecond);
m_strImgSerialFilePath = m_strFilePath + strTmp;
_mkdir(m_strImgSerialFilePath);
```

创建SaveThread图像存储线程，进行图像采集、存储与显示。该线程采用等待时间触发，触发时间间隔为40 ms。本实例存储图片的命名规则为连续编码的4位十进制数，存储的图像格式为无损的BMP格式。

```
UINT CImgSerialReadDlg::SaveThread(LPVOID pParam)      //线程入口函数
{
    CImgSerialReadDlg* pApp = (CImgSerialReadDlg*)pParam;
    CString strTemp;
    while (true)
    {
        WaitForSingleObject(pApp->m_EventRun.m_hObject, 40);
        ResetEvent(pApp->m_EventRun.m_hObject);
        if (pApp->m_bCamOpenSuccess)
        {
            pApp->m_cap >> pApp->m_imgSrc;              //图像采集
            if (!pApp->m_imgSrc.empty())               //图像读取成功
            {
                if (pApp->m_bRecordImg)
                {
                    CStringA strImgName;
                    strImgName.Format("\\%04d.bmp", pApp->m_uiCurImgNo);
                    strImgName = pApp->m_strImgSerialFilePath + strImgName;
                    imwrite(strImgName.GetBuffer(), pApp->m_imgSrc);
                    pApp->m_uiCurImgNo++;
                }
```

$$imshow(pApp->m\_strWinName.GetBuffer(0), pApp->m\_imgSrc);$$

```
            }
        }
    }
    return 0;
}
```

设置好图片存储路径后，点击"开始存储"按钮，开始图片序列存储；点击"停止存储"按钮，结束图片存储。

11.3　图片序列存储C++方式

11.3.1　实现方法

11.2节介绍的基于OpenCV的图像序列存储方式，只能对标准图像源进行正确存储，而对于非标准图像源，或者更确切地说，以图像形式呈现的数据源（如常用的14位红外图像、很多医学影像图像等），或者需要在图像头、图像数据区以外的位置叠加指定字节、指定结构体的检测信息（这些附加信息主要用于辅助事后的测量分析）时，通过调用imwrite函数的方式进行图像存储将无法实现。

本节介绍的基于C++的图像存储方式，是以FILE类的相关函数为基础，把图像源、图像信息及其附加信息（可选）按照设备无关的位图的基本结构（详见本书第5章）进行逐项写入，以实现各种标准、非标准格式图像的灵活存储。因此，本节介绍的图片存储方法更具代表性。

基于C++的图片存储主要通过如下步骤实现。

（1）调用fopen函数，按照指定路径名进行图片文件的创建，并打开。

（2）调用fwrite函数，写入BITMAPFILEHEADER文件头结构体。

（3）调用fwrite函数，写入BITMAPINFOHEADER信息头结构体。

（4）若待创建的图片为8位灰度图像，则调用fwrite函数，写入调色板信息；否则跳过此步骤。

（5）若需要写入附加信息，则调用fwrite函数，写入附加信息，附加信息的字节数、内容可根据需要自行设置。附加信息占用的字节数一旦设定，要对BITMAPFILEHEADER结构体的bfSize，bfOffBits两个变量值进行相应修改。若不需要写入附加信息，则可跳过此步骤。

（6）调用fwrite函数，写入图像数据。

（7）调用fclose函数，关闭图片文件。

基于C++的图片存储实现流程图如图11.4所示。

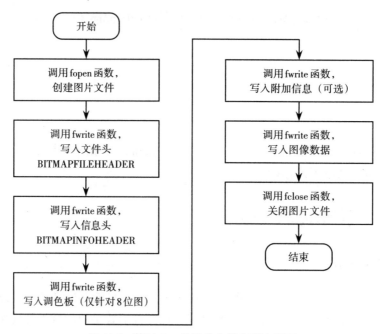

图11.4 基于C++的图片存储实现流程图

11.3.2 编程实现

本节将结合实例11.3对基于C++方式进行图片序列存储的编程实现进行介绍。

按照图11.5所示创建实例界面。为了展示不同图像类型的存储，本实例在实例11.2的基础上添加了图像源类型选择控件，可根据存储需要先将计算机摄像头采集到的图像相应地预处理为24位彩色图像、8位灰度图像、16位灰度图像后，再进行相应的存储与显示。

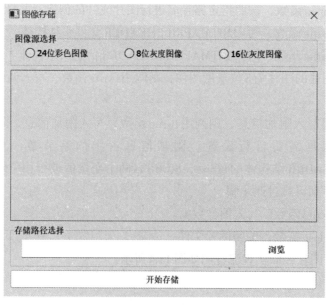

图11.5 实例11.3界面布局

摄像头图像采集、存储路径选择、存储使能的实现代码可参看实例11.2相应部分，此处不再重复介绍。以下仅重点介绍图像预处理部分与图像存储部分的编程实现。

11.3.2.1 图像预处理实现

若待存储的图像序列为24位彩色图像，则直接将采集到的单帧彩色图像数据mtImgCap赋值给显示图像缓存mtImgShow、存储图像缓存mtImgSave。

若待存储的图像序列为8位灰度图像，则需要先将采集到的单帧彩色图像数据mtImgCap通过cvColor函数转换为8位灰度图像，再分别赋值给显示图像缓存mtImg-Show、存储图像缓存mtImgSave。此处理过程，是为了展示8位灰度图像存储而提供相应格式的图像数据源。

若待存储的图像序列为16位灰度图像，则首先需要将采集到的单帧彩色图像数据mtImgCap通过cvColor函数转换为8位灰度图像，并赋值给显示图像缓存mtImgShow；然后调用convertTo函数，将8位灰度图像转换为16位灰度图像，并赋值给存储图像缓存mtImgSave。此处理过程，是为了展示16位灰度图像存储而提供相应格式的图像数据源。

以上图像预处理过程的实现代码如下：

```
//1.图像采集
pApp->m_cap >> mtImgCap;          //图像采集
//2.图像数据预处理
switch (pApp->m_iImgStyle)
{
    case 0:                       //24位彩色图像
    {
        mtImgShow = mtImgCap;
        mtImgSave = mtImgCap;
    }
        break;
    case 1: //8位灰度图像
    {
        cvtColor(mtImgCap, mtImgShow, COLOR_BGR2GRAY);    //将彩色图像转为8位灰度图像
        mtImgSave = mtImgShow;
    }
break;
    case 2: //16位灰度图像
    {
        cvtColor(mtImgCap, mtImgShow, COLOR_BGR2GRAY);    //将彩色图像转为8位灰度图像
        mtImgShow.convertTo(mtImgSave, CV_16SC1);          //将8位灰度图像转为16位灰度图像
```

```
            }
        break;
    default:
            break;
}
```

11.3.2.2 单帧图像存储实现

为了实现单帧图像存储，本实例定义了 WriteBMP 图像存储函数。通过在存储线程 SaveThread 中循环调用该函数，实现图片序列的连续存储。WriteBMP 函数的实现代码如下：

```
/****************************************************************************
函数功能：将单帧图像数据写入 BMP 文件
参数：
            Mat img：图像数据缓存
            CString sFileName：图像存储路径
            BITMAPFILEHEADER fileHead：图像文件头
            BITMAPINFOHEADER bmpInfoHeader：图像信息头
返回值：
*****************************************************************************/
int CImgSerialReadDlg::WriteBMP(Mat imgSrc,
                    CString sFileName,
                    BITMAPFILEHEADER *pBmpFileHeader,
                    BITMAPINFOHEADER *pBmpInfoHeader)
{
    Mat img = imgSrc.clone();
    //1.边界条件检查
    bool bIs8BitImg = true;
    if (pBmpInfoHeader->biBitCount == 8) //是否为8位图像标志
    {
        bIs8BitImg = true;
    }
    else
    {
        bIs8BitImg = false;
    }
    // 只处理8位、16位、24位图像
    if ((pBmpInfoHeader->biBitCount != 8) && (pBmpInfoHeader->biBitCount != 16)
        && (pBmpInfoHeader->biBitCount != 24))
    {
```

```
            return −1;
    }
    int  lineByte = WIDTHBYTES(pBmpInfoHeader−>biWidth * 8)*
                                (pBmpInfoHeader−>biBitCount / 8);
    int iSize = lineByte * pBmpInfoHeader−>biHeight;
```

调用fopen函数进行图片文件创建。

```
//2.创建图片文件
FILE *fpw = fopen(sFileName, "wb");
if (fpw == NULL)
{
        return −2;
    }
```

若创建成功，则调用fwrite函数依次写入图像文件头、信息头、调色板、附加信息。本实例为了展示附加信息写入功能，定义了8字节的附加信息，并将附加信息值均设置为0x7F。在实际工程开发中，可根据需要进行附加信息字节数及内容的设定。

```
//3.写入图像文件头
fwrite(pBmpFileHeader, 14, 1, fpw);        //写入文件头
//4.写入图像信息头
fwrite(pBmpInfoHeader, 40, 1, fpw);        //写入信息头
//5.写入图像调色板
if (bIs8BitImg) //若为8位图像，则写入调色板信息
{
    RGBQUAD colors[256];
    for (int i = 0; i < 256; i++)
    {
        colors[i].rgbBlue = i;
        colors[i].rgbGreen = i;
        colors[i].rgbRed = i;
        colors[i].rgbReserved = 0;
    }
    fwrite(colors, 256 * sizeof(RGBQUAD), 1, fpw);        //调色板
}
//6.写入图像附加信息
unsigned char ucAddInfo[8];
memset(ucAddInfo, 0x7F, 8);
fwrite(ucAddInfo, 8, 1, fpw);
```

对于BMP文件的图像数据的写入，在默认情况下会存储为上下倒置的图像。因此，本实例通过调用flip函数，在图像数据写入前进行垂直翻转。

```
//7.写入图像数据
flip(img, img, 0);                              //图像垂直翻转
unsigned char* pBmpBuf = (unsigned char*)img.data;
fwrite(pBmpBuf, iSize, 1, fpw);                 //写入图像数据
//8.关闭图片文件
fclose(fpw);
return 1;
}
```

设置好图片存储路径后，分别选择界面顶部的不同格式的图像源，进行图像存储操作，以实现不同格式的存储。图11.6、图11.7、图11.8分别展示了三种格式存储图片的属性参数，以及在UltraEdit软件中查看到的相应图像的部分源码信息。

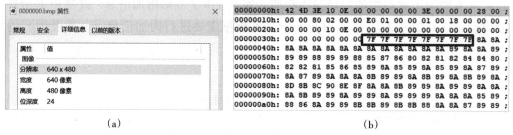

图11.6　24位彩色图像主要参数信息及附加信息

图11.7　8位彩色图像主要参数信息及附加信息

图11.8　16位彩色图像主要参数信息及附加信息

从图11.6至图11.8中可以看出，对于24位、16位图像，无调色板信息，附件信

息写在图像文件头（14字节）、图像信息头（40字节）之后的8个字节位置，数值为0X7F。而对于8位图像，由于加入了调色板信息，附加信息写在了图像文件头（14字节）、图像信息头（40字节）、调色板（1024字节）之后的8个字节位置，数值为0X7F。

11.4 图片序列存储的性能提高

本章的前三节只是在技术实现角度给出了视频文件、图片序列文件的实现方法。而在工程开发过程中，往往会因单帧图像数据量过大（如分辨率为4096×4096的彩色图像）、图像帧频过高（如1000帧/秒）等原因，导致图像在实时存储过程中数据丢帧。针对此类问题，建议采取如下方式提高存储性能。

11.4.1 合理选配存储硬件

在进行图像实时存储前，对图像数据写入带宽进行评估，硬盘等存储介质的写入速度应高于图像数据的写入带宽。如对分辨率为1920×1080、帧频为50帧/秒的24位彩色图像进行实时存储时，其数据的写入带宽的计算公式如下：

$$DW = \frac{1920 \times 1080 \times 3 \times 50}{1024 \times 1024} = 296.6 \text{ MB/s}$$

那么在进行存储介质及数据传输介质选型时，数据带宽均应高于296.6 MB/s。

11.4.2 使用缓存队列

在图片序列的存储过程中，涉及图片文件的频繁创建、打开、写入、关闭操作。而此类操作有时会因为系统时间片分发，导致上述操作存在一定的时序漂移，若当前帧写入延时过大，可能会导致无法及时写入下一帧图像。为了避免此种情况下数据存储丢帧，可以考虑在程序中建立FIFO图像缓存队列机制。当图像帧到达时，将图像数据依次写入该缓存队列，同时不断地将图像帧按照顺序从缓存队列中取出再进行存储。

11.4.3 使用多线程存储架构

当因图像帧频过高而导致帧时间间隔小于图像单帧写入周期时，可以考虑采用多线程循环写入的方式来延长单个线程的图像帧间隔。多线程存储架构原理图如图11.9所示。

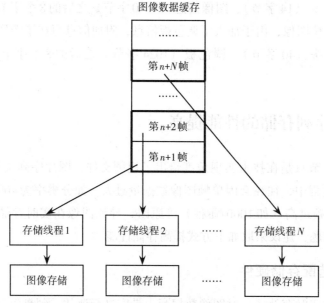

图11.9　多线程存储架构原理图

随着电子技术的飞速进步，以及对数据处理速度需求的不断提高，图像数据逐渐朝着更高分辨率、更高帧频的方向发展，对图像实时存储的性能要求也越来越高。图像实时存储的高性能实现，往往需要多种处理手段结合使用，甚至要借助GPU等并行处理器进行性能的进一步提升。因此，在实际工程开发中，应结合具体的使用需要进行存储软、硬件架构的合理设计。

第**4**部分

图像处理扩展篇

12　自动调焦

对于观测距离可能发生变化的成像设备，为了实现拍摄目标的快速清晰成像，往往需要借助自动调焦技术。成像仪器中自动调焦方法总体上分为两类，即基于温度距离的自动调焦和基于图像的自动调焦。

12.1　基于温度距离的自动调焦

基于温度距离的自动调焦方法的基本原理：结合设备当前的工作温度、目标距离（即物距），根据光学系统的热膨胀系数、几何光学的物象共轭关系（如图12.1所示），计算出目标成像位置（即像距），其计算公式如式（12.1）；再通过调焦系统控制，将图像探测器调整至计算出的成像位置，完成一次自动调焦。

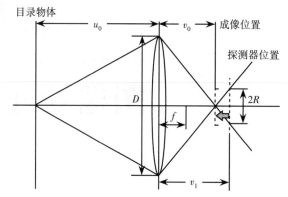

图12.1　光学成像系统物象关系示意图

$$\frac{1}{u} + \frac{1}{v} = \frac{1}{f} \tag{12.1}$$

基于温度距离的自动调焦方法的优点：拍摄中，能够根据实测或估算距离完成连续调焦；算法运算量小；调焦机构控制逻辑简单。

基于温度距离的自动调焦方法的缺点：对于观测范围较大的成像仪器，观测距离一般从几千米到数百千米，作用距离范围大，因此需要长距离多点标定数据，而实际标定过程中受标定条件限制，标定点位有限且距离较近，故而标定误差较大。

12.2 基于图像的自动调焦

基于图像的自动调焦方法是通过计算不同离焦位置图像的不清晰度程度，寻找最清晰成像位置，即准焦位置。基于图像的自动调焦方法大体分为两类：离焦深度法（depth from defocusing，DFD）和对焦深度法（depth from focusing，DFF）。离焦深度法是通过计算离焦图像的模糊量直接进行离焦量估计，再根据该离焦量计算出准焦位置，实现系统的自动对焦。而对焦深度法是通过依次计算处于不同离焦状态的连续图像序列的清晰度评价值，寻找清晰度评价值峰值所对应位置，实现准焦位置搜索，最终实现系统的自动对焦。两类方法的性能比较见表12.1。

表12.1　离焦深度法与对焦深度法性能比较

算法特点	离焦深度法（DFD）	对焦深度法（DFF）
算法复杂度	较高	较低
单帧运算量	较大	较小
参与计算图像数	2~3帧	10~30帧
对焦精度	较低	较高

由表12.1可知，离焦深度法与对焦深度法在工程实践中各有优势。离焦深度法所需参与计算的图像较少，但运算量往往比较复杂，单帧运算量大；更为主要的缺点是，对焦精度低，且离焦量往往依赖于现场标定精度，比较适合于对对焦精度要求不高的快速对焦场合。而对焦深度法算法简单、单帧运算量小，但计算所需图像相对较多，比较适合于对对焦精度要求较高的精对焦领域。结合光电经纬仪的测量和观测要求，一般采用对焦深度法完成自动调焦。

对焦深度法（也称聚焦深度法）是一种建立在最佳对焦位置搜索过程的自动对焦方法，通过一系列处于不同离焦程度的图像的清晰度评价值来搜索探测器靶面或光学系统的最佳聚焦位置。对焦深度法的实现通常由三个部分组成：清晰度评价函数的选择，对焦窗口的选取，准焦位置搜索策略的制定。此外，为了保证调焦精度，必要时还需对图像进行预处理。

在工程应用时，图像在采集过程中容易受到自身系统和外界环境的干扰，导致图像中存在噪声或因曝光不合适使图像内容无法显示等现象，这些因素会导致图像识别度降低，影响后续调焦处理步骤。图像预处理的目的是尽可能去掉这些干扰因素，还原图像的真实形态。例如，中值滤波法就是典型的图像预处理方法，可以有效滤除图像内的椒盐噪声。

清晰度评价函数是对图像清晰程度的一种度量函数，反映到图像处理中就是对图像锐度或梯度的一种表征。在自动对焦过程中，图像偏离准焦位置越远，图像越不清晰，整体反映出的边缘梯度信息越少；反之，越接近准焦位置，图像越清晰，图像整体边缘梯度信息越丰富。在准焦位置处，图像最清晰，图像的边缘梯度信息最丰富。清晰度评价函数在自动对焦过程中相当于一种算法"探测器"，在准焦位置的搜索过程中根据其计算得到的清晰度评价值来进行光学结构的调整。因此，清晰度评价函数性能的优劣是决定自动对焦效果的关键因素。如图 12.2 所示，理想的清晰度评价函数应该具备单峰性、无偏性、高灵敏度、高信噪比的特性，对于实时性要求较高的场合，还应该具有较好的实时性。

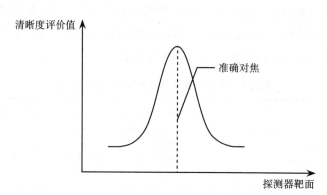

图 12.2　理想清晰度评价函数曲线

对于整幅参考图像而言，参与对焦运算的窗口大小及位置的合理选取对于整个对焦过程及效果至关重要。由对焦原理可知，对焦算法的运算量与参与运算的像素数成正比，对焦窗口选取得越大，运算量越大，算法的实时性就越大。此外，对焦窗口选取越大，其包含的目标以外的背景信息就越多，以此为依据进行对焦信息运算，常常会使系统聚焦到背景上，而目标却处于离焦状态。然而，对焦窗口的尺寸也并非越小越好，对焦窗口过小，可能会因丢失部分感兴趣的目标区域而无法准确对焦。因此，本系统在自动调焦过程中，采用目标自动提取技术，以自动提取的飞行目标区域作为调焦窗口，从而保障调焦评估的运算量和调焦精度。

搜索策略是指根据计算得到的清晰度评价值搜索准确对焦位置的方法。清晰度评价函数决定了对焦精度和单帧运算量，而搜索策略决定了整个自动对焦过程的时间。由于清晰度评价函数具有单峰性，因此自动对焦中的搜索策略采用爬山算法及相应的衍生算法。

基于图像的自动调焦过程如下：对准当前拍摄景物进行一帧图像采集后，利用事先选定的对焦窗口选取方案进行对焦数据块选取，并通过清晰度评价函数计算对焦窗口内图像数据进行清晰度评价值计算；按照既定的搜索策略，根据计算得到的清晰度评价值对探测器靶面位置进行相应调整；在调整后的位置，重新进行图像的清晰度评价值计算，然后按照之前的搜索策略，再次调整靶面位置；如此往复，直至将探测器靶面调整到清晰度评价曲线峰值位置，该位置即理论上的准焦位置，整个自动对焦过程结束。对焦深度法实现过程如图 12.3 所示。

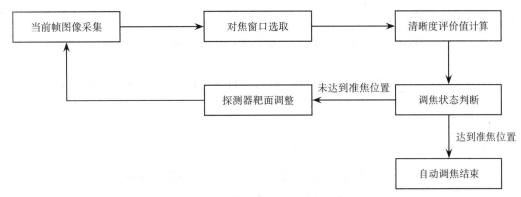

图12.3　对焦深度法实现过程示意图

　　基于图像的自动调焦方法的优点：使用过程中，以图像本身的清晰度作为调焦依据，无须标定。

　　基于图像的自动调焦方法的缺点：该方法需要在一定范围内连续进行图像探测器位置调整，以实现准焦位置搜索；在实际任务中，每触发一次自动调焦，就会出现一次图像由虚到实的搜索调整过程，影响观测的连贯性。

　　结合上述分析，可根据实际观测需要选择合适的自动调焦方法。

12.3　清晰度评价函数

　　由于本书主要围绕图像处理相关技术展开介绍，本节将主要介绍与图像处理技术联系较为密切的清晰度评价函数的公式及相关编程实现方法。

12.3.1　算法公式

　　如前面章节所述，清晰度评价函数是对图像清晰程度的一种度量函数，反映到图像处理中就是对图像锐度或梯度的一种表征。常用的清晰度评价函数有能量梯度函数、Brenner 函数、Robert 函数、方差函数等[30]。

12.3.1.1　能量梯度函数

　　能量梯度函数利用相邻点的差分值来参与清晰度评价值计算。其表达式如下：

$$P(i) = \frac{1}{N} \sqrt{\sum_x \sum_y \left[\left(i(x+1, \ y) - i(x, \ y)\right)^2 + \left(i(x, \ y+1) - i(x, \ y)\right)^2 \right]} \qquad (12.2)$$

式中，$i(x, \ y)$ 为图像（$x, \ y$）点灰度值；N 为参与累加和计算的像素点数。

12.3.1.2　Brenner 函数

　　Brenner 函数，又称梯度滤波器函数，是所有梯度函数中最简单的清晰度评价函数。其表达式如下：

$$P(i) = \frac{1}{N} \sqrt{\sum_x \sum_y \left(i(x+2, \ y) - i(x, \ y)\right)^2} \qquad (12.3)$$

12.3.1.3 Robert 函数

Robert 函数利用 Robert 灰度梯度算子进行清晰度评价值计算。其表达式如下：

$$P(i) = \frac{1}{N} \sqrt{\sum_x \sum_y \left[\left(i(x+1,\ y+1) - i(x,\ y) \right)^2 + \left(i(x,\ y+1) - i(x+1,\ y) \right)^2 \right]}$$

$$(12.4)$$

12.3.1.4 方差函数

方差函数利用方差算子进行清晰度评价值计算。其表达式如下：

$$P(i) = \frac{1}{N} \sqrt{\sum_x \sum_y \left(i(x,\ y) - \bar{\mu} \right)^2} \qquad (12.5)$$

式中，$\bar{\mu}$ 为调焦窗口内像素灰度均值。

12.3.2 编程实现

本节将结合实例 12.1 对几种典型清晰度评价函数的编程实现进行介绍。

按照图 12.4 所示创建实例界面。界面顶部的组合框用于待评价图像路径的选择与路径显示，组合框下面的按钮用于实现多种清晰度评价函数的清晰度值计算。

图 12.4 实例 12.1 界面布局

12.3.2.1 能量梯度函数

为"能量梯度"按钮响应函数添加如下代码：

```
void CAutoFocusEvaluationDlg::OnBnClickedBtnEnergystep()
{
    // TODO: 在此添加控件通知处理程序代码
    //判断一下图像通道，若为彩色图像，先转换为单通道图像
    Mat imgGray;
    if (m_imgSrc.channels()==3)
```

```
    {
        cvtColor(m_imgSrc, imgGray, COLOR_BGR2GRAY);
    }
    else
    {
        imgGray = m_imgSrc;
    }
    //设置调焦窗口位置：本实例取图像中心区域，尺寸为"图像宽度/2×图像高度/2"
    Rect rtROI;
    rtROI.x = imgGray.cols / 4;
    rtROI.y = imgGray.rows / 4;
    rtROI.width = imgGray.cols / 2;
    rtROI.height = imgGray.rows / 2;
    Mat tmp = imgGray(rtROI);
    //在图像上标识出调焦窗口位置并显示，加大矩形框尺寸，避免矩形框参与计算
    Rect rtROIDraw;
    rtROIDraw.x = rtROI.x − 3;
    rtROIDraw.y = rtROI.y − 3;
    rtROIDraw.width = rtROI.width + 6;
    rtROIDraw.height = rtROI.height + 6;
    rectangle(m_imgSrc, rtROIDraw, Scalar(0, 0, 255), 1);
    imshow("清晰度评价", m_imgSrc);
    //为了便于计算，防止数据溢出，统一将调焦窗口转换为32位float型
    Mat imgFWin;
    tmp.convertTo(imgFWin, CV_32F);
    //清晰度评价值计算
    float fEvalue = EnergyStep(imgFWin);
    //显示评价结果
    CString str;
    str.Format("能量梯度清晰度评价值：%.4f", fEvalue);
    MessageBox(str);
}
```

该响应函数首先对输入图像格式进行检查，若输入图像为彩色图像，则将其转换为灰度图像。然后将图像的中心区域作为参与清晰度评价的调焦窗口，并调用rect-anggle函数进行区域标识。最后调用能量梯度函数（EnergyStep）对调焦窗口内的图像区域进行计算，并对评价结果进行输出显示。

EnergyStep 函数的实现代码如下：

```
float CAutoFocusEvaluationDlg::EnergyStep(Mat src)
{
```

```
        float fSum = 0;
        float fTemp;
        for (int i = 0; i < src.rows − 1; i++)
        {
            float *pSrc0 = src.ptr<float>(i);
            float *pSrc1 = src.ptr<float>(i + 1);
            for (int j = 0; j < src.cols − 1; j++)
            {
                fTemp = abs(pSrc1[j] − pSrc0[j]) + abs(pSrc0[j + 1] − pSrc0[j]);
                //为了降低运算量，将平方运算改为绝对值运算
                fSum += fTemp;
            }
        }
        float fEvalue = fSum / (float)(src.rows*src.cols);
        return fEvalue;
    }
```

运行实例12.1，依次选择该路径下"离焦图像序列"文件夹下的不同离焦程度的图像，分别点击"能量梯度"按钮，计算各图像的清晰度评价值。各图像的离焦效果如图12.5所示，其相应的能量梯度评价值结果如图12.6所示。

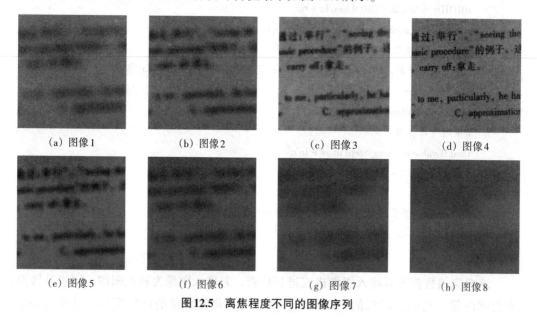

    (a) 图像1   (b) 图像2   (c) 图像3   (d) 图像4

    (e) 图像5   (f) 图像6   (g) 图像7   (h) 图像8

图12.5　离焦程度不同的图像序列

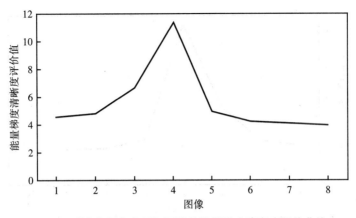

图12.6 "离焦图像序列"图像的能量梯度清晰度评价曲线

对比图12.5与图12.6可以看出，最清晰图像［图12.5（d）］与图12.6所示曲线峰值对应，且该曲线展现出了良好的单峰性。

12.3.2.2　Brenner函数

为"Brenner函数"按钮响应函数添加相应的处理代码。该处理代码与"能量梯度"按钮响应函数的相应处理代码相似，此处不再重复介绍。以下仅给出Brenner函数的实现代码：

```
float CAutoFocusEvaluationDlg::Brenner(Mat src)
{
    float fSum = 0;
    float fTemp;
    for (int i = 0; i < src.rows; i++)
    {
        float *pSrc0 = src.ptr<float>(i);
        for (int j = 0; j < src.cols − 2; j++)
        {
            fTemp = abs(pSrc0[j + 2] − pSrc0[j]);
            //为了降低运算量，将平方运算改为绝对值运算
            fSum += fTemp;
        }
    }
    float fEvalue = fSum / (float)(src.rows*src.cols);
    return fEvalue;
}
```

运行实例12.1，依次选择该路径下"离焦图像序列"文件夹下的不同离焦程度的图像，分别点击"Brenner"按钮，计算各图像的清晰度评价值。相应的Brenner评价值结果如图12.7所示。

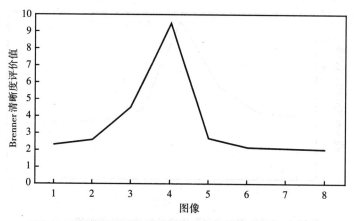

图12.7 "离焦图像序列" 图像的 Brenner 清晰度评价曲线

12.3.2.3 Robert 函数

Robert 函数的实现代码如下：

```
float CAutoFocusEvaluationDlg::Robert(Mat src)
{
    float fSum = 0;
    float fTemp;
    for (int i = 0; i < src.rows − 1; i++)
    {
        float *pSrc0 = src.ptr<float>(i);
        float *pSrc1 = src.ptr<float>(i + 1);
        for (int j = 0; j < src.cols − 1; j++)
        {
            fTemp = abs(pSrc1[j + 1] − pSrc0[j]) + abs(pSrc1[j] − pSrc0[j + 1]);
            //为了降低运算量，将平方运算改为绝对值运算
            fSum += fTemp;
        }
    }
    float fEvalue = fSum / (float)(src.rows*src.cols);
    return fEvalue;
}
```

运行实例12.1，依次选择该路径下 "离焦图像序列" 文件夹下的不同离焦程度的图像，分别点击 "Robert" 按钮，计算各图像的清晰度评价值。相应的 Robert 评价值结果如图12.8所示。

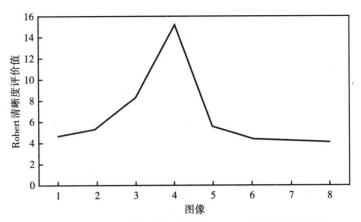

图 12.8 "离焦图像序列"图像的 Robert 清晰度评价曲线

12.3.2.4 方差函数

方差函数的实现代码如下：

```
float CAutoFocusEvaluationDlg::Variance(Mat src)
{
    float fSum = 0;
    float fTemp;
    Scalar sMean;
    sMean = mean(src);
    float dAvg = sMean.val[0];
    for (int i = 0; i < src.rows; i++)
    {
        float *pSrc0 = src.ptr<float>(i);
        for (int j = 0; j < src.cols; j++)
        {
            fTemp = abs(pSrc0[j] - dAvg); //为了降低运算量，将平方运算改为绝对值运算
            fSum += fTemp;
        }
    }
    float fEvalue = fSum / (float)(src.rows*src.cols);
    return fEvalue;
}
```

运行实例 12.1，依次选择该路径下"离焦图像序列"文件夹下的不同离焦程度的图像，分别点击"方差"按钮，计算各图像的清晰度评价值。相应的方差评价值结果如图 12.9 所示。

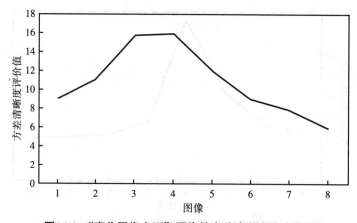

图12.9 "离焦图像序列"图像的方差清晰度评价曲线

图12.10为以上4种清晰度评价函数评价曲线的比较。从图12.10中可以看出，4种曲线都表现出了较好的单峰性与准确性。但是方差函数评价曲线最大值处不够尖锐，即灵敏度较差；Brenner函数在单峰性、准确性、灵敏度3个方面均具有良好表现。

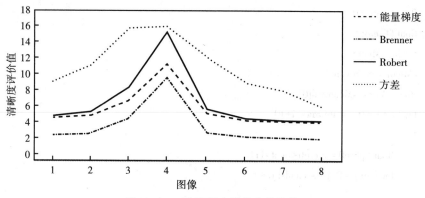

图12.10 4种清晰度评价曲线比较

在技术研究及实际工程应用中，各研究学者、算法工程师结合目标特性提出了众多表现良好的清晰度评价方法，读者可根据具体情况，合理地进行函数选择与应用拓展。

13 图像离焦复原

在实际观测任务中，光学测量系统能够清晰成像是目标探测、识别、跟踪的重要前提。然而，往往由于成像仪器与被探测物之间的相对运动、光学系统聚焦不准、光学系统的相差与畸变等，导致获得的目标图像模糊不清，即使采用自动调焦技术，也很难避免离焦、焦点闪烁等现象。这给目标的识别、跟踪、监测带来了极大的困扰。可见，模糊图像复原技术的应用十分必要。

在各种模糊中，最常见的一种模糊形式是探测器光学系统聚焦不准、手的抖动等原因造成的离焦模糊。离焦模糊会使得图像高频部分丢失，细节模糊不清，不仅影响视觉效果，还对目标的实况记录产生影响。因此，研究离焦模糊图像的复原，提高其与原图像的逼真度具有现实意义。

13.1 图像退化模型

图像复原实质上是图像退化的逆过程，即先根据已知的信息分析图像退化的原因，并建立退化模型，再由退化模型反向计算，以改善图像质量。一般情况下，图像的退化过程可以描述为理想的目标图像经过点扩散函数卷积及噪声叠加后，导致的图像质量下降，如图13.1所示。

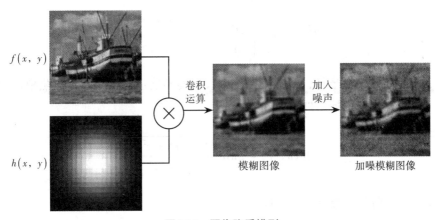

图 13.1　图像降质模型

图像退化过程可用数学表达式表示为

$$g(x, y) = f(x, y) * h(x, y) + n(x, y) \tag{13.1}$$

式中，$g(x, y)$ 是观测图像，即模糊降质图像；$h(x, y)$ 是点扩散函数（PSF），即降质模型；$f(x, y)$为理想图像；$n(x, y)$为图像噪声；*为卷积运算。

图像复原就是根据所观测的图像数据 g 获得 f 的最或然估计[31]。将式（13.1）进行傅里叶变换，转换至频率域表达式为

$$G(u, v) = F(u, v)*H(u, v) + N(u, v) \tag{13.2}$$

式中，$G(u, v)$，$F(u, v)$，$H(u, v)$ 分别是 $g(x, y)$，$f(x, y)$，$n(x, y)$ 的傅里叶变换。

与空间域的卷积运算相比，频率域的乘法运算更为简单。因此，在实际计算中，式（13.2）应用更为广泛。

13.2 离焦模糊模型

由式（13.1）可知，当模糊图像和噪声已知时，若想复原出清晰图像$f(x, y)$，则必须知道降质模型$h(x, y)$。经过国内外众多学者研究发现，主要有两种离焦降质模型，即圆盘离焦模型和高斯离焦模型[32]。

13.2.1 圆盘离焦模型

圆盘离焦模型主要是根据离焦模糊图像的几何光学原理得到的。在理想情况下，理想的点光源成像为一个点。由于成像系统像平面和焦平面的不共面性，点光源扩散成光斑[33]，此类降质模糊类型称为圆盘离焦模糊。圆盘离焦模糊的点扩散函数可以由式（13.3）近似表示：

$$h(x, y) = \begin{cases} \dfrac{1}{\pi R^2}, & \sqrt{x^2 + y^2} \leqslant R \\ 0, & \text{其他} \end{cases} \tag{13.3}$$

式中，R表示离焦模糊半径，是整个系统中仅有的不确定信息。圆盘离焦模糊的点扩散函数PSF的傅里叶变换MTF式如下：

$$H(u, v) = 2\pi R \frac{J_1\left(R\sqrt{u^2 + v^2}\right)}{\sqrt{u^2 + v^2}} \tag{13.4}$$

式中，J_1表示一阶第一类贝塞尔函数。

13.2.2 高斯离焦模型

与圆盘离焦模型不同，高斯离焦模型没有光学理论基础，它是由研究人员通过大量实验积累并综合多种因素得出的近似模型。许多光学测量系统和成像系统都会出现高斯离焦模糊。高斯离焦模糊的点扩散函数可以由式（13.5）近似表示：

$$h(x, y) = \frac{1}{2\pi\sigma^2} \exp\left(-\frac{x^2 + y^2}{2\sigma^2}\right) \tag{13.5}$$

式中，模糊参数为σ。

从式（13.5）中可知，若已知模糊参数σ，就可以得到$h(x, y)$的具体表达式，进而对退化图像进行复原。

13.3　经典离焦复原算法

13.3.1　逆滤波算法

13.3.1.1　算法原理

逆滤波即反向复原算法，是一种在图像频域进行的无约束复原方法[34]，是最简单、最直接的退化图像复原方法。由13.1节内容可知，退化模型转换至频域可以表示为式（13.2），将式（13.2）等号左右两边除以$H(u, v)$并变换，可得到式（13.6）：

$$F(u, v) = \frac{G(x, y)}{H(x, y)} + \frac{N(x, y)}{H(x, y)} \tag{13.6}$$

一般情况下，噪声$N(x, y)$是未知的。因此，在求解$F(u, v)$时，通常忽略噪声，即可得到式（13.7）：

$$F(u, v) = \frac{G(x, y)}{H(x, y)} \tag{13.7}$$

然后对$F(u, v)$进行傅里叶反变换，可得到离焦复原后图像$f(x, y)$。但是，当$H(u, v)$存在零点或当其很小时，$\frac{N(x, y)}{H(x, y)}$将会无穷大，此时噪声的存在对复原结果影响较大，忽略噪声会带来更大的误差，这就导致了逆滤波算法的病态性。

逆滤波算法虽然简单、有效，当噪声很小时，可以有很好的复原效果；但是，由于其病态性，实际应用中很受限制。

13.3.1.2　编程实现

以下为逆滤波算法的代码实现：

```
bool CWeiner_FilterDlg::InverseFilterSingleCH(Mat src, Mat dst, double dRadius)
{
    if(src.channels() != 1)
    {
        return false;
    }
    //------------------------[图像预处理]----------------------------
    //src为待复原图像，dst为复原后图像，src和dst均为单通道
```

```
//定义 mat 临时变量
Mat RSFilter;
Mat ImgTmp, DftOfImgTmp;
//原始图像预处理，转换成双精度浮点图像
src.convertTo(ImgTmp, CV_32FC1);
//DftTransImage 为 ImgTmp 的傅里叶变换，复数，双通道
dft(ImgTmp, DftOfImgTmp, DFT_COMPLEX_OUTPUT);
//使滤波器变量与 DFTTrans_Image 大小相同
RSFilter = DftOfImgTmp.clone();
//-----------------------[逆滤波]------------------------------
RS_Inverse_Filter(RSFilter, dRadius);
//-----------------------[图像复原]------------------------------
Mat channels[2];
//在频域，根据维纳滤波器求解估计的复原图像
mulSpectrums(DftOfImgTmp, RSFilter, DftOfImgTmp, 0);
//将复原图像进行傅里叶逆变换
idft(DftOfImgTmp, DftOfImgTmp, DFT_SCALE);
//由于原图像为单通道，因此取复数 DftOfImgTmp 的实部作为最终复原图像
split(DftOfImgTmp, channels);
//由于原图像为单通道
channels[0].convertTo(dst, CV_8U);
return true;
}
```

其中，逆滤波器函数（RS_Inverse_Filter）的实现代码如下：

```
//输入参数: RSFilter 滤波器变量，CUTOFF 截止频率
void CWeiner_FilterDlg::RS_Inverse_Filter(Mat &RSFilter, double CUTOFF)
{
    //创建 Weiner 系数的临时 Mat 变量
    Mat Filter = Mat(RSFilter.rows, RSFilter.cols, CV_32F);
    Point Mid = Point(RSFilter.rows / 2, RSFilter.cols / 2);
    float D, H;
    //计算逐点逆高斯系数，并存储在滤波器变量中
    for (int i = 0; i < RSFilter.rows; i++)
    {
        for (int j = 0; j < RSFilter.cols; j++)
        {
            //假设离焦模型为高斯模型，则计算高斯模型点扩散函数的光学传递函数
            D = pow(Mid.x - abs(i - Mid.x), 2.0) + pow(Mid.y - abs(j - Mid.y), 2.0);
            H = (float)exp(-1 * D / (2 * pow((double)CUTOFF, 2)));
            //H = (float)exp(-1 * pow((double)D,(double)5.0/6.0) / (0.5 * pow((double)CUTOFF, 2)));
```

```
            Filter.at<float>(i, j) = 1.0/H;
        }
    }
    //由于RSFilter的通道数为2，根据逆滤波器临时变量Filter构造双通道维纳滤波器变量RSFilter
    Mat tmp[] = { Filter, Filter };
    merge(tmp, 2, RSFilter);
}
```

13.3.1.3　实验结果

运行实例13.1，选择该路径下的离焦模糊图像，输入参数CutOff分别为110，140，原始图像与逆滤波复原图像效果对比如图13.2所示。

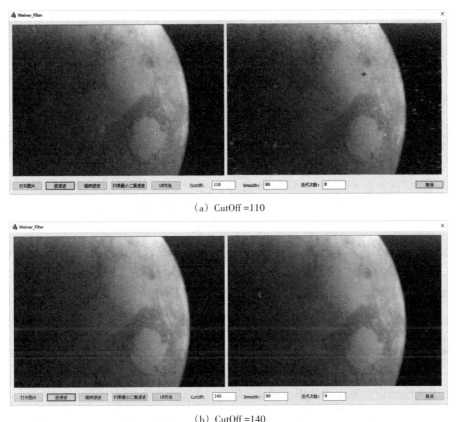

（a）CutOff =110

（b）CutOff =140

图13.2　原始图像与逆滤波复原图像效果对比图

从对比效果中可以看出，当CutOff = 110时，逆滤波算法将引入大量的噪声，该值越小，噪声越多，复原效果越差；当CutOff > 140时，无噪声引入，但复原图像接近原图，无复原效果。

由于实际情况中原始图像噪声是未知的，该方法也未将噪声考虑在内，此时原始图像噪声的存在对复原结果影响较大，而忽略噪声会带来更大的误差，从而导致逆滤波算法的病态性，所以此算法在实际应用中极少被用到。

13.3.2　维纳滤波算法

13.3.2.1　算法原理

维纳滤波可以看作逆滤波的改进，是一种经典的复原方法。维纳滤波算法假定图像信号和噪声均为广义平稳过程，为寻找原始图像的近似估计，使得原始图像与复原图像之间的均方误差e^2最小[35]，即可得到式（13.8）：

$$e^2 = \min E\left(\left(f(x,\ y) - \hat{f}(x,\ y)\right)^2\right) \tag{13.8}$$

式中，E是期望值符号。

由于该方法是基于频域变换进行图像复原的，因此维纳滤波的频域表达式如下：

$$\hat{F}(u,\ v) = \frac{H^*(u,\ v)}{H(u,\ v) + \dfrac{S_\eta(u,\ v)}{S_f(u,\ v)}} G(u,\ v) \tag{13.9}$$

式中，$H^*(u,\ v)$为$H(u,\ v)$的共轭；$S_\eta(u,\ v) = \left|N(u,\ v)\right|^2$，为噪声功率谱；$S_f(u,\ v) = \left|F(u,\ v)\right|^2$，为原始图像功率谱。

由于在实际情况下，原始图像功率谱是未知的，噪声功率谱也较难估计，因此常使用式（13.10）对退化图像进行复原：

$$\hat{F}(u,\ v) = \frac{H^*(u,\ v)}{\left|H(u,\ v)\right|^2 + K} G(u,\ v) \tag{13.10}$$

式中，K为归一化因子，一般取观测图像信噪比的倒数，在一定程度上可以减轻复原的病态性。

对$\hat{F}(u,\ v)$进行二维傅里叶反变换，可得到原始图像的近似估计$\hat{f}(x,\ y)$。经过实验表明，K的范围为$0.0001 \sim 0.01$时，可以减少振铃效应和噪声干扰，具有较好的复原效果[36]。

13.3.2.2　编程实现

以下为维纳滤波算法的代码实现：

```
bool CWeiner_FilterDlg::WeinerFilterSingleCH(Mat src, Mat dst, double dRadius, double dSmooth)
{
    if(src.channels() != 1)
    {
        return false;
    }
    //------------------------[图像预处理]------------------------
    //src为待复原图像，dst为复原后图像，src和dst均为单通道
    //定义mat临时变量
```

```
Mat RSFilter;
Mat ImgTmp, DftOfImgTmp;
//原始图像预处理，转换成双精度浮点图像
src.convertTo(ImgTmp, CV_32FC1);
//DftTransImage 为 ImgTmp 的傅里叶变换，复数，双通道
dft(ImgTmp, DftOfImgTmp, DFT_COMPLEX_OUTPUT);
//使滤波器变量与 DFTTrans_Image 大小相同
RSFilter = DftOfImgTmp.clone();
//----------------------[维纳滤波]----------------------------------
RS_Weiner_Filter(RSFilter, dRadius, dSmooth);
//----------------------[图像复原]----------------------------------
Mat channels[2];
//在频域，根据维纳滤波器求解估计的复原图像
mulSpectrums(DftOfImgTmp, RSFilter, DftOfImgTmp, 0);
//将复原图像进行傅里叶逆变换
idft(DftOfImgTmp, DftOfImgTmp, DFT_SCALE);
//由于原图像为单通道，因此取复数 DftOfImgTmp 的实部作为最终复原图像
split(DftOfImgTmp, channels);
//由于原图像为单通道
channels[0].convertTo(dst, CV_8U);
return true;
}
```

其中，维纳滤波器函数（RS_Weiner_Filter）的实现代码如下：

```
void CWeiner_FilterDlg::RS_Weiner_Filter(Mat &RSFilter, double CUTOFF, double Soomth)
{
    //计算归一化因子
    double K= pow(1.07, Soomth)/10000.0;
    // 创建 Weiner 系数的临时 Mat 变量
    Mat Filter = Mat(RSFilter.rows, RSFilter.cols, CV_32F);
    Point Mid = Point(RSFilter.rows / 2, RSFilter.cols / 2);
    float D, H;
    // 计算逐点 Weiner 系数，并存储在滤波器变量中
    for (int i = 0; i < RSFilter.rows; i++)
    {
        for (int j = 0; j < RSFilter.cols; j++)
        {
            //假设离焦模型为高斯模型，则计算高斯模型点扩散函数的光学传递函数
            D = pow(Mid.x − abs(i − Mid.x), 2.0) + pow(Mid.y − abs(j − Mid.y), 2.0);
            H = (float)exp(−1 * D / (2 * pow((double)CUTOFF, 2)));
            //根据维纳滤波公式，求解维纳滤波器
```

```
                Filter.at<float>(i, j) = H / (H*H + K);
            }
        }
```

//由于RSFilter的通道数为2，根据维纳滤波器临时变量Filter构造双通道维纳滤波器变量RSFilter

```
        Mat tmp[] = { Filter, Filter };
        merge(tmp, 2, RSFilter);
    }
```

13.3.2.3　实验结果

运行实例13.1，选择该路径下的离焦模糊图像，输入参数CutOff，Smooth分别为50，60，原始图像与维纳滤波复原图像效果对比如图13.3所示。

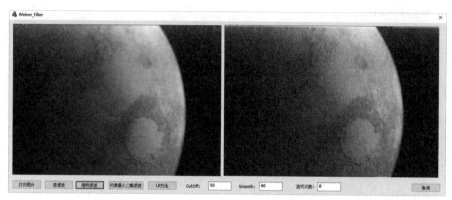

图13.3　原始图像与维纳滤波复原图像效果对比图

从对比效果中可以看出，在高斯离焦模糊模型下，维纳滤波复原算法具有一定的复原效果，复原效果与退化模型参数及归一化参数息息相关。由于维纳滤波算法的过程计算简单，在系统点扩散函数较为准确的前提下，复原效果良好，抗噪能力良好，因此被广泛应用于离焦图像的复原。

13.3.3　约束最小二乘滤波算法

13.3.3.1　算法原理

约束最小二乘滤波（LSE）[37]是一种简单的线性复原方法，也称正则滤波。绝大多数图像复原都不具备唯一解，且结果具有病态特征。为解决这一问题，常在复原图像过程中添加某种约束条件。

在约束最小二乘复原中，假设对图像进行某一线性运算Q，在约束条件下，寻找最优估计$\hat{f}$，使得$\left\| Q\hat{f} \right\|^2$最小化。在此准则下，可把图像的复原问题看作求目标函数的最小值问题，则根据拉格朗日原理构造目标函数：

$$J\left(\hat{f}\right) = \left\| Q\hat{f} \right\|^2 + \lambda \left\| g - H\hat{f} \right\|^2 - \left\| n \right\|^2 \tag{13.11}$$

式中，Q为$\hat{f}$的正则化算子，表示线性变换矩阵，一般情况下，Q为拉普拉斯算子；λ

为拉格朗日系数。

为使式（13.11）最小，对其求导并置零，则最优估计 $\hat{f}$ 为

$$\hat{f} = \left(\boldsymbol{H}^{\mathrm{T}}\boldsymbol{H} + K\boldsymbol{Q}^{\mathrm{T}}\boldsymbol{Q} \right)^{-1}\boldsymbol{H}^{\mathrm{T}}g \tag{13.12}$$

因此，约束最小二乘滤波的频域表达式如下：

$$\hat{F}(u,\ v) = \frac{1}{H(u,\ v)}\frac{\left|H(u,\ v)\right|^2}{\left|H(u,\ v)\right|^2 + K\left|C(u,\ v)\right|^2}G(u,\ v) \tag{13.13}$$

当适当调整 K 以满足约束条件时，选取不同的 Q 值，其复原效果不同。约束最小二乘滤波的主要优势是不依赖于原始图像，仅通过获取降质图像并计算其噪声方差和均值即可实现最佳复原效果。

13.3.3.2　编程实现

以下为约束最小二乘滤波算法的代码实现：

```
bool CWeiner_FilterDlg::RS_LSE_FilterSingleCH(Mat src, Mat dst, double dRadius, double dSmooth)
{
    if (src.channels() != 1)
    {
        return false;
    }
    //----------------------[图像预处理]-----------------------------------
    //src 为待复原图像，dst 为复原后图像，src 和 dst 均为单通道
    //定义 mat 临时变量
    Mat RSFilter;
    Mat ImgTmp, DftOfImgTmp;
    //原始图像预处理，转换成双精度浮点图像
    src.convertTo(ImgTmp, CV_32FC1);
    //DftTransImage 为 ImgTmp 的傅里叶变换，复数，双通道
    dft(ImgTmp, DftOfImgTmp, DFT_COMPLEX_OUTPUT);
    //使滤波器变量与 DFTTrans_Image 大小相同
    RSFilter = DftOfImgTmp.clone();
    //----------------------[约束最小二乘滤波]-----------------------------
    Mat Lap_DFT_Image;
    CreateLaplaceOperator(src, Lap_DFT_Image);
    RS_LSE_Filter(RSFilter, Lap_DFT_Image, dRadius, dSmooth);
    //----------------------[图像复原]------------------------------------
    Mat channels[2];
    //在频域，根据约束最小二乘滤波器求解估计的复原图像
    mulSpectrums(DftOfImgTmp, RSFilter, DftOfImgTmp, 0);
```

```
//将复原图像进行傅里叶逆变换
idft(DftOfImgTmp, DftOfImgTmp, DFT_SCALE);
//由于原图像为单通道，因此取复数 DftOfImgTmp 的实部作为最终复原图像
split(DftOfImgTmp, channels);
//由于原图像为单通道
channels[0].convertTo(dst, CV_8U);
return true;
}
```

其中，约束最小二乘滤波器函数（RS_LSE_Filter）的实现代码如下：

```
void CWeiner_FilterDlg::RS_LSE_Filter(Mat &RSFilter, Mat &Lap, double CUTOFF, double Soomth)
{
    //计算归一化因子
    double K= pow(1.07, Soomth)/10000.0;
    //创建 LSE 系数的临时 Mat 变量
    Mat Filter = Mat(RSFilter.rows, RSFilter.cols, CV_32F);
    Point Mid = Point(RSFilter.rows / 2, RSFilter.cols / 2);
    float D, H;
    // 计算逐点 LSE 误差系数并存储在滤波器变量中
    for (int i = 0; i < RSFilter.rows; i++)
    {
        for (int j = 0; j < RSFilter.cols; j++)
        {
            //假设离焦模型为高斯模型，则计算高斯模型点扩散函数的光学传递函数
            D = pow(Mid.x - abs(i - Mid.x), 2.0) + pow(Mid.y - abs(j - Mid.y), 2.0);
            H = (float)exp(-1 * D / (2 * pow((double)CUTOFF, 2)));
            //根据 LSE 滤波公式求 LSE 滤波器
            Filter.at<float>(i, j) = H / (H*H + K*pow(Lap.at<float>(i, j), 2));
        }
    }
    //由于 RSFilter 的通道数为 2，根据 LSE 滤波器临时变量 Filter 构造双通道 LSE 滤波器变量 RSFilter
    Mat tmp[] = { Filter, Filter };
    merge(tmp, 2, RSFilter);
    CString str;
    str.Format(_T("K:%f"),
    OutputDebugString(str);
}
```

13.3.3.3 实验结果

运行实例13.1，选择该路径下的离焦模糊图像。

拉普拉斯算子为 $\begin{bmatrix} 0 & 1 & 0 \\ 1 & -4 & 1 \\ 0 & 1 & 0 \end{bmatrix}$，输入参数 CutOff = 50，Soomth = 20，则 K = 0.0003873，原始图像与 LSE 复原图像效果对比如图 13.4 所示。

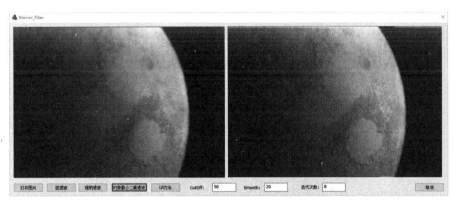

图 13.4　原始图像与 LSE 复原图像效果对比图

从对比效果中可以看出，在高斯离焦模糊模型下，约束最小二乘滤波复原算法具有一定复原效果，且复原效果与参数 K 和拉普拉斯算子 Q 息息相关。

13.3.4　Lucy-Richardson 算法

13.3.4.1　算法原理

Lucy-Richardson（L-R）算法[38-39] 是一种基于时域且非线性迭代的算法。该算法的基本思想：首先假设图像服从 Poission 分布，然后采用最大似然法进行迭代估计，随着迭代次数的增加，最终会收敛在具有最大似然性的解处，从而得到最接近原始图像的估计值。其迭代估计方程如下：

$$\hat{f}^{n+1}(x,\ y) = \left[\frac{g(x,\ y)}{\hat{f}^n(x,\ y) \otimes h(x,\ y)} \otimes h^*(x,\ y) \right] \hat{f}^n(x,\ y) \qquad (13.14)$$

式中，$g(x,\ y)$ 为退化的原始图像；$\hat{f}^{n+1}(x,\ y)$ 为经过 $n+1$ 次迭代后的原始图像近似估计；$h(x,\ y)$ 为点扩散函数；$\otimes$ 为卷积操作；n 为迭代次数。

迭代初值取 $\hat{f}^0(x,\ y) = g(x,\ y)$，随着迭代次数的增加，$f^n(x,\ y)$ 依概率收敛于原始图像。该算法具有较好的收敛性。

13.3.4.2　编程实现

以下为 Lucy-Richardson 算法的代码实现：

```
void CWeiner_FilterDlg::OnBnClickedBtnLr( )
{
    // TODO: 在此添加控件通知处理程序代码
    UpdateData(TRUE);
```

```
        Mat Image = m_srcImage.clone( );
        Mat dst;
        //统计算法运行时间
        LARGE_INTEGER litmp;
        LONGLONG QPart1, QPart2;
        double dfMinus, dfFreq, dfTime;
        QueryPerformanceFrequency(&litmp);
        dfFreq = (double)litmp.QuadPart;
        QueryPerformanceCounter(&litmp);
        QPart1 = litmp.QuadPart;
        //-----------------------[创建时域点扩散函数，即内核(5×5)]-----------------
        Mat LPFilter;
        LPFilter = (Mat_<float>(5, 5) << 0.00391, 0.015625, 0.023437, 0.015625, 0.00391,
            0.015625, 0.0625, 0.09375, 0.0625, 0.015625,
            0.023437, 0.09375, 0.140625, 0.09375, 0.023437,
            0.015625, 0.0625, 0.09375, 0.0625, 0.015625,
            0.00391, 0.015625, 0.023437, 0.015625, 0.00391);
        //-----------------------[LR 图像复原]-------------------------------------
        Image.convertTo(Image, CV_32FC1);
        Image = RS_LR_Filter(Image, Image, LPFilter, m_iIterationNum);
        Image.convertTo(dst, CV_8UC1);
        QueryPerformanceCounter(&litmp);
        QPart2 = litmp.QuadPart;
        dfMinus = (double)(QPart2 - QPart1);
        dfTime = dfMinus / dfFreq;
        double m_iTimes = (int)(dfTime*1000); //单位：毫秒
        CString str;
        str.Format(_T("LR 耗时：%f ms\n"), m_iTimes);
        OutputDebugString(str);
        imshow(DEBLURRED_WINDOW, dst);
    }
```

其中，Lucy-Richardson 滤波器函数（RS_LR_Filter）的实现代码如下：

```
//输入参数：Image 输入失真图像，Temp 临时图像，RSFilter 低通滤波器，itr 迭代次数
Mat CWeiner_FilterDlg::RS_LR_Filter(Mat &Image, Mat &Temp, Mat &RSFilter, int itr)
{
    //用低通滤波器对输入失真图像进行卷积，并分割失真图像
    //使用低通滤波器[翻转]对结果值进行卷积，并与前一图像相乘
    Mat Denom, Numer;
    do {
        filter2D(Temp, Denom, -1, RSFilter, Point(-1, -1), 0, BORDER_DEFAULT);
```

```
        Numer = Image / Denom;
        filter2D(Numer, Denom, -1, RSFilter, Point(-1, -1), 0, BORDER_DEFAULT);
        Temp= Temp.mul(Denom);
        itr--;
    } while (itr > 0);
    return Temp;
}
```

13.3.4.3　实验结果

运行实例13.1，选择该路径下的离焦模糊图像。

当迭代次数分别为12和16时，原始图像与Lucy-Richardson算法复原图像效果对比如图13.5所示。

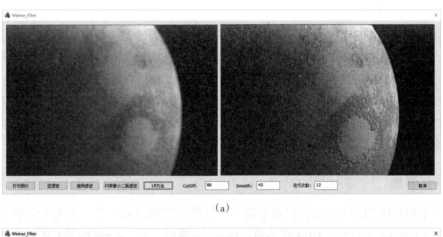

(a)

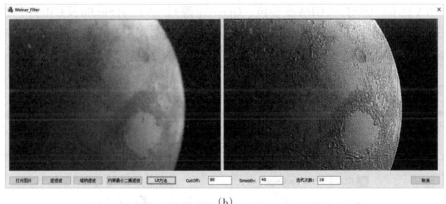

(b)

图13.5　原始图像与Lucy-Richardson算法效果对比图

从对比效果中可以看出，Lucy-Richardson算法的图像复原效果要优于维纳滤波复原算法的图像复原效果，但代价是算法复杂度增加。并且，随着迭代次数的增大，噪声可能会随之放大。可见，该算法中迭代次数的选择至关重要。

14　GPU 加速

14.1　Windows 操作系统下的 GPU 加速

图像处理技术是成像仪器中至关重要的环节，由于视觉在人类感知中的重要性，因此此环节往往是提升设备质量感观的重要部分。随着电子技术的飞速发展，成像仪器选用的图像探测器的帧频越来越高，那么对于实时图像处理的实时性的要求也日益提高。

GPU 和 CUDA 的出现为我们提供了一种较好的破局思路。由于 GPU 可以进行并行计算，即可以对图像内的所有像素点进行同时处理，因此，在 GPU 上进行图像算法的运算可以起到显著的加速效果。

CUDA 是一种由 NVIDIA 推出的通用并行计算架构，该架构使 GPU 能够解决复杂的计算问题。本章将介绍如何在 Windows 10 操作系统上使用 CUDA 对图像相关算法进行加速。

14.1.1　准备

在开始使用 CUDA 之前，需要下载一些软件以完成准备工作。需要下载的软件包括 NVIDIA 显卡的驱动、CUDA 安装包、OpenCV 源码、Visual Studio 及 CMake，并安装好相应的软件。由于本书篇幅有限，且部分软件安装起来十分容易，因此本节不再一一介绍所有软件的安装教程，仅介绍相对重要的部分。

14.1.2　CUDA 的安装

安装 CUDA 时，需要在 NVIDIA 官网下载对应当前显卡的 CUDA 版本，运行安装程序，并选择路径进行安装，如图 14.1 所示。

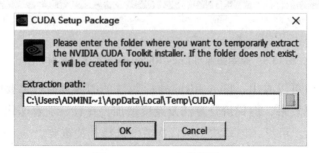

图 14.1　CUDA 安装界面 1

等待安装程序进行系统检查，如图14.2所示。

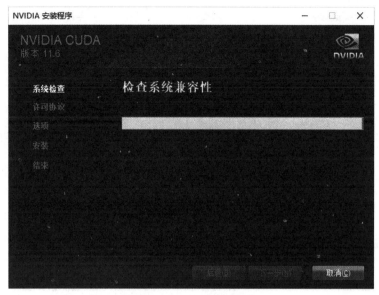

图14.2　CUDA 安装界面2

同意许可协议并继续，如图14.3所示。

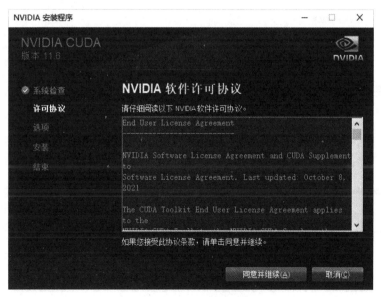

图14.3　CUDA 安装界面3

根据需求选择自定义或精简安装，如图14.4所示。

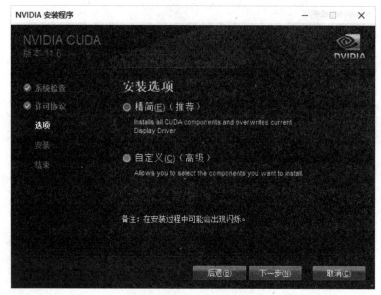

图14.4 CUDA 安装界面4

等待安装过程，如图14.5所示。

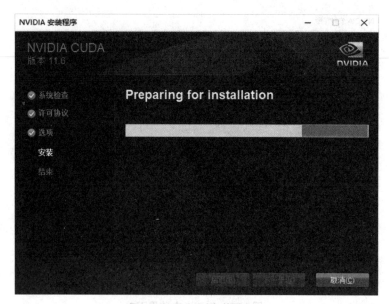

图14.5 CUDA 安装界面5

安装完成，如图14.6所示。

图14.6　CUDA 安装界面6

完成安装后，会自动生成两个CUDA的环境变量，可以通过鼠标右键点击"此电脑"，选择"属性"→"高级系统设置"→"环境变量"的方式查看CUDA环境变量，如图14.7所示。

图14.7　CUDA 环境变量查看

接下来，可以在命令行输入"nvcc -V"以查看CUDA版本，若出现版本信息（如图14.8所示），则说明CUDA安装成功。

图14.8　CUDA版本信息查看

14.1.3　OpenCV的编译

OpenCV 支持对 GPU 的编程，但是此部分内容在 "contribute" 文件夹中，需要用户自行编译，常用的安装包中并不包含这部分内容。因此，需要下载 OpenCV 的源码，并使用 CMake 进行编译。

将下载的 OpenCV 和 opencv_contrib 解压。这里将 OpenCV 解压后的内容放到了 "source" 文件夹中，而 opencv_contrib 解压到与之同名的文件夹中。并且在 "source" 文件夹的同一级目录下，创建一个名为 "build" 的文件夹，如图14.9所示。

build	2023/6/1 11:45	文件夹	
opencv_contrib-4.5.0	2023/6/1 11:46	文件夹	
source	2023/6/1 11:47	文件夹	
opencv_contrib-4.5.0.zip	2020/10/20 14:39	WinRAR ZIP 压缩...	60,801 KB
opencv-4.5.0.zip	2020/10/20 14:25	WinRAR ZIP 压缩...	92,051 KB

图14.9　OpenCV 的编译准备

打开 CMake，在 "Where is the source code" 中选择 "source" 文件夹的路径，在 "Where to build the binaries" 中选择 "build" 文件夹的路径，如图14.10所示。

图 14.10　OpenCV 编译步骤 1

　　点击 "Configure" 按钮，会弹出如图 14.11 所示界面。在此界面中，选择所安装的对应版本的 Visual Studio 及平台的位数。这里选择 "Visual Studio 16 2019" 和 "x64"。设置好后，点击 "Finish" 按钮。

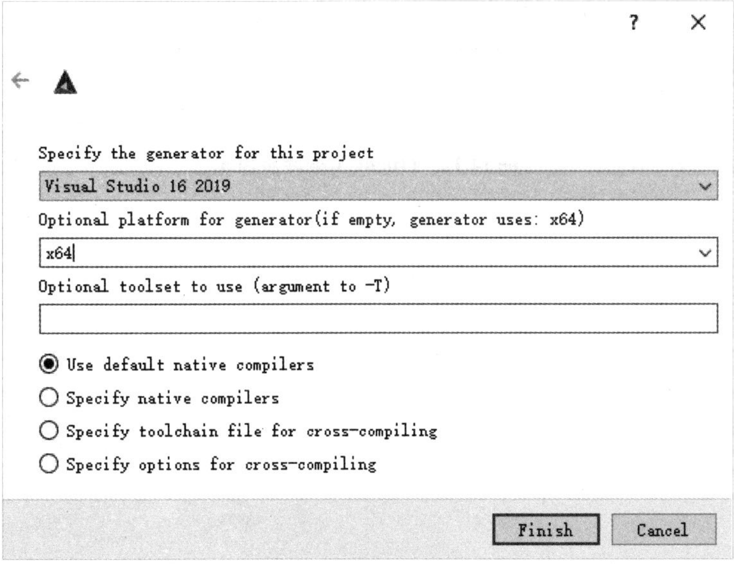

图 14.11　OpenCV 编译步骤 2

接下来需要等待片刻。值得注意的是，在这一环节还需要在线下载一些其他文件，应确保这些文件可以被成功下载；否则，这一步可能会失败。

当图14.12所示界面下方文本框中提示"Configuring done"时，表示执行完成。此时，需要在此界面中间的框中勾选或禁用一些选项。可以在Search框中输入关键字进行搜索。需要选中的选项包括 BUILD_CUDA_STUBS，OPENCV_DNN_CUDA，WITH_CUDA，OPENCV_ENABLE_NONFREE，BUILD_opencv_world；需要禁用的选项包括 BUILD_PREF_TEST，BUILD_TESTS，BUILD_opencv_python_tests，INSTALL_TESTS，如图14.13所示。

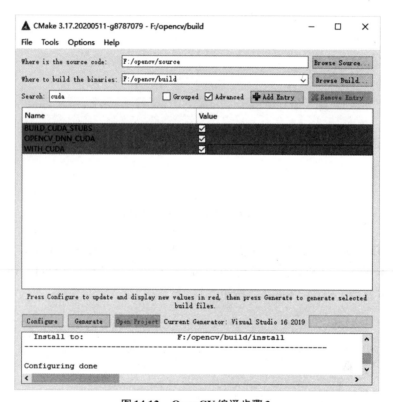

图 14.12　OpenCV 编译步骤 3

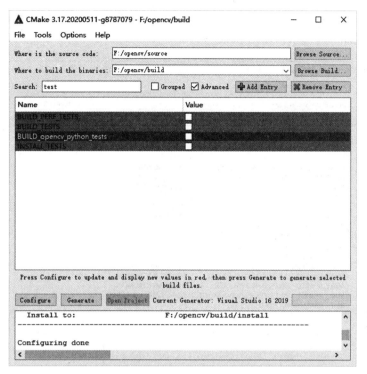

图14.13　OpenCV 编译步骤4

　　此外，需要在OPENCV_EXTRA_MODULES_PATH中设置opencv_contrib中"modules"文件夹的路径，如图14.14所示。

图14.14　OpenCV 编译步骤5

继续点击"Configure"按钮，等待执行结束后点击"Generate"按钮，直至出现"Generating done"的提示，如图14.15所示。

图14.15　OpenCV编译步骤6

点击"Open Project"按钮，或者双击"build"文件夹中的"OpenCV.sln"文件，打开OpenCV工程，如图14.16所示。

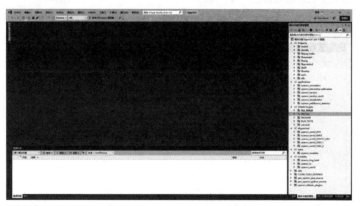

图14.16　OpenCV编译步骤7

选择编译模式为"release x64"，并在解决方案资源管理器中找到CMakeTargets目录下的"ALL BUILD"文件。在该文件名上点击鼠标右键，在弹出的菜单中选择"生成"选项，等待执行完毕。

选择解决方案资源管理器中CMakeTargets目录下的"INSTALL"文件。在该文件名上点击鼠标右键，在弹出的菜单中选择"生成"选项，等待执行结束。

完成编译后，可以在"build"文件夹下找到"install"文件夹，需要的 OpenCV 库就在这个文件夹中，如图 14.17 所示。至此，OpenCV 编译结束。

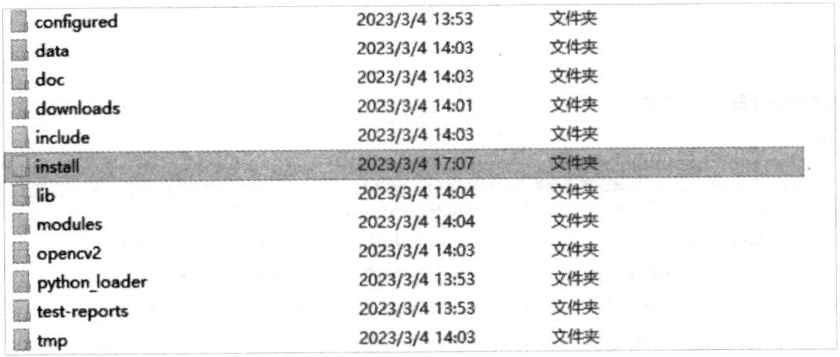

图 14.17　OpenCV 编译步骤 8

14.1.4　配置开发环境

完成 OpenCV 的编译后，就可以进行开发环境的配置。在这里，可以使用刚刚编译好的 OpenCV 库进行图像的处理。

首先需要配置 OpenCV 库。将编译好的 OpenCV 库放到 C 盘中，选中"此电脑"并点击鼠标右键，选择"属性"→"高级系统设置"→"环境变量"。在系统变量的表格中找到 Path，进行 OpenCV 的相关配置。其路径为"C:\opencvciomp\build\install\x64\vc16\bin"，这里应根据实际情况进行填写，如图 14.18 所示。

图 14.18　OpenCV 环境变量配置

然后打开Visual Studio，新建一个MFC程序。在解决方案资源管理器中，选中项目并点击鼠标右键，点击"生成依赖"→"生成自定义"，勾选"CUDA 11.6（.targets，.props）"选项，如图14.19所示。

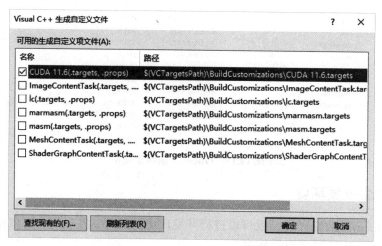

图14.19　CUDA自定义依赖配置

在项目属性中，设置如下内容：

① 属性→VC++目录→包含目录→opencv 与 CUDA 的 include 目录，如图14.20所示；

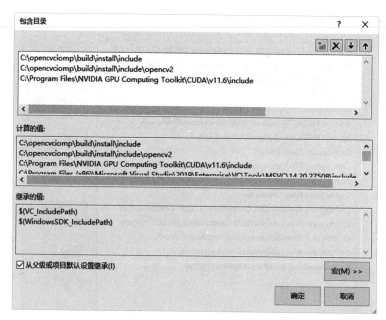

图14.20　包含目录的配置

② 属性→VC++目录→库目录→opencv 与 CUDA 的 lib 目录，如图14.21所示；

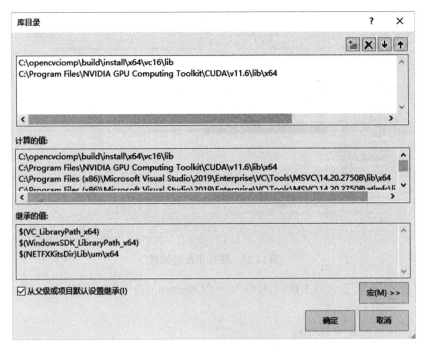

图14.21　库目录的配置

③ "配置属性" → "链接器" → "输入" → "附加依赖项" → "opencv_world450. lib; cuda.lib; %（Additional Dependencies）"，如图 14.22 所示；

图14.22　附加依赖项的配置

④ "配置属性" → "CUDA C/C++" → "Common" → "CUDA ToolKit Custom Dir" → CUDA路径，如图 14.23 所示；

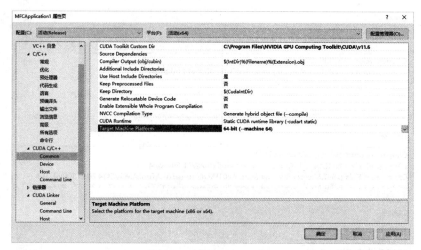

图14.23　硬件平台的配置

⑤　"配置属性"→"CUDA C/C++"→"Common"→"Target Machine Platform"→
64位平台，如图14.23所示。

至此，环境配置全部完成。

14.1.5　开发一段CUDA图像处理程序

下面进行CUDA程序开发。

在解决方案管理器中选中源文件，鼠标右键点击该源文件。在弹出菜单中选择
"新建项"选项，弹出"添加新项"窗口，如图14.24所示。在指定路径下，选择类型
为"CUDA 11.6 C/C++ File"的".cu"文件。

图14.24　CUDA开发实例创建

下面给出一段简单的代码示例，说明怎样编写一个使图像上下翻转的程序。

如果使用CPU达到此效果，则代码如下：

```cpp
void CMFCApplication1Dlg::overturnImage(Mat mmat)
{
    Mat newmat;
    mmat.copyTo(newmat);
    int w = mmat.cols;
    int h = mmat.rows;
    for (int i = 0; i < h; i++)
    {
        Vec3b* imgline0 = mmat.ptr<Vec3b>(i);
        Vec3b* imgline1 = newmat.ptr<Vec3b>(h-i-1);
        for (int j = 0; j < w; j++)
        {
            imgline0[j] = imgline1[j];
        }
    }
}
```

若相同的代码，使用CUDA编写，则需要在刚刚创建好的".cu"格式文件中加入下列代码：

```cpp
#include<iostream>
#include <cuda_runtime.h>
#include <device_launch_parameters.h>
#include <opencv2/highgui/highgui.hpp>
#include <opencv2/imgproc/imgproc.hpp>
#include <opencv2/core/cuda.hpp>

using namespace cv;
```

其中，内核函数代码如下：

```cpp
__global__ void overturn_image_kernel(cuda::PtrStepSz<uchar3> cu_src, cuda::PtrStepSz<uchar3> cu_dst, int h, int w)
{
    unsigned int x = blockDim.x * blockIdx.x + threadIdx.x;
    unsigned int y = blockDim.y * blockIdx.y + threadIdx.y;
    if (x < cu_src.cols && y < cu_src.rows)
    {
        cu_dst(y, x) = cu_src(h - y - 1, x);
    }
}
```

调用函数代码如下：

```
extern "C" void overturn_image(cuda::GpuMat src, cuda::GpuMat dst, int h, int w)
{
    assert(src.cols == w && src.rows == h);
    int uint = 32;
    dim3 block(uint, uint);
    dim3 grid((w + block.x − 1) / block.x, (h + block.y − 1) / block.y);
    swap_image_kernel << <grid, block >> > (src, dst, h, w);
}
```

把控制GPU的相关代码写在内核函数中，然后通过调用函数调用内核函数。二者之间通过cuda::PtrStepSz<uchar3>传递图像信息。由于GPU具有并行操作的性质，可以看到，内核函数中的操作就是在CPU版程序中进行的每次循环的操作，只不过这个操作是并行进行的，因此可以起到加速的效果。同样，对于CPU版的程序，也可以使用这个思路，将大量循环中的串行工作放到GPU中进行，实现GPU加速优化。

下面进行测试，使用"lena"图像进行试验。如图14.25所示，上述两个程序均能够使原图翻转，但它们在效果上没有区别。在耗时方面，GPU版程序的耗时为1～2 ms，而CPU版程序的耗时约为3 ms。可以看出，GPU在处理图像时确实速度更快。但是大家在使用时也需要注意，GPU的上传和下载需要时间，而且GPU更适用于并行操作。如果算法需要频繁进行GPU的上传和下载，或者在算法逻辑上需要严格的串行操作，那么这种情况下不适合使用GPU加速。

图14.25　图像翻转试验

14.2　国产化操作系统下的GPU加速

本节主要介绍国产系统下GPU加速的环境配置，其典型环境的搭建与配置方法如下：

（1）显卡：Quadro P2000；

（2）英伟达加速库：CUDA 11.7和CUDnn8.0；

（3）图像处理库：OpenCV 4.5.5重新编译版。

14.2.1   安装显卡驱动（NVIDIA）

（1）NVIDIA官网下载与显卡对应的显卡驱动。

显卡驱动网址为"https://www.nvidia.cn/Download/index.aspx?lang=cn"。

在图14.26所示界面中，选择"产品类型""产品系列""产品家族""操作系统""下载类型"等的对应选项。

图14.26   NVIDIA驱动下载

下载到本地的文件名是"NVIDIA-Linux-x86_64-525.116.04.run"。

注：需要根据自己的显卡类型和型号选择下载驱动程序。

注意：一定要在主目录中新建一个英文文件夹，然后把显卡驱动文件放在该文件夹里！因为，在后续的命令执行终端中，将无法对中文路径进行访问。

（2）安装和编译。

① 卸载系统自带的原有驱动：

sudo apt remove --purge nvidia*

② 禁用nouveau驱动。

❖ 备份文件：

sudo cp /etc/modprobe.d/blacklist.conf /etc/modprobe.d/blacklist.conf.backup）

❖ 打开文件：

sudo gedit /etc/modprobe.d/blacklist.conf

❖ 修改文件，在文件末尾添加如下内容：

blacklist nouveau

blacklist lbm-nouveau

options nouveau modeset=0

alias nouveau off

alias lbm-nouveau off

❖ 保存后退出。

③ 关闭 nouveau：

echo options nouveau modeset=0 | sudo tee -a /etc/modprobe.d/nouveau-kms.conf

④ 更新：

sudo update-initramfs -u

⑤ 重启电脑：

reboot

⑥ 重启后查看是否禁用成功。

执行以下内容，若没有任何输出内容，则成功禁用。

lsmod | grep nouveau

⑦ 按下组合键"Ctrl+Alt+F2"进入字符界面，完成安装。

❖ 关闭图形界面：

sudo service lightdm stop

❖ 进入驱动文件目录后给驱动文件赋予执行权限：

sudo chmod a+x NVIDIA-Linux-x86_64-515.76.run

❖ 安装：

sudo ./NVIDIA-Linux-x86_64-515.76.run -no-x-check -no-nouveau-check -no-opengl-files

其中，-no-x-check 为安装驱动时关闭 X 服务；-no-nouveau-check 为安装驱动时禁用 nouveau；-no-opengl-files 为只安装驱动文件，不安装 OpenGL 文件。

（安装过程中，一些选项的选择如下："The distribution-provided pre-install script failed! Are you sure you want to continue?"选项选择"yes"，继续；"Nvidia's 32-bit compatibility libraries?"选项选择"No"，继续；"Any pre-existing x confile will be backed up."选项选择"Yes"，继续。）

⑧ 安装完成后，重启计算机，输入如下指令：

sudo service lightdm start & reboot

14.2.2　安装 CUDA

安装完显卡驱动，查看显卡信息，如图14.27所示。

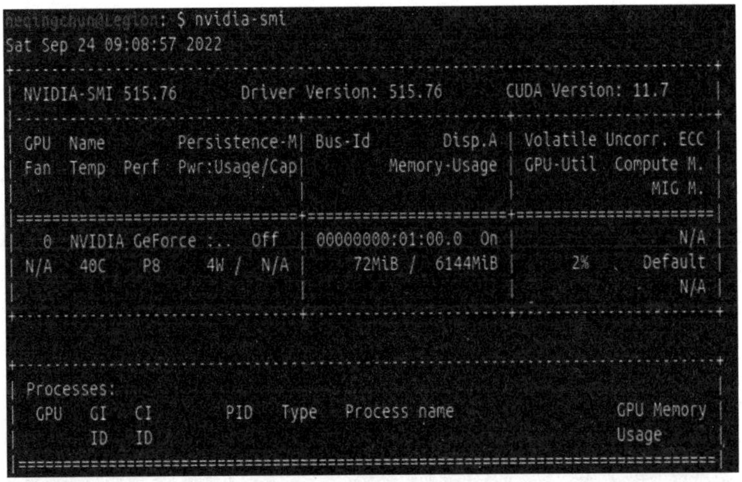

图 14.27   显卡信息

14.2.2.1   CUDA11.7下载链接

根据显卡信息，查看 GPU 对应的 CUDA 版本号，然后到 CUDA 官网（网址为 "https://developer.nvidia.com/cuda-toolkit-archive"）找到对应版本的 CUDA，在终端在线下载，如图 14.28 所示。

图 14.28   选择 CUDA 版本

14.2.2.2   安装

在 CUDA 官网下载与显卡对应版本的以 ".run" 结尾的可执行文件。在根目录下新建文件夹，命名为 "CUDA"，将下载好的可执行文件放入该文件夹。

赋予可执行文件权限，打开终端，输入以下指令：

sudo chmod a+x cuda_11.6.1_510.47.03_linux.run

然后执行可执行文件，安装 CUDA，在终端输入以下指令：

sudo sh ./ cuda_11.6.1_510.47.03_linux.run

注意：安装过程中会提示是否安装自带的510.47.03驱动，此时选择"no"，即不安装。

（1）接受许可，输入"accept"，如图14.29所示。

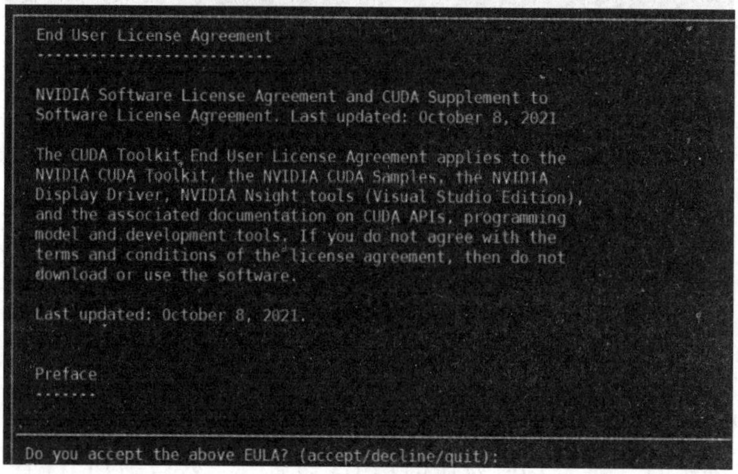

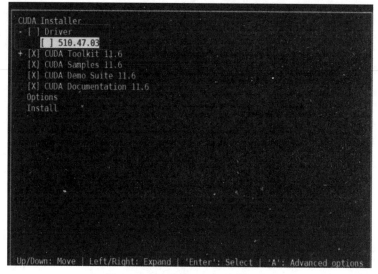

图14.29　接受许可

（2）不安装CUDA自带的驱动，将Driver前面的"X"去掉，如图14.30所示。

图14.30　不安装CUDA自带驱动

（3）选择"Install"并按"回车"键，等待安装完成，如图14.31所示。

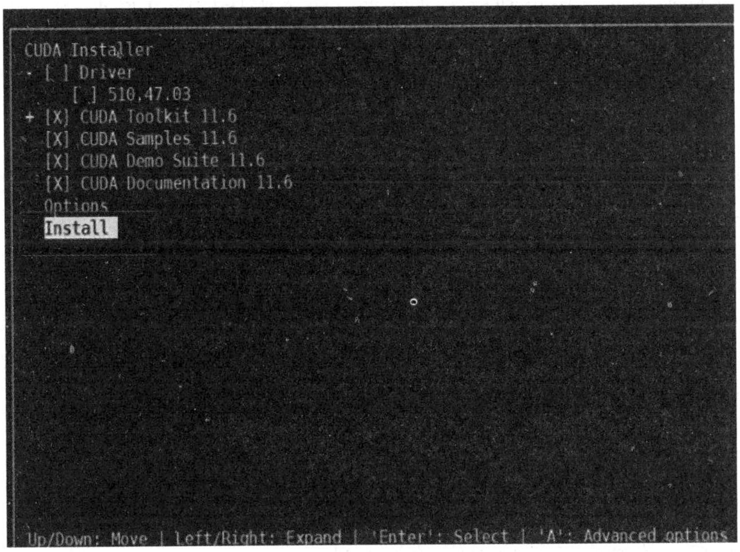

图14.31 CUDA安装

14.2.2.3 配置环境变量

（1）打开"profile"文件，输入如下命令：

sudo vim /etc/profile

（2）在末尾添加以下内容：

export PATH=$PATH:/usr/local/cuda-11.6/bin

export LD_LIBRARY_PATH=$LD_LIBRARY_PATH:/usr/local/cuda-11.6/lib64

（3）使环境变量立即生效：

source /etc/profile

（4）验证环境变量是否生效：

nvcc -V

（5）若正常输出CUDA版本信息，则表示环境变量配置成功。

14.2.3 安装CUDnn

CUDnn是为了方便GPU在神经网络上的使用。

14.2.3.1 解压CUDnn文件

（1）进入CUDnn压缩包所在目录，解压文件：

tar -xvf cudnn-linux-x86_64-8.3.3.40_cuda11.5-archive.tar.xz

（2）解压后得到文件夹"cudnn-linux-x86_64-8.3.3.40_cuda11.5-archive"。

14.2.3.2　关联CUDA

（1）将文件夹内文件拷贝到指定文件夹，进入解压后的文件夹：

cd cudnn-linux-x86_64-8.3.3.40_cuda11.5-archive

（2）将所有文件拷贝到CUDA include内：

sudo cp include/cudnn*.h /usr/local/cuda/include
sudo cp -P lib/libcudnn* /usr/local/cuda/lib64

（3）赋予权限：

sudo chmod a+r /usr/local/cuda/include/cudnn*.h /usr/local/cuda/lib64/libcudnn*

14.2.3.3　验证

输入以下指令：

cat /usr/local/cuda/include/cudnn_version.h

安装成功后，终端会显示CUDnn的版本号。

至此，CUDnn安装完毕。

14.2.4　OpenCV安装及环境配置

与1.2.2节介绍的内容不同，这里使用CMake命令行进行编译，新增了CUDA和CUDnn模块。

（1）解压和剪切。

①将压缩包解压，并将"opencv_contrib"文件夹剪切进"opencv"文件夹：

unzip opencv-4.5.5.zip
unzip opencv_contrib-4.5.5.zip

②将"opencv_contrib-4.5.5"文件夹放入"opencv-4.5.5"文件夹：

mv opencv_contrib-4.5.5 opencv-4.5.5

（2）新建文件夹：

cd opencv-4.5.5
mkdir build
cd build

（3）执行cmake命令：

cmake -D WITH_CUDA=ON -D WITH_CUDNN=ON -D OPENCV_DNN_CUDA=ON -D WITH_LIBV4L=ON -D ENABLE_FAST_MATH=1 -D CUDA_FAST_MATH=1 -D CUDA_ARCH_BIN=7.5 -D WITH_CUBLAS=1 -D CUDNN_VERSION=11.5 -D CUDNN_INCLUDE_DIR=/usr/local/cuda/include -D CUDNN_LIBRARY=/usr/local/cuda/lib64/libcudnn.so -D WITH_FFMPEG=ON -D BUILD_ opencv_world= ON -D CMAKE_BUILD_TYPE=Release -D CMAKE_INSTALL_PREFIX=/usr/local -D OPENCV_

GENERATE_PKGCONFIG=ON-DOPENCV_ENABLE_NONFREE=YES-DOPENCV_EXTRA_ MODULES_
PATH=/home/heqingchun/soft/opencv-4.5.5/opencv_contrib-4.5.5/modules/ ..

注：①"CUDA_ARCH_BIN=7.5"项需要根据你自己的显卡进行修改，本书使用
的电脑显卡型号是P2000，算力为7.5；②"CUDNN_VERSION=11.5"项需要根据你自
己的CUDA版本填写，可以在"/usr/local"下的"CUDA"文件夹中进行查找。

（4）执行make指令：

sudo make -j16

（5）make指令执行完毕后，执行make install：

sudo make install

（6）配置环境变量。

① 将lib库写入"ld.so.conf"文件：

echo "/usr/local/lib" >> /etc/ld.so.conf

② 配置库，更新：

sudo ldconfig

③ 更改环境变量，命令如下（也可以用gedit打开文件，在末尾添加）：

echo"PKG_CONFIG_PATH=$PKG_CONFIG_PATH:/usr/local/lib/pkgconfig" >> /etc/profile
echo "export PKG_CONFIG_PATH" >> /etc/profile

④ 重启计算机，或者输入以下命令：

source /etc/profile

⑤ 验证OpenCV是否安装成功：

pkg-config --modversion opencv4

至此，结合CUDA的OpenCV-4.5.5编译安装完毕。

14.2.5　QT调用OpenCV和CUDA

"pro"文件编写，包括OpenCV库和路径，CUDA参数配置：

```
QT       += core gui
greaterThan(QT_MAJOR_VERSION, 4): QT += widgets
CONFIG += c++11
DEFINES += QT_DEPRECATED_WARNINGS
#cuda库
TARGET = cudaQTS
CONFIG  += console
CONFIG  -= app_bundle
```

```
TEMPLATE = app
LIBS += -L"/usr/local/lib" \
    -L"/usr/local/cuda/lib64" \
    -lcudart \
    -lcufft
DEPENDPATH += .
#你所编写的 cuda 文件#######
OTHER_FILES += hello.cu
CUDA_SOURCES += hello.cu
CUDA_SDK = "/usr/local/cuda-11.6/"    # Path to cuda SDK install
CUDA_DIR = "/usr/local/cuda-11.6/"    # Path to cuda toolkit install
NVCC_OPTIONS = --use_fast_math
INCLUDEPATH += $$CUDA_DIR/include
QMAKE_LIBDIR += $$CUDA_DIR/lib64/
CUDA_OBJECTS_DIR = .
CUDA_LIBS = cudart cufft
CUDA_INC = $$join(INCLUDEPATH,'" -I"','-I"','"')
NVCC_LIBS = $$join(CUDA_LIBS,' -l','-l','')
CONFIG(debug, debug|release) {
    # Debug mode
    cuda_d.input = CUDA_SOURCES
    cuda_d.output = $$CUDA_OBJECTS_DIR/${QMAKE_FILE_BASE}_cuda.o
    cuda_d.commands = $$CUDA_DIR/bin/nvcc -c -o ${QMAKE_FILE_OUT}
                      ${QMAKE_FILE_NAME}
    cuda_d.dependency_type = TYPE_C
    QMAKE_EXTRA_COMPILERS += cuda_d
}
else {
    # Release mode
    cuda_d.input = CUDA_SOURCES
    cuda_d.output = $$CUDA_OBJECTS_DIR/${QMAKE_FILE_BASE}_cuda.o
    cuda_d.commands = $$CUDA_DIR/bin/nvcc -c -o ${QMAKE_FILE_OUT}
                      ${QMAKE_FILE_NAME}
    cuda_d.dependency_type = TYPE_C
    QMAKE_EXTRA_COMPILERS += cuda_d
}
SOURCES += \
    main.cpp \
    mainwindow.cpp
HEADERS += \
```

```
    hello.h \
    mainwindow.h
FORMS += \
    mainwindow.ui
# Default rules for deployment.
qnx: target.path = /tmp/$${TARGET}/bin
else: unix:!android: target.path = /opt/$${TARGET}/bin
!isEmpty(target.path): INSTALLS += target
DISTFILES += \
    hello.cu
```

以下代码为通过调用双边滤波算法（bilateralFilter），实现对图像的双边滤波处理。通过 TestCUDA 变量来控制算法是否使用 CUDA 加速。当 TestCUDA 为 true 时，双边滤波算法调用 CUDA 进行 GPU 加速；当 TestCUDA 为 false 时，双边滤波算法使用 CPU 进行运算。详细代码请参考实例14.1。

```cpp
#include "opencv4/opencv2/core.hpp"
#include "opencv4/opencv2/core/core.hpp"
#include "opencv4/opencv2/opencv.hpp"
#include "opencv4/opencv2/highgui/highgui.hpp"
#include "opencv4/opencv2/imgproc/imgproc.hpp"
#include "opencv4/opencv2/imgproc/types_c.h"
#include <iostream>
#include <ctime>
#include <cmath>
#include "bits/time.h"
#include <opencv2/core/cuda.hpp>
#include <opencv2/cudaarithm.hpp>
#include <opencv2/cudaimgproc.hpp>
#define TestCUDA false
using namespace cv;
int main(int argc, char *argv[])
{
    QApplication a(argc, argv);
    MainWindow w;
    w.show();
    std::clock_t begin = std::clock();
        try {
            cv::String filename = "./flower.jpeg";
            cv::Mat srcHost = cv::imread(filename, cv::IMREAD_GRAYSCALE);
            imshow("pika", srcHost);
            for(int i=0; i<1000; i++) {
```

```
                    if(TestCUDA) {
                        cv::cuda::GpuMat dst, src;
                        src.upload(srcHost);
                        //cv::cuda::threshold(src, dst, 128.0, 255.0, CV_THRESH_BINARY);
                        cv::cuda::bilateralFilter(src, dst, 3, 1, 1);
                        cv::Mat resultHost;
                        dst.download(resultHost);
                    } else {
                        cv::Mat dst;
                        cv::bilateralFilter(srcHost, dst, 3, 1, 1);
                    }
                }
            } catch(const cv::Exception& ex) {
                std::cout << "Error: " << ex.what() << std::endl;
            }
            std::clock_t end = std::clock();
            std::cout << double(end-begin) / CLOCKS_PER_SEC << std::endl;
        return a.exec();
    }
```

运行实例14.1,对该路径下的"flower.png"图像进行双边滤波处理,原始图像、CPU双边滤波处理结果、GPU双边滤波处理结果如图14.32所示。

（a）原始图像　　　　　（b）CPU双边滤波处理结果　　　（c）GPU双边滤波处理结果

图14.32　双边滤波处理效果

从图14.32中可以看出,利用CPU和GPU进行双边滤波处理的处理效果基本一致。但是从算法耗时来看,利用CPU进行双边滤波的算法耗时为3.33856 ms;而相同算法在GPU下的耗时仅为0.775046 ms,其处理耗时仅为CPU处理耗时的1/4,处理速度得到显著提高。

参考文献

［1］ 冈萨雷斯，伍兹. 数字图像处理［M］. 阮秋琦，阮宇智，译. 4版. 北京：电子工业出版社，2020.

［2］ PIZER S M, JOHNSTON R E, ERICKSEN J P, et al. Contrast-limited adaptive histogram equalization: speed and effectiveness［C］// ［1990］Proceedings of the First Conference on Visualization in Biomedical Computing. ［S.l.］: IEEE Computer Society, 1990: 337-338.

［3］ 苏志远，周晓光，金黎明，等. 基于灰度等间距密度均衡的红外图像增强算法［J］. 吉林大学学报（信息科学版），2010，28（6）：592-595.

［4］ LAND E H. The retinex theory of color vision［J］. Scientific american, 1977, 237 (6): 108-128.

［5］ JOBSON D J, RAHMAN Z, WOODELL G A. Properties and performance of a center/surround retinex［J］. IEEE transactions on image processing, 1997, 6 (3): 451-462.

［6］ RAHMAN Z U, JOBSON D J, WOODELL G A. Multiscale retinex for color image enhancement［C］// Proceedings of 3rd IEEE international conference on image processing: volume 3.［S.l.］: IEEE, 1996: 1003-1006.

［7］ KIMMEL R, ELAD M, SHAKED D, et al. A variational framework for retinex［J］. International journal of computer vision, 2003, 52 (1): 7-23.

［8］ NG M K, WANG W. A total variation model for retinex［J］. SIAM journal on imaging sciences, 2011, 4 (1): 345-365.

［9］ WANG L Q, XIAO L, LIU H Y, et al. Variational bayesian method for retinex［J］. IEEE transactions on image processing, 2014, 23 (8): 3381-3396.

［10］ WANG S H, ZHENG J, HU H M, et al. Naturalness preserved enhancement algorithm for non-uniform illumination images［J］. IEEE transactions on image processing, 2013, 22 (9): 3538-3548.

［11］ JOBSON D J, RAHMAN Z, WOODELL G A. A multiscale retinex for bridging the gap between color images and the human observation of scenes［J］. IEEE transactions on image processing, 1997, 6 (7): 965-976.

［12］ HE K M, SUN J, TANG X O. Single image haze removal using dark channel prior［J］. IEEE transactions on pattern analysis and machine intelligence, 2010, 33 (12): 2341-2353.

［13］ LI Z G, ZHENG J H, ZHU Z J, et al. Weighted guided image filtering ［J］. IEEE transactions on image processing, 2015, 24（1）: 120-129.

［14］ KIM J H, JAMG W D, SIM J Y, et al. Optimized contrast enhancement for real-time image and video dehazing ［J］. Journal of visual communication and image representation, 2013, 24（3）: 410-425.

［15］ ANAN S, KHAN M I, KOWSAR M M S, et al. Image defogging framework using segmentation and the dark channel prior ［J］. Entropy, 2021, 23（285）: 258.

［16］ LI X, ZHOU W N. Research on image defogging method: based on sky segmentation ［J］. Journal of innovation and social science research, 2021, 8（3）: 156-162.

［17］ 杨燕, 张浩文, 张金龙. 结合天空分割和透射率映射的图像去雾 ［J］. 光学精密工程, 2021, 29（2）: 400-410.

［18］ TOMASI C, MANDUCHI R. Bilateral filtering for gray and color images' ICCV ［J］. ICCV, 1998: 839-846.

［19］ HE K M, SUN J, TANG X O. Guided image filtering ［J］. IEEE transactions on pattern analysis and machine intelligence, 2013, 35（6）: 1397-1409.

［20］ 图像对比度 ［EB/OL］.［2023-9-21］. https://baike. baidu. com/item/图像对比度/10850493?fr=ge_ala#reference-1-3429512-wrap.

［21］ 郑加苏. 基于图像信息熵的无参考图像质量评估算法的研究 ［D］. 北京: 北京交通大学, 2015.

［22］ 薛万勋, 卞春江, 陈红珍. 基于点锐度和平方梯度的图像清晰度评价方法 ［J］. 电子设计工程, 2017, 25（8）: 163-167.

［23］ 矫英祺, 任国全, 李冬伟. 光电系统图像质量评价方法综述 ［J］. 激光与红外, 2014, 44（9）: 966-971.

［24］ WANG Z, BOVIK A, SHEIKH H R, et al. Image quality assessment: from error visibility to structural similarity ［J］. IEEE transactions on image processing, 2004, 13（4）: 600-612.

［25］ 王利奉. 基于OTSU和最大熵的阈值分割算法的研究 ［D］. 哈尔滨: 哈尔滨理工大学, 2018.

［26］ OTSU N. A threshold selection method from gray-level histograms ［J］. System, man, and cybernetics, IEEE transactions on, 1979, 9（1）: 62-66.

［27］ PREMARATNE P, YANG S A, VIAL P, et al. Centroid tracking based dynamic hand gesture recognition using discrete Hidden Markov Models ［J］. Neurocomputing, 2016, 228（0）: 79-83.

［28］ OWEN E, MAEDA T, JIANG Z W, et al. Center of gravity tracker for operator fatigue detection ［J］. Conference proceedings: annual international conference of the IEEE engineering in medicine and biology society, 2018, 2018: 5771-5774.

［29］ HUSSAIN M. YOLO-v1 to YOLO-v8, the rise of YOLO and its complementary nature toward digital manufacturing and industrial defect detection ［J］. Machines, 2023, 11 (677): 677.

［30］ 严锦雯, 贾星伟, 隋国荣, 等. 图像清晰度评价函数的研究 ［J］. 光学仪器, 2019, 41 (4): 54-58.

［31］ 卢兰鑫. 大气湍流退化图像恢复算法研究 ［D］. 郑州: 解放军信息工程大学, 2017.

［32］ 杨彦. 图像复原算法研究 ［D］. 成都: 四川大学, 2004.

［33］ 宋向. 自适应光学图像序列配准与复原算法研究 ［D］. 郑州: 解放军信息工程大学, 2011.

［34］ 胡学龙, 许开宇. 数字图像处理 ［M］. 北京: 电子工业出版社, 2006.

［35］ 冈萨雷斯, 伍兹. 数字图像处理 ［M］. 阮秋琦, 阮宇智, 等译. 2 版. 北京: 电子工业出版社, 2007.

［36］ 孙辉, 张葆, 刘晶红, 等. 离焦模糊图像的维纳滤波恢复 ［J］. 光学技术, 2009 (2): 295-298.

［37］ 俞梅, 周宗玉. 约束的最小二乘方图像复原方法的改进 ［J］. 信号处理, 2000, 16 (2): 177-180.

［38］ RICHARDSON W H. Bayesian-based iterative method of image restoration ［J］. Journal of the optical society of America, 1972, 62 (1): 55-59.

［39］ LUCY L B. An iterative technique for the rectification of observed distributions ［J］. Astronomical journal, 1974, 79 (6): 745-754.

致　谢

　　本书自构思伊始到出版发行，先后耗时近一年之久。这一年里，因工作关系，本人先后从祖国的东北到祖国的东南、西北、西南，曾跨越山海，也穿过人山人海。在不同的工作阶段，本人的心境也大不相同，但仍坚持着在忙碌的工作间隙持续地进行创作。作为一名一线科研工作者，唯愿可以为国家科研事业的进步与知识的传递尽一点微薄之力。

　　因日常的科研工作量较为饱满，仅凭一己之力，难以按时完成书稿的全部撰写，以及所附代码的编写工作。在本书的创作期间，本人先后得到多方人士的支持与帮助。首先，要感谢中国科学院长春光学精密机械与物理研究所各级领导的大力支持。其次，要感谢宋聪聪、徐嘉兴、吴杰、赵立荣、高策、唐伯浩、李自乐、张馨元等在本书创作期间提供的写作素材与帮助。最后，要感谢本人的家人在生活上的默默付出。

　　在此，对以上各位师长、同事、朋友、家人表示衷心的感谢！

编著者
2023年9月